上海高校智库
上海财经大学公共政策与治理研究院

Hamilton's Paradox
The Promise and Peril of Fiscal Federalism

汉密尔顿悖论
美国的财政联邦制

乔纳森·A.罗登（Jonathan A. Rodden） 著

何华武 译

上海财经大学出版社

图书在版编目(CIP)数据

汉密尔顿悖论:美国的财政联邦制/(美)乔纳森·A. 罗登(Jonathan A. Rodden)著;何华武译. —上海:上海财经大学出版社,2022.9
(财政政治学译丛/刘守刚,魏陆主编)
书名原文:Hamilton's Paradox:The Promise and Peril of Fiscal Federalism
ISBN 978-7-5642-4028-8/F·4028

Ⅰ.①汉… Ⅱ.①乔… ②何… Ⅲ.①汉密尔顿(Hamilton,Alexander 1757—1804)-悖论-研究 Ⅳ.①O144.2②K837.127＝41

中国版本图书馆 CIP 数据核字(2022)第 169564 号

□ 责任编辑 石兴凤
□ 封面设计 张克瑶

汉密尔顿悖论
—— 美国的财政联邦制

乔纳森·A. 罗登 著
(Jonathan A. Rodden)

何华武 译

上海财经大学出版社出版发行
(上海市中山北一路 369 号 邮编 200083)
网 址:http://www.sufep.com
电子邮箱:webmaster @ sufep.com
全国新华书店经销
上海华业装潢印刷厂有限公司印刷装订
2022 年 9 月第 1 版 2022 年 9 月第 1 次印刷

710mm×1000mm 1/16 18 印张(插页:2) 276 千字
定价:89.00 元

总 序

  成立于 2013 年 9 月的上海财经大学公共政策与治理研究院,是由上海市教委重点建设的十大高校智库之一。它通过建立多学科融合、协同研究、机制创新的科研平台,围绕财政、税收、医疗、教育、土地、社会保障、行政管理等领域,组织专家开展政策咨询和决策研究,致力于以问题为导向,破解中国经济社会发展中的难题,服务政府决策和满足社会需求,为政府提供公共政策与治理咨询报告,向社会传播公共政策与治理知识,在中国经济改革与社会发展中发挥"咨政启民"的"思想库"作用。

  作为公共政策与治理研究的智库,在开展政策咨询和决策研究的同时,我们也关注公共政策与治理领域基础理论的深化与学科的拓展研究。特别地,我们支持从政治视角研究作为国家治理基础和重要支柱的财政制度,鼓励对财政制度构建和现实运行背后体现出来的政治意义及历史智慧进行深度探索。对于这样一种研究,著名财政学家马斯格雷夫早在其经典教材《财政理论与实践》中就命名为"财政政治学"。但在当前的中国财政学界,遵循马斯格雷夫指出的这一路径,突破经济学视野而从政治学角度研究财政问题,还比较少见,由此既局限了财政学科自身的发展,又不能满足社会对运用财税工具实现公平正义的要求,因此,有必要在中国财政学界呼吁拓展研究的范围,努力构建财政政治学学科。

  "财政政治学"虽然尚不是我国学术界的正式名称,但在国外的教学和研究中却有丰富的内容。要在中国构建财政政治学学科,在坚持以"我"为主研究中国问题的同时,我国应该大量翻译西方学者在该领域的内容,以便为国内财政学者从政治维度研究财政问题提供借鉴。呈现给大家的丛书,正是在上海财经大学公共政策与治理研究院的资助下形成的"财政政治学译丛"。

　　"财政政治学译丛"中的文本,主要从美英学者著作中精心选择而来,大致分为理论基础、现实制度与历史经验等几方面。译丛第一辑推出 10 本译著,未来根据需要和可能,将陆续选择其他相关文本翻译出版。

　　推进"财政政治学译丛"出版是公共政策与治理研究院的一项重点工程,我们将以努力促进政策研究和深化理论基础为己任,提升和推进政策和理论研究水平,引领学科发展,服务国家治理。

胡怡建

2015 年 5 月 15 日

序　言

本书始于 20 世纪 90 年代后期，其简单的观察结果表明，在经济学和政治学领域中的主流联邦主义理论，不管它的特征是咄咄逼人还是温文尔雅，根本上都与世界各地联邦国家发展中大部分值得探究的内容没有什么关联。积极、乐观的理论给人的期望是，权力分散或下放将提高许多国家的效率和治理水平。然而，阿根廷及巴西的州和省政府之间灾难性的债务积累对宏观经济和政治稳定产生了直接的负面影响，但各类文献似乎没有提供任何解释。此外，在一些国家，类似的问题已经在一段时间内以较小的规模存在，而在另外一些国家，同样的问题也随着向民主化和财政分权的转变而如雨后春笋般频频涌现。接下来，笔者了解到，各州和各省杀鸡取卵式的借款事件，伴之以关于联邦政府救助的充满争议的讨论，与联邦主义本身一样历史悠久。我开始重新思考联邦制度和财政分权理论，就多层政府系统中的财政违纪问题的原因提出一些可检验的论点，并用来自世界各地的数据解析这些问题。

在意识到亚历山大·汉密尔顿（Alexander Hamilton）已经做过类似的事情之前，本人已经写了这本书的大部分内容。在重读《联邦党人文集》，继续探索他的其他作品之后，不仅是他对于美国的深远影响，而且还有他对联邦主义的理论和分析所产生的重大影响，我都获得了一种倾向性认同。汉密尔顿和他的合作者借鉴了希腊和法国哲学家的理论并吸取了以往的经验教训，描绘了 18 世纪晚期联邦主义在希望与危机之间险象环生的丰富画面。但这一画面在今天很难解读。汉密尔顿混沌的学术和政治传承创造了一个悖论，这一悖论构成了本书的框架。

事实上，汉密尔顿的传承从头到尾含混不清，充满了悖论。这位美国最激进的爱国运动者之一出生在西印度群岛，虽然他是一个积极的反决斗活动家，但他参与为之丧命的决斗被认为是一种抗议活动。尽管他的枪是上满膛的，但是,究竟是他开枪射杀的波尔还是他的枪的击发只是一种被动的反射行为,这已无从查证。

他参与决斗的一个更有争议的说法是,这只是他自杀的一种形式,起因在于他的颓败和联邦党人要建立一个强大的中央政府。尽管这可能有些牵强,但毫无疑问,汉密尔顿认为19世纪初的美国联邦制是彻头彻尾的失败。事实上,汉密尔顿可能会认为任何非一元化的体制都是失败的。据说,在制宪会议上,汉密尔顿坚持认为各州充其量只是些"合作公司",即使在这种情况下,它们也会对合众国政府的稳定构成威胁。汉密尔顿根本不相信在中央政府和州政府之间划分主权是明智的,他的绝大部分著作和实际做法都是围绕一个目的,即要在合众国政府中构建一种完整的主权,以将所有强有力的原则和精神都化作对这种主权的支持和辅助(Miller,1959:230)。作为财政部长,他孜孜不倦地致力于从各州手中攫取借款和征税的权力。他认为,在费城协商而成的宪法存在严重的缺陷,虽然比《邦联条款》下的状况要好得多。在约瑟夫·伊利丝(Joseph Ellis,2002:80)看来,汉密尔顿明白,他在《联邦党人文集》中的作用,就好比一个律师,他有义务代表一个半信半疑的客户去做最出色的辩护。但依据约翰·米勒(John Miller,1959:195)的观点,"虽然他是在为联邦制度而辩护,但他梦想着中央集权制度,希望它能从联邦主义的蛹中诞生"。具有讽刺意味的是,《联邦党人文集》中"即兴而虚伪"的精神传承是对联邦制的强力辩护,它经受住了时间的考验,并被作为一代又一代的理论和分析的起点,以颂扬分割君权的好处所在。从那时起,要在经济学家和政治学家所诉诸笔端的多数联邦制和权力分散理论中找到《联邦党人文集》的影响,并不是一件难事。其中绝大多数都是在颂扬财政和政治上权力分散的好处。

本书特别关注的论点是,分散的联邦制可以加强政府的财政纪律。汉密尔顿关于财政联邦制的真实信念在很大程度上被当代研究联邦制的学者所忽视。然而,这本书表明,他对联邦制背景下分散支出和借贷的一些担忧是非常有根据的。

本书后见之明地回顾了200多年来分割财政主权的问题。在寻求理解分权国家维持财政纪律的成败时,本书重新审视了汉密尔顿颇受挫折的政治传承与其著名的学术传承之间的不和谐之处,质疑他作为财政部长所表现出来的对双重财政主权的蔑视是否合理,还有,他在《联邦党人文集》中对双重征税、国家权利和相互宽容的内在价值发表虚伪的言论时是否可以表现得那么坚定。

这本书认为这两种观点都包含了一些事实。联邦制对联邦政府主权的限制在某些情况下会埋下财政灾难的种子。但在其他条件下,这些限制支持了一种相当严格的财政纪律。简而言之,不是所有的联邦都是平等的。这本书强调了世界各地联邦结构的多样性,并将它们与迥然不同的财政经验联系起来。它解释了一些国家如何陷入危险的均衡:中央政府——由于其在为大多数省级支出提供资金方面的职责——无法可靠地承诺它会对陷入困境的省级政府的财政危局不管不顾;但由于其政治构成,它也无法切断它们的借贷渠道。在这种情况下,半主权省级政府可以借助隐性联邦担保借款并过度使用国家收入的共同资源,最终破坏整个公共部门的信誉。另外的一些联邦国家达到了稳定的平衡,省政府主要通过通用性税收为自己筹措资金,债权人和选民都知道,各省要为自己的债务负责。

大多数基于汉密尔顿在《联邦党人文集》中所表达的乐观言论的人都隐含地假设各国将获得后一种均衡。然而,我坚持认为,这种类型的联邦制实际上是非常罕见的,而且在今天的大多数国家建立起来都非常困难。虽然回顾自内战以来美国财政主权分割的经历,似乎支持了汉密尔顿虚伪的传承,但大多数权力分散国家的政策制定者可以从汉密尔顿最初对双重主权的怀疑中学到很多东西。最后一章将利用这一观察结果,对发展中国家和欧盟可能存在争议的政策影响进行分析。

致 谢

这本书源起于本人在耶鲁大学的博士论文。我要感谢戴维·卡梅伦（David Cameron）、约瑟夫·拉帕洛姆巴拉（Joseph LaPalombara）、胡安·林茨（Juan Linz）、弗朗西丝·罗森布鲁姆（Frances Rosenbluth），尤其是杰弗里·加勒特（Geoffrey Garrett）和苏珊·罗斯—阿克曼（Susan Rose-Ackerman），感谢他们的指导和慷慨相助。我要感谢麻省理工学院的同事们，这本书的大部分内容都是在那里写成，也要感谢哈佛大学社会科学基础研究中心，正是在那里完成了最终的修订。我要感谢对我早期的文稿部分给予评鉴以及多次同我进行有益的交流从而使我能进一步改进我的初稿的很多人：吉姆·阿特（Jim Alt）、卢·贝特曼（Lew Bateman）、理查德·伯德（Richard Bird）、卡雷斯·鲍伊斯（Carles Boix）、马西莫·博尔迪尼翁（Massimo Bordignon）、玛萨·德斯克（Martha Derthick）、阿尔贝托·迪亚兹—卡耶罗斯（Alberto Diaz-Cayeros）、杰夫·弗雷登（Jeff Frienden）、埃德·戈麦斯（Ed Gomez）、斯蒂芬·哈格德（Steph Haggard）、鲍勃·英曼（Bob Inman）、丹尼尔·克里德（Daniel Kryder）、查佩尔·劳森（Chappell Lawson）、玛格丽特·李维（Margaret Levi）、珀·彼得松—利德布姆（Per Pettersson-Lidbom）、乔恩·拉特索（Jorn Rattso）、丹·鲁宾菲尔德（Dan Rubinfeld）、肯·谢普瑟（Ken Shepsle）、吉姆·斯奈德（Jim Snyder）、埃内斯托·斯坦（Ernesto Stein）、阿尔·斯特潘（Al Stepan）、罗尔夫·斯特劳奇（Rolf Strauch）、马里亚诺·托马西（Mariano Tommasi）、丹·特雷斯曼（Dan Treisman）和彼得·范霍滕（Pieter van Houten）。这本书也受益于我在世界银行的合作者们的见解，包括圣塔·德瓦拉扬（Shanta Devarajan）、冈纳尔·埃斯克兰（Gunnar Eskeland）、斯图蒂·卡玛尼（Stuti Khemani）、简尼克·利特瓦克（Jennic Litvack）、大卫·罗森布拉特（David Rosenblatt）和史蒂夫·韦伯（Steve Webb）。也许让我最深感亏欠的是巴里·韦恩斯特（Barry Weingast），他提供了无价的评论、建议和鼓励;还有埃里克·韦伯尔斯(Erik Wibbels),不管是作为朋友,还是作为一个评论家和合著者,他都是最弥足珍贵的一位。

我要感谢我在巴西的多位房东和向导的热情款待和建议,包括玛塔·阿勒契(Marta Arretche)、乔瑟·齐布布(Jose Cheibub)、阿格丽娜·菲格雷多(Argelina Figueredo)、费尔南多·利蒙吉(Fernando Limongi)、大卫·塞缪尔斯(David Samuels)和塞丽娜·苏扎(Celina Souza)。同样地,我要感谢我的德国东道主与同事们的善良和帮助,包括乌维·莱昂纳迪(Uwe Leonardy)、沃尔夫冈·伦茨(Wolfgang Renzsch)、弗里茨·夏普夫(Fritz Scharpf)、赫尔穆特·塞茨(Helmut Seitz)和尤尔根·冯·哈根(Jurgen von Hagen);感谢胡安·拉克(Juan Llach)带我到阿根廷,汤姆·库尔钦(Tom Courchene)和罗纳德·瓦茨(Ronald Watts)带我到安大略省金斯顿市。此外,我要感谢所有那些给我机会在美国企业研究所、欧洲中央银行、欧洲委员会、国际货币基金组织、世界银行、南澳大学、圣保罗大学、哈佛大学、明尼苏达大学、斯坦福大学讨论和改进这本书的人。

感谢麻省理工学院、耶鲁大学国际和地区研究中心、国家科学基金会(Grant SES-0241523)、哈佛大学欧洲研究中心、德国学术交流服务中心和加拿大联邦政府的经费资助;感谢戴安娜·罗特(Diana Rheault)和苏阿娜·韦伯斯特(Suaannah Webster)在研究和编辑上给予的出色帮助。第2章中的一些内容在《比较政治学》上刊载过,第4章的一部分内容选自《美国政治学杂志》的一篇文章,而第5章的一部分源自《世界政治》杂志。感谢出版商允许在书中使用这些材料。

最重要的是,我要感谢我的家人。我的父母,约翰和朱迪罗登,以及我的妹妹杰内尔,提供了一生坚定不移的支持、爱和鼓励,我的感激和赞赏无以言表。还有,谨将此书献给我的妻子艾米,再一心一意地说声谢谢,她为我完成这本书奉献了支持、耐心、适时的忠告和良好的幽默感,同时也以恰当的视角提供了爱和陪伴。

目　录

第1章　引言和概述

没有人比我更赞赏联邦制度的优点了。我认为它是有利于人类繁荣和自由的最有力的一种结合体。我羡慕那些得以采用它的国家。

——亚历克西斯·德·托克维尔(Alexis de Tocqueville),《美国的民主》

我希望你们有像现在的领地这么多的[州],在每一个州都建立起许多地区性的行政机构。完善你们的组织结构,给予它们在其各自的领地里更大的权力。

——简—雅克·卢梭,《波兰政府》

可能的弊病是,一般政府过于依赖州立法机关,过于受制于它们的偏见,过于谄媚它们的幽默;各州紧握一切大权,将会对国家权力形成侵犯,直到联邦国家被削弱乃至解体。

——亚历山大·汉密尔顿,《对纽约批准宪法的评论》,1788①

亚历克西斯·德·托克维尔并不是孤掌难鸣。联邦制,尤其是美国的联邦制,是世界上最受推崇和模仿的政治创新之一。至少从孟德斯鸠开始,政治哲学家指出了分权的、多层次的政府结构的优势,以及至少自卢梭以来,他们主张在全世界广泛采用它们。托克维尔的热情和卢梭的实际建议在20世纪

---

① 弗里希(Frisch,1985:220—221).

晚期重新焕发了活力,东欧、拉丁美洲和非洲国家开始将权力分散给州和地方政府官员,这标志着它们从中央集权独裁到民主的转变。除了向民主体制过渡,分权和联邦制的传播也许是过去 50 年来世界上最重要的国家治理趋势。即使像西班牙和比利时这样的长期民主国家也选择了明确的联邦结构,许多其他国家已经将资源和权力移交给地方政府。此外,逐步建立起欧洲联邦或许是我们这个时代最令人印象深刻的政治谋划。

所有这些发展都伴随着对责任制、效率、财政纪律乃至经济增长质量的预期改善抱有极为乐观的态度。然而,即使只是粗略地回顾一下联邦制的历史,也应该有理由中道而止了。美利坚联邦因血腥的内战和地区与种族冲突而四分五裂,历史的垃圾箱里塞满了从古希腊到现代南斯拉夫、从捷克斯洛伐克到加勒比海的联邦失败案例。虽然内战和温和的分裂理所当然地受到了大量关注,但联邦制还有可能以另一种方式失败,直到最近,这种失败还没有引起专家和学者的注意。正如本书所记载的,联邦制会导致惊人的债务积累和宏观经济政策的灾难性失败。

联邦制的潜在危险并没有逃离最出色的历史学家和批评家亚历山大·汉密尔顿的注意。众所周知,他最大的忧虑用从利西亚(Lycian)和亚克亚(Achaean)联盟到德国议会的大量历史事例加以说明,即是一个弱的联邦政府成为外国征服或内部解体的牺牲品。然而,对于他有关对财政联邦制的担忧,学者们的关注却少之又少。汉密尔顿非常怀疑把"财政权力"交给州政府是否明智。他担心的不仅是它们会使用税收和借贷权力来削弱中央政府,更具体地说,它们会过度消费和过度借贷,以图将它们的负担转移到中央政府和其他州。他的担忧是有根据的:19 世纪 40 年代,一些州的过度借贷导致宏观经济不稳定,并破坏了美国在海外的信誉。最近,巴西各州和阿根廷各省发生的类似事件,直接导致联邦政府的债务危机和恶性通货膨胀,带来了惊人的社会和经济成本。联邦制度和财政纪律的相关问题已经在其他一些国家出现,包括印度、尼日利亚、俄罗斯和南非等(Rodden, Eskeland, and Litvack, 2003)。正如本书将会展示的那样,联邦制和财政不规范的问题并不局限于新的民主国家或发展中国家。在德国、意大利、西班牙和其他一些地方,相对比较严重的各州和地方政府的借贷问题是有记录可查的。

　　托克维尔对联邦制的热情推崇得到了 19 世纪和 20 世纪的哲学家、政治家和经济学家的回应。实际上,直到 20 世纪 70 年代,随着一波权力分散的浪潮在发展中国家蔓延、欧洲一体化进程向前推进,这种论调才变得突出。尽管执行者一直持谨慎态度,但国际货币基金组织(IMF)和世界银行在 20 世纪 80 年代早期的政策讨论往往只是宣扬权力分散的优势而淡化其危险。然而到了 20 世纪 90 年代末,人们的注意力已从权力分散和联邦制的理论优势转向巴西和阿根廷国内省际贸易战的危机现实,并且越来越多的人认识到州和地方政府及其公共企业的腐败和低效问题。显而易见,最令人头疼的问题是地方政府的财政不自律。

　　事实上,所有关于公共部门赤字和债务的跨国实证研究都忽视了地方政府。乍一看,这似乎不成问题。在 1986 年至 1996 年期间,依据 63 个国家的样本,地方平均赤字仅占国内生产总值(GDP)的约 0.5%。然而,在 11 个正式的联邦体系中——其中包括世界上几个最大的经济体——地方的平均赤字超过 GDP 的 1%,占政府赤字总额的近 20%。① 在一些国家,如阿根廷和巴西,地方政府赤字总计超过了中央政府赤字,超过 GDP 的 2.5%,地方债务已达到 GDP 的 15%。此外,最近的研究表明,地方政府赤字的增加与中央政府更高的支出和债务(Fornisari,Webb,and Zou,1998)以及更高的通货膨胀率(Treisman,2000a)有关。

　　另外,在 20 世纪,许多国家——从像挪威这样的单一国家到像美国和瑞士这样的联邦制国家——都能够控制国家和地方财政赤字,甚至保持盈余。事实上,联邦制和财政分权往往被看作是财政纪律的重要堡垒,而不是为草率的财政行为创造机会。本书试图回答一个日益重要的问题:是什么造就了地方政府财政行为的跨国和历时变异以及其对整个公共部门的影响。为什么一些地方政府表现得像财政保守派,而另一些政府却出现了危险的、不可持续的赤字?

　　本书提出了一系列关于分权和联邦制的论点。这些论点远远超出了早期的研究,那些研究主要集中于财政分权的整体水平或联邦制的存在,因此这些

---

　　① 　国际货币基金组织、《政府财政统计年鉴(历年)》《国际金融统计(历年)》和作者的计算。

论点具有很强的政策含义。欧洲正经历一个有关其立宪政体前景的辩论和谈判时期,这与在费城进行的辩论并无二致。参与者敏锐地意识到,联邦各组成单位之间存在着财政失范的可能性。在其他国家中,像阿根廷、巴西、德国、印度和墨西哥等历史悠久的联邦国家,还有一些分权的国家,如比利时、意大利和西班牙等,其立宪政体的前景目前正在讨论中。在每种情况下,财政纪律问题都占据了中心位置。因此,对权力分散、联邦制和财政纪律之间关系的系统分析是一项非常适时的工作。

1. 希望与危机

在 21 世纪初,分权的联邦制对于政治经济学而言就正如"百忧解"[①]对心理健康的影响。使用率正在上升,每个人都在谈论它,但有些人吹嘘其非凡的好处,而其他人坚持认为它经常使事情变得更糟。越来越清楚的是,治疗对不同的对象有着截然不同的影响,但是没有人知道它是如何、为什么或在何种条件下成功或失败的。抽象的联邦制理论声称财政和政治分权可以提高公共部门机构的效率和责任意识,甚至促进经济快速增长。弗里德里希·冯·哈耶克(Friedrich von Hayek)首先宣扬的最基本的观点之一是,权力分散可以增加政府的财政责任。在理论主张和一些令人印象深刻的成功事例的基础上,世界各地已经制定了权力分散制度。然而不幸的是,有害的副作用似乎已经超过了许多国家的预期效益,并且疑虑还在增加。就像一种有争议的药物一样,联邦主义的利与弊都不应被表面接受,而是要直到它的影响在各种各样的主题上被评估,因为每一个主题都有不同的历史和先决条件。本书通过研究财政纪律问题承担了这个任务。

联邦制的承诺是一个相当直白的主张,在从孟德斯鸠到詹姆斯·麦迪逊到理查德·马斯格雷夫的政治和经济理论中一次又一次地出现:在异质社会中,政府政策最有可能在多层政府面前与公民的偏好保持一致,每层政府都承担着不同的责任。高一级政府可以提供联邦范围内的集体商品,如共同防御

[①]　一种口服抗抑郁药。——译者注

和自由贸易,而下一级政府可以提供垃圾收集和宗教教育等商品,这些商品将在当地消费。如果每一层政府都恪守其界并尊重另一方的权力,则公民可以让每一层政府分别对其活动负责。虽然一位主权机构元首可能会试图滥用其权威,但联邦制可通过在多个竞争性主权机构之间分配权力来提供有价值的保护。政治学家认为这种分散的王权是让那些按语言或种族分疆而治的社会通往稳定和和平的必经之路;经济学家特别推崇偏好显示、信息和政府间竞争的好处。这两种观点都可以归结为提高响应能力和责任感;分散的、多层次的政府体系很可能会让公民从政府那里以更低的成本得到更多他们想要的东西,而不是中央集权的替代方案。

联邦制的潜在危险受到的关注要少得多。联邦制不仅仅是行政分权。它意味着中央政府的自主权实际上得到了有效的限制,要么受到宪法规定的限制,要么受到一些非正式限制。事实上,权力分散问责制的长处就是要求中央政府的权力受到很大限制。产业组织理论家已经表明,为了强化分散组织中的激励和主动性,中心机构必须可信地限制其自身的信息和权力。然而,另一方面是中心失去了战略控制权。在权力分散的联邦体制中,政治上分权的中央政府可能会发现难以解决协调问题并提供联邦范围内的集体商品。

与私营部门一样,公共机构只有在激励机制适当的情况下才能产生理想的结果。例如,大型、复杂的工业组织中的权力分散显然有可能通过为部门领导者提供更大的灵活性和更强的创新激励来提高生产力,但只有在激励机制能够防止部门领导人操纵信息优势的情况下,才能提高总体效率。如果不能防范普遍的机会主义,那么整个组织的权力分散可能代价高昂。这本书讲述了一个类似的关于联邦借贷的故事。像一个分散权力的公司一样,一个联邦可以被看作具有连锁契约的复杂关系。如果这些组织结构不合理并且行动者不愿意重新谈判,那么分权的联邦制可能会破坏效率,削弱民主问责制,最终威胁到联邦的稳定,特别是州和地方官员可能会受到激励,在扩大支出的同时将成本外部化给其他人,将公共收入转化为省级政府过度攫取的"共同资源"。

2. 联邦制与主权

接下来一章首先揭示了主流理论文献与当前世界范围内权力分散趋势之

间的巨大差距。理论文献往往把权力分散和联邦制视为本质上相同的东西：把政府权力明确地划分为不同的、等级森严的主权领域。从政治哲学的经典著作到现代经济学文献,这种主权分立的概念在联邦制的期冀中起着重要的作用。在回顾了现有的理论和实证研究之后,第 2 章提供了比这些文献中使用得更为精确的权力分散和联邦主义定义,并提供了来自世界各国的大量的数据,描绘了一幅对比鲜明的、模糊的、重叠的权力画面,其中,主权往往不明确且存在争议。这些观察为多层级政府的政治经济学路径创造了一个新的起点,适合于检验分权和联邦制的多样性以及世界各地的结果的多样性。

本书的一个重要见解是,财政分权很少对地方实体就他们的债务清晰地划界定权。当主权不明确或有争议时,执行者使用他们所能得到的信息,并在发生冲突时把不确定的部分留给最终权力机构。在权力分散的体制中,某一特定时间在某一政策领域的主权,最应被理解为未来政府间斗争中可能获胜的一方一系列事前的理念。第 3 章将多层级系统中的借款描述为不完全信息的动态博弈。在这种博弈中,选民、债权人和地方政府掌握对于中央政府如何应对未来财政危机的信息是有限的。地方政府必须做出财政决策、债权人放贷决策、选民选举决策,同时又不知道中央政府最终是否会担保地方债务。如果所有执行者都非常清楚,中央政府致力于遵从决不承担地方债务的政策,那么将地方政府视为确切的微型主权借款人是有道理的。但是,这本书证明了这种情况很少发生。大多数多层级的财政体制在 20 世纪下半叶发生了变化,其体制特征破坏了中央政府的期许和努力,从而破坏了地方实体的财政主权。

为了展示这个体制游戏是如何运作的,第 3 章考察了 19 世纪 40 年代美国各州和联邦政府之间的互动。该联邦相对来说历史并不久远,最近有承担债务的历史,而且也有从中央到各州的特定的资源分配,有充分的理由质疑该中央政府的"不救助"承诺。在联邦政府的良好信用的支持下,许多州采取了债务融资的内部改善措施。面对与金融恐慌相关的意外财政冲击,许多州拒绝引入新税或以其他方式进行调整;相反,它们要求中央政府提供救助,同它们(主要是英国)的债权人一起,坚持认为它们的债务隐含地带有联邦担保。从历史材料中重现联邦政府救助的可能性是很难的,但值得注意的是,债务承担运动的势力相当强大,它的失败自然也就很难预言。数个州对生死攸关时刻的救助计划寄予了厚望,当救助计划在立法机关被否决时,违约的局面出现了。最终,它们被迫采取非常痛苦的调整措施。但是,州政府、选民和债权人从中得到了宝贵的教训:中央政府——在此期间实际上是被禁止在国际信贷市场上借款的——发出了一个代价高昂的履职信号。

在又经历了几次后续的考验之后,这样的"游戏"在整个 20 世纪都在进行,就好像所有各方都非常清楚,中央政府会承担责任。也就是说,美国各州近乎于拥有财政主权。各州偶尔也会围绕救助的话题上蹿下跳——看看最近的州财政危机就知道了——但人们对救助的期望并不明朗,以至于各州实际上会在等待债务分担时拒绝进行调整。当地方政府被视为享有某些主权时,债权人、选民和投资者都面临着监督其财政活动的强烈动机,并威胁要通过提高利率、撤回选票或撤回资本来惩罚不可持续的借款。

近几十年来,在巴西和德国这样的国家,这种运作发挥了不同的作用,几个关键的州正确地判断中央政府的承诺是不可信的,拒绝调整并最终接受救助。20 世纪 40 年代在德国和 20 世纪 80 年代在巴西,作为一种民主重新出现的基本政府间协议,蕴含了中央政府缺乏可信度的蛛丝马迹。在这两种情况下,中央政府仍然高度参与,向成员州政府提供补助和贷款,并且通常具有相当大的自由裁量权。在巴西,负债州知道它们能够在立法机关中发挥影响力,而且互相投赞成票,创造了一种方式,可以将负债较少的州纳入联盟,以投票支持救助。自世纪之交以来,最大的州——尤其是圣保罗和米纳斯吉拉斯州——再现了困扰联邦的模式,它们预计中央政府会因为银行系统的负外部性和国家的信誉而不允许它们违约。在德国,宪法表现了强有力的意向,即中央政府不可能允许最小的、最依赖转移的州出现失败。在这两种情况下,中央政府都颁布了改革措施,试图重申不提供救助的承诺;但考虑到中央政府在先前的博弈中所采取的经验教训,州政府显然会继续做出财政决策,就好像它们是在与一个没有承诺的中央政府对抗。

3. 财政机制

关于这个承诺博弈如何在不同环境中发挥和演变的详细探索是非常有用

的,本书将对其进行一些研究。然而,一个更大的目标是,对影响博弈方式的国家的制度和政治特征做出一些概括,并将这些特征与独特的财政行为模式联系起来。第3章和第4章认为,决定财政主权的最基本因素是上级政府和下级政府间财政关系的基本结构。很简单,当地方政府依靠的是补助金和收益分享而不是独立的地方税收时,救市预期是最强的。即使补助金的分配大多是非自由裁量的,省级政府也可以在未来的重新谈判中坚持要求增加拨款。当高度依赖转移的政府面临违约并且必须关闭学校和消防局,或未能提供被视为国家权益的健康或福利待遇时,选民和债权人会迅速转向中央政府,寻求解决方案,即使财政危机实际上是由地方一级的错误决定引发的。如果地方政府认为中央政府在融资方面的作用会导致违约的政治痛苦向上偏转,那么这不仅会影响它们对救助概率的看法,还会降低它们的违约负效力。

第4章认为,衡量救助预期——进而衡量财政主权——的一个好方法,是考察信贷市场和债券评级机构的行为。在评级机构用于评估地方政府的准则中,转移依赖显然被视为中央政府隐性担保的最佳指标。债券评级机构认为,如果高度依赖共享收入和转移的地方政府被允许进入信贷市场,那么该中央政府就应当清楚,它最终是要负责任并提供隐性担保的。因此,在这些情况下,地方政府的信用评级紧紧围绕或等于主权评级,如德国。另外,评级机构将美国各州、加拿大各省和瑞士各州——它们是世界上最依赖独立的地方税收的三个联邦国家——视为微型主权实体;信用评级(和债券收益率)与地方实体的独立偿债能力密切相关。处于中间状态的是像澳大利亚这样的国家,评级机构显然密切关注各个州的偿债能力;然而,它们从政府间转移体制中获取线索,明确评估了联邦政府在发生危机时拯救陷入困境的州的高度可能性。这使像塔斯马尼亚这样依赖转移的州能够支付比它们是主权借款人时低得多的利率。

理解这一逻辑,就可以合理地预期,在为低层级政府提供融资方面发挥重要作用的中央政府将严格规范其对信贷市场的准入。实际上,第4章使用跨国数据来证明转移依赖与集中施加的借贷限制之间的高度相关性。它进一步表明,转移依赖和自上而下的借贷限制的结合与地方政府之间的长期平衡预算有关。这是亚历山大·汉密尔顿倡导的自上而下、统一的财政纪律的形式。

在这种制度下,中央政府在税收和借贷上实际上都拥有垄断地位,并对下级政府的支出进行仔细监管和监督。这种形式的财政纪律在世界上许多国家都有效,特别是在地方政府很少有宪法保护的单一制国家。

然而,大型联邦国家——尤其在各省是最初宪法协议的缔约方并且任何重大修改都必须由各方签字认可的地方——发现很难限制其组成单位获得赤字融资。具有借贷自主权和有限税收自治权、在政治上势力强大的地方政府可能是一种危险的组合。在这种情况下,模糊的主权可能会产生遗患无穷的宏观经济后果。有些国家既没有达到现代美国的竞争规范,也不具备像挪威这样的单一制国家的等级体系。中央政府保留了税收的大部分权力,各组成单位在财政上高度依赖中央政府,但在许多方面,地方借贷的窗口是开放的。因此,选民和债权人并不把省级政府视为主权政府,而视为中央政府的监护对象。中央政府发现,很难对陷入困境的地方政府的救助请求说"不",这削弱了竞争纪律,并给予州政府避免调整的动力。与此同时,联邦制的政治制度阻碍了中央政府对地方支出实行分级管理控制。在这些国家,联邦制造成了一个两难的局面——中央政府相比于州政府在财政上过于强势,无法做到令人信服地忽视它们的财政困难,但在政治上又过于软弱而无法让它们承担责任。

4. 政治机制

财政联邦制的危险最终是由政治驱动的。这本书的首要任务是对财政机制的考察,但第二项任务——对政治机制的考察——在某种程度上包含了第一项任务。中央政府机构组织政治竞争的方式对财政机制的作用具有深远的影响。首先,省级或地方政府代表的性质决定了中央政府在下级政府要求救助时说"不"的能力。如果该中央政府只是一个由地区利益集团组成的松散的联盟,那么它很难拒绝救助请求,也很难严格规范地方政府的财政行为。此外,政府间的补助和从中央到低一级政府的贷款很可能会高度政治化。执政党或联盟总是想着利用其在拨款分配上的自由裁量权,试图将资源转移到具有选举重要性的盟友或地区。如果政治上得势的地区的省级和地方政治家期望中央政府提供额外的贷款和补助金,那么他们遵守财政纪律的动机在事前就会降低。

这种政治观点与美国联邦缔造者的观点是一致的,即认为政党是另一种破坏国家利益的派系主义和自我追求的分裂根源。然而,借助后见之明和大量数据,第 5 章探讨了一个关于政党的非同寻常的论点。根据威廉·里克(William Riker)20 世纪 50 年代提出的一些观点,垂直整合的国家政党可能在中央和省级政客之间建立联系,创造"选举外部性",激励省级政客关注国家集体利益,而非纯粹的地方利益。这可能有助于从两个方面缓解联邦制的危害:一是减少省级政府最初创造负面外部性的动机;二是鼓励省级官员重新谈判有问题的政府间合同。

5. 案例研究

第 4 章和第 5 章通过研究每年的跨国数据来评估他们的理论观点。当然,这些分析本质上相当直率,但它们有力地表明了政府间转移制度和党派安排在形成分权制度的财政行为方面的重要性。本书的其余部分源起于这种高级抽象,试图改进该理论观点,并使用案例研究和分类数据分析更仔细地验证它们。跨国定量分析的一个有用特征是,它有助于确定一些国家,这些国家可以为更深入的案例研究提供有用的目标。除那些类似于地方拥有财政主权的国家和那些中央政府对地方借款有着严格控制的国家之外,剩下的章节将更仔细地研究一些因主权模糊而遭受负面影响的国家——尤其是巴西和德意志联邦共和国。① 尽管这一问题在国外几乎没有引起注意,但在德国联邦,州级债务已经成为一个严重的问题。虽然最近的经济衰退和统一的挑战加剧了这个问题,但第 7 章表明,这个问题已经酝酿了一段时间,实际上根源于现代德国联邦制的基本财政和政治动机。巴西 20 世纪 80 年代和 90 年代的州级债务危机,直接导致其宏观经济的不稳定和恶性通货膨胀。第 8 章考察了这些危机的政治和财政原因,并与美国早期的经历进行了一些比较。

这两个案例研究都有助于完善和澄清前几章中提出的论点。将这两个案

---

① 有关更广泛的案例研究,请参阅罗登等(Rodden, et al. ,2003)。

例纳入讨论不仅因为它们有趣且重要,而且因为这两个体制显示了各种关键的财政和政治变量。根据普茨沃斯基和泰恩(Przeworski and Teune,1970)所称的"最大差异制度"的比较研究方法,第 7 章和第 8 章利用这些联邦州的时间序列横断面数据来检验政府间转移、辖区的大小和结构、政党、选举和商业周期等方面的论点。德国和巴西在几乎所有可以想象到的意义上都是不同的体系:经济发展水平、地区和人际不平等、政党纪律和立法机关与行政执行机关的关系等。但它们有一个共同点,那就是强大的联邦制体系以及联邦政治中各组成部分的显著作用。案例研究表明,联邦制在两国的财政困境中发挥了非常相似的作用,然而,也发现了重要的体制差异,这些差异有助于阐明前几章中提出的论点的其他细微差别和轮廓。

6. 内生机制

总的来说,第 3 章到第 8 章确定了一个相当牢固的政治均衡形式,其中,中央政府不能有任何承诺,但允许具有救助预期的政府借款,其结果对整个国家来说是不利的。虽然这些体制总体上有令人不满意的地方,但很难改革,因为拥有否决权的关键省级官员在维持原状的过程中可中饱私囊。这些章节适用于一种新兴的政治经济学方法,依靠政治来解释经济效率低下的持续存在。当一种低效但有韧性的政治平衡得以确定时,自然会出现另外两个问题:一个国家如何摆脱不良均衡,以及它是如何最先出现的? 第一个问题,在第 9 章中得以提出讨论,明确了政府间财政契约的基本特征具有内生性,并重点关注那些重新谈判这些契约可以带来实质性集体利益的时刻,力求解释在某些条件下一个民主国家的政客可以突破联邦制的自然现实偏差。第 10 章提出的第二个问题需要更深入的历史方法,一种试图解释地方主权的长期演变和稳定性的方法。

在德国和巴西,为了应对下一级政府债务积累和政府救助的问题,政府间体制的改革近年来一直是公共政策议程上的重点。同样可以说,另外还有很多国家,它们要么已经沦为联邦制危机的牺牲品(如阿根廷和印度),要么忧心忡忡地会走上那样一条道路(如墨西哥和欧盟)。第 9 章探讨了政治家所面临的挑战,他们希望重新集体协商为一些关键省级政客创造私人利益的次优的政府间合同。运用第 5 章中提出的概念,它认为,当改革中失去一些东西的政治家能够获得与改善国家集体产品(如宏观经济稳定)相关的补偿性选举利益时,改革最有可能成功。一般而言,这种情况最有可能发生在选民使用国家执政党的党派标签来奖励或惩罚两级政府政治人物的国家。一般情况下,最有可能牺牲私人利益的省级政客是那些属于控制联邦行政的政党的成员。本章以德国、巴西、加拿大和澳大利亚的案例研究提供的证据作为结论。

第 10 章回到一个关于机构起源的更深层次的问题:为什么有些联邦,如美国和加拿大,从 20 世纪开始就是可信的有限中央政府和财政主权省份,而在其他联邦,如巴西和德国,中央政府不救助承诺的可信度随着省级主权一起逐渐消失? 本章不是要提供一个完整而有说服力的答案,而是试图通过提供基于本书所考察的国家的一些解释来确定进一步研究的议程。

7. 政策含义

本书不仅对联邦制的实证性比较文献做出了贡献,而且最后一章也探讨了对当前规范性政策辩论的一些启示。最重要的是,它表明,仅通过争夺资本和选票来实施财政纪律的地方政府主权,比通常认为的要小得多,而且更加脆弱。人们越来越多地认识到,联邦主义的美好愿景——改进问责制和更好的治理——比以前所想象的更加难以实现,尤其是在从独裁主义或极端集权的起点迅速进行权力分散的国家。政策含义并不是说财政和政治分权的趋势应该突然逆转,而是应该认真关注财政和政治激励结构的性质。在一些国家,人们的期望应该改变,次优的选择——中央强制推行的规则或多边政府间合作——可能比省级债务和紧急援助的轮回更可取。最后一章反驳了人们的普遍看法,即在新的分权国家中应该将地方财政纪律留给信贷市场。

最后一章还探讨了该书对欧洲货币联盟(EMU)当前财政规则辩论的影响。与德国和巴西形成鲜明对比的是,欧洲货币联盟的成员方显然是主权债务方,市场参与者几乎没有理由期待新生的中央政府提供救助。如果这是真的,那么人们就会怀疑,通常用来证明对《稳定与增长公约》(*Stability and Growth Pact*)所涉成员方赤字实施集中限制的纾困逻辑是否合理。与此同时,通过让中央政府对整个公共部门赤字负责,欧洲货币联盟可能通过鼓励一些中央政府加强对地方政府的监督和审计程序来产生积极影响。本书最后着眼于未来,讨论了 21 世纪联邦制和财政分权的关键问题和前景。

第 2 章　愿景与危机

——学术思想史

本书提出了一个非常具体的问题:在什么条件下,州和地方政府的行为会加强或破坏政府的整体财政纪律? 然而,这个问题的提出,关注的是有关权力分散、联邦制以及政府效率和问责制之间关系的一系列更老和更大的问题。因此,将当前关于财政纪律的辩论置于贯穿政治哲学经典和现代公共经济学的思想史的大浪潮之中是有益的。此外,对这一主题进行理论和实证研究的重要第一步是,对不同文献中使用的权力分散与联邦制的定义和评量进行切割,并确定一些贯穿全书的概念。在这样做的过程中,这一章也强调了在本书中所采用的方法与以前的研究采用的方法截然不同。

在广泛地介绍了激发现代研究的经典主题之后,本章回顾了福利经济学和公共选择理论对联邦制和分权可以提高政府效率和问责性这一概念的贡献。本章特别关注了这样一些理论,即权力分散,特别是在联邦制的背景下,可以加强整体财政纪律。接下来,这些抽象的论点面临着更精确地定义分权和联邦制的尝试,并通过跨国界的实证评量将其确定下来。在本书中,我们将进一步得出一个重要的结论:由于忽略了太多的制度细节,因此现有的理论隐含地假设了一种在实践中很少出现的联邦制。对权力分散和联邦制的多样性的更多关注,以及对政治家动机的更现实的假设,为后面章节中的理论和实证分析提供了一个更好的起点。

1. 经济学和政治学中的联邦制思想简史

如果一个共和国很小,那么它会被外国势力摧毁;如果它很大,那么它会被内部缺陷所破坏…… 因此,很有可能人类最终不得不生活在一个人统治的政府之下,除非他们设计出一种宪法,既具有共和政体的所有内部优势,又具有君主政体的外部力量。这种形式的政府就是一种公约,几个小国家同意成为他们打算组建的更大政府的成员。

——孟德斯鸠,《论法的精神》

人口众多,地域辽阔! 在那里,你有人类遭遇不幸的第一个也是最重要的原因…… 几乎所有的小国、共和国和君主国都兴旺发达,只是因为他们很小,因为他们的公民互相认识、互相关注,因为他们的统治者可以……看着他们的命令被执行。而大国则不一样:他们在大量人口的重压下蹒跚而行,其人民过着悲惨的生活……总而言之,扩展和完善联邦政府体制是你毕生的事业……

——简—雅克·卢梭,《波兰政府》

通过扩大选民数量,你会使代表对他们所有的当地情况和小众的利益了解太少;而如果选民减少得太多,你就会使他们过分依附于这些东西,而又太少去理解和追求伟大的和国家的目标。在这方面,联邦宪法形成了一种愉快的结合;重大的和总体的利益被提交给国家立法机构,地方上的以及某些特定的事务则交给各州的立法机构。

——詹姆斯·麦迪逊,《联邦党人文集10》

联邦制度的设计是要将各种大小国家不同的优势结合起来。

——亚历克西斯·德·托克维尔,《美国的民主》

联邦制的希望所在最初是由孟德斯鸠宣扬的,后来由詹姆斯·麦迪逊和亚历山大·汉密尔顿将其转变为现代宪政理论的一部分。现代政治理论家和经济学家的著作中也出现了同样的论调。所有这些思想家都被拉尔夫·沃尔多·爱默生(Ralph Waldo Emerson, 1835)所表达得最为清楚的直观理念所吸引:乡镇是共和国和人民群体的基本单位。在乡镇的会议上,政治科学的大秘密昭然若揭,问题被解决了——如何在政府中给予每个人公平的权重而不会出现任何数字障碍。简单地说,如果政府管辖的是一个相对单一的小地区——爱默生的家乡和孟德斯鸠的城邦——而不是一片广阔的领土,那么公民似乎更有可能从政府那里得到他们想要的东西。然而,在传统的经典观点中,小规模政府的问题是它们容易受到较大规模单位的攻击。大而多样化的辖区的好处是避免内部争斗,并可以汇集资源以击退外来势力的攻击。麦迪逊和汉密尔顿注意到大规模的一些额外优势——最重要的是自由贸易——现代公共经济学增加了一些,包括税收征缴、区域间风险分担、共同货币和公共产品生产中的规模经济。

联邦制希望的是合众为一,能同时实现小型和大型政府单位的优势。但上面提到的每一位哲学家都意识到,创建这样一个联盟也裹挟着弊端。一个联邦很可能被爱默生的"数字紊乱"或孟德斯鸠的"内在缺陷"所困扰。托克维尔担心,一个庞大的、多样化的联邦最终将无法强大到足以有效对抗一个专制的中央集权对手。同样,亚历山大·汉密尔顿所担心的"内部缺陷"是一个无能为力的中央政府。然而,在围绕美国宪法通过的辩论中,对托马斯·杰斐逊、乔治·梅森和帕特里克·亨利这样的弗吉尼亚人所担心的是,中央政府会积聚过多的权力,并粗暴地践踏组成单位的权利。

这是自《联邦党人文集》以来政治学家中的多数联邦主义学者所具有的对中央政府的紧张感。几乎在所有这些文献中,联邦制的危险都是双重的:联邦制有一种自然倾向,要么变得过于集中——甚至可能是专制——要么变得过于分散和软弱,以至于要么演变成内部战争,要么沦为外部敌人的牺牲品。因此,在实现联邦制愿景的同时尽量减少其危险的任务涉及一个组织建构的问题:如何建立一个既强大而又被有所限制的中央政府。中央政府必须足够强大,以实现所期望的集体利益——自由贸易、共同防御等——但又要足够弱,以保持强大的地方自治意识。这是威廉·里克(William Riker)有关联邦制度的经典著作里的核心计划,也是追随他脚步的政治科学家们关注的焦点。

　　许多撰写联邦制文章的政治学家都敏锐地意识到它的危机——尤其是联邦分裂的问题。事实上,最近政治科学中关于联邦制的理论研究大多来自试图理解俄罗斯在专制和分裂之间保持着动荡纷扰的平衡的学者(Ordeshook,1996;Ordeshook and Shvetsova,1997;Treisman,1999a,1999b)。从麦迪逊到里克,再到最近的文著(特别是可参见 De Figueredo and Weingast,2004;Filippov,Ordeshook and Shvetsova,2003),表明政治科学文献的主要目标是寻找能够使联邦保持稳定的制度、文化和政治环境,避免在不同社会中的压迫和战争。

　　简而言之,政治科学家将联邦制视为大型多元社会的必需品,并且一直专注于避免其最大的危险:不稳定、专制和战争。另外,经济学家们已经摒弃了政治、激励和稳定的问题,而是把注意力集中在上面孟德斯鸠所提到的相当抽象的效率和问责制优势上。经济学家已经开始在创建一个规范框架以建立最优的财政和行政分权水平的过程中,严格定义麦迪逊的"大的和总体的利益"和那些"地方的和特别的"利益之间的区别。

　　公共财政理论的一些最基本的见解反映了卢梭在上面的引文中所表达的乐观态度,认为权力分散应该对效率、问责制和治理产生即使是无意的但也是积极的后果。首先最重要的是,权力分散被认为是通过改善信息掌握状态和增加竞争,将政治官员的激励与公民福利结合起来。最基本的观察结果在上面的引文中表达:在任何比城邦更大的政治实体中,地方政府将获得比遥远的中央政府更好的关于当地条件和偏好的信息。其次,关于"竞争性联邦制"的大量文献考察了这样一种假设:在权力分散的情况下,政府必须为公民和企业而竞争,这些公民或企业可以将自己归入最能满足他们对政府产品和政策偏好的辖区。

　　关于联邦制和权力分散的福利经济学文献的名称源于华莱士·奥茨(Wallace Oates)1972 年的著作《财政联邦主义》(*Fiscal Federalism*),该书仍然是最重要的理论巨著。[①]这一文献通常假设各级政府的政治领导人都是仁慈的专制者,他们最大限度地提高了选民的福利。财政联邦主义文献中最

---

　　① 　奥茨的作品在马斯格雷夫(1959)之前。有关最近的更新,请参阅奥茨(Oates,1994,1999)。

重要的任务是解决分配问题："我们需要明白哪些职能和工具是适合中央集权的，哪些职能和工具是最适合分权的政府的。"（Oates，1999：1120）该文献根据辅从原则规定了分权："公共服务应该由最低层级的政府提供，包括空间意义上的相关利益和成本。"（Oates，1999：1122）当偏好在空间上具有异质性时，地方政府被认为能更好地了解地方政策的成本和好处，并且比遥远的中央政府更能调整政策以适应当地情况。

公共选择文献中也提到了权力分散与提高效率之间的联系。竞争性联邦制理论将权力分散的政府与私人市场进行类比，并颂扬分散的公共产品供应商之间的竞争可能带来效率提高。这篇文献的灵感来自1956年的查尔斯·蒂布特（Charles Tiebout）的作品，蒂布特将公民土地所有者视为"用自己的脚投票，将自己归类到能提供他们想要的税收水平和大量财物的社区，从而增强了人们的偏好显示，并迫使政府更加负责"。[①]最近，蒂布特的竞争逻辑已经结合对于自利的寻租政客的假设，资本和劳动力流动被视为租金榨取的约束。代之以单一的利维坦政府对税收基础拥有垄断权，权力分散能够在自私自利的政治家和官僚之间围绕流动的收入来源形成竞争，并且阻止他们用公共资金填补他们的口袋，从而减少政府支出的规模和浪费[②]以及防止衰弱的税收或法规的普遍蔓延。[③]佩尔松和塔贝里尼（Persson and Tabellini，2000）建立起税收竞争模型，将其作为政府承诺不过度对资本增税的一种方式，而温加斯特将同样的逻辑应用于监管，强调在联邦制下，"只有公民愿意为之支付的那些经济约束才能继续存在"（1993：292）。

综上所述，尽管政治科学家们一直在关注一种相当极端却真实存在的风险，但经济学家们一直在关注一种虽然难以捉摸却具有学术激励意义的愿景。

---

① 值得注意的是，蒂布特的"纯粹理论"专门针对一个大都市地区内的小司法管辖区。尽管在最初的文章中提出了一组非常严格的假设，但该模型的含义已被其他人极大地扩展，以将庞大联邦国家中的组成单位都包括进来。对该文献的其他贡献包括托马斯·戴伊（Thomas Dye，1990），阿尔伯特·布雷顿（Albert Breton，1991，1996）以及华莱士·奥茨和罗伯特·施瓦布（Wallace Oates and Robert Schwab，1991）。

② 布伦南和布坎南（Brenan and Buchanan，1980）；布坎南（Buchanan，1990，1995）；图洛克（Tullock，1994）。

③ 温加斯特（Weingast，1995）；蒙蒂诺拉、钱和温加斯特（Montinola，Qian and Weingast，1994）；钱和温加斯特（Qian and Weingast，1997）；帕里克汉德·温加斯特（Parikhand Weingast，1997）。

然而,世界上许多联邦国家既没有集权专政,也没有武装叛乱,只是困扰于政策欠佳、财政管理不善,在一些情况下反复出现经济危机。例如,巴西和阿根廷的决策者更关心的不是国家间的军事冲突,而是省际的贸易战争及收入和债务负担的分配之争。这些问题与经济理论中权力分散的抽象规范世界形成鲜明的对比。联邦制可能会导致各州之间代价高昂的非军事冲突,例如,残酷的分配冲突和贸易战,这一可能性得到了麦迪逊和汉密尔顿的承认(尤见《联邦党人文集》第七章),但现代政治学家和经济学家很少关注这些问题。

2. 财政纪律的愿景

把狼挡在羊圈之外,总比指望在狼进来后拔掉它的牙齿和爪子好。

—托马斯·杰斐逊,《弗吉尼亚笔记》

结论是,在一个联邦中,目前普遍由全国各州共同行使的某些经济权力既不可能由联邦行使,也不可能由个别州行使,这意味着,如果要使联邦切实可行,就必须减少无处不在的政府。

—弗里德里希·冯·哈耶克,《州际联邦制的经济条件》[1]

在那些强调联邦制愿景的人当中——从孟德斯鸠到现代公共选择理论家——普遍存在的一种观点是,政府有一种趋于"越轨"的自然倾向。一旦公民将权力委托给政府,它就会扩大并招致滥用,当人口庞大且地域辽阔时,危险就更大。《牛津英语词典》将"主权"定义为"至高无上的权力、权威或统治"。作为对 16 世纪和 17 世纪宗派暴力的回应,简·博丹和托马斯·霍布斯主张在一个确切的领土上拥有绝对权威的单一国内主权。认识到这种至高无上的权威会招致虐待,后来的思想家们寻求保护自由和改善治理的方法,即在不破坏主权的情况下分割和限制主权。从这个角度来看,权力分散尤其是联邦制一直很有吸引力。在这个自由主义思想传统中,无法控制的利维坦可能不仅

---

[1]　哈耶克(Hayek,1939)。

滥用其军事和警察权力,而且滥用其征税、借贷和支出的能力。联邦制——通过建立一个有限的中央政府,并在多个政府之间划分主权——提供了一种解决方案。

如果政府有一种过度征税和过度借贷的自然倾向,那么单靠共和形式的政府可能无法解决这个问题。事实上,这可能会使事情变得更糟——最重要的是,代表们可能会试图将辖区内政府开支的成本外部化到其他公民身上,将公共收入变成一个被迅速掠夺的"公地"(Buchanan,1975;Weingast,Shepsle and Johnsen,1981)。一个基本的问题是,通过一般税收资助的公共预算往往主要是有具体目标的而不是具有普遍的福利。由于支出和税收之间的这种不一致,导致每一个决策者都误解了支出的成本,并要求一个"超高"的数额,因为他们考虑了所有的利益,但只考虑了他们的选民所承担的税收份额。这可能导致超过社会最优金额的支出,如果政府被允许通过借贷为支出提供资金,也可能导致高于最优的赤字规模(Velasco,1999,2000)。根据布坎南和瓦格纳(Buchanan and Wagner,1977)和其他人的观点,还有一个更深层次的问题是,选民们并不完全理解当前赤字和未来税收之间的关系——他们只是对政府的支出给予回报而对税收给予惩罚。因此,有选举动机的政客们会受到激励,凭借过度赤字资金支出来利用他们"被财政幻想诓骗"的选民,尤其是在选举年里更是如此。一旦不能再维持过度赤字并且必须进行调整,民主国家可能就很难进行必要的削减开支或加税,只要利益集团或地区代表能够将稳定搁在一边而试图将调整的负担相互转移。民主利维坦的问题,可能只有在具有许多法定辖区的大型多样化国家(Weingast et al. ,1981)或具有大规模、板块化内阁部门(Alesina and Drazen,1991)的国家中才会出现。

杰弗里·布伦南和詹姆斯·布坎南(Geoffrey Brennan and James Buchanan,1980)认为:"联邦制是一种在宪法上约束利维坦的手段。"首先,在经典观点的问责逻辑的基础上,通过让政府"更贴近人民"的孟德斯鸠式思维,这个问题可以得到缓解。在传统的财政联邦主义文献中,一个关键原则是只赋予中央政府对具有明显的跨辖区溢出效应的支出活动有决定权,从而首先将"狼"排除在外,并减少公地的规模。最重要的是,联邦制和财政纪律的愿景与流动性有关:地区政府之间在吸引流动资本方面的竞争可能会增加公共支出的机会成本,并强调财政限制的效用。当征税和支出非中央统一化时,每个人都清楚,高负债州最终将被迫提高税收,即使税率目前较低,可变更居址的公民和企业在做出选址决策时也会权衡未来的增税。因此,巨额赤字会耗尽税基,削弱现任政客的声望和人气。如果一个州的公共部门是奢侈浪费型的,那么投资者和选民可以转移到税收使用效率更高的地方。这种情况与单一的利维坦相反,后者的扩张趋势相对不受制约,因为资本跨越国界的流动性往往要小于国家内部的跨州流动性。

此外,横向的财政竞争可以创建跨越辖区的政府财政和财政绩效的可比信息,并为选民提供收集此类信息的动机,这被称为横向"基准"或"尺度"竞争(Besley and Case,1995)。如果选民可以将地方财政表现与较高级别的政府财政表现进行对比,那么权力分散甚至可能允许垂直基准竞争(Breton,1996)。因此,在联邦范围内的权力分散可能会增加选民必要的信息和激励措施,以监督地方支出和借款决策,从而在财政决策与选民福利之间建立更直接的联系。对于土地所有者和其他固定资产所有者而言,这种问责机制可能尤其强大,因为当地糟糕的财政决策可能会很快转化为较低的资产价格。

除选民和房地产业主之外,债权人还可以在遏制利维坦方面发挥重要作用。他们将面临强有力的激励,以监督地方财政决策、监控债务水平,并收集和公布有关地方基础设施投资项目潜在回报的数据。这些信息概括在信用评级中,可作为公民的低成本信息,用于选址和投资决策。

根据有关政治商业周期的文献,政客们可能会从国家经济出乎预料的扩张中获益。因此,他们在短期内面临过度支出和增加货币供应的动力 ——特别是在选举准备阶段——即使长期结果不是最理想的。在这种情况下,设计能够可靠地让政策制定者承诺稳定价格和限制开支的机制至关重要。根据洛曼(Lohmann,1998)、钱和罗兰(Qian and Roland,1998)等人的观点,联邦制通常通过对中央决策者进行制衡来实现这一目的,从而防止他们违背自己的宏观经济承诺。钱和罗兰(Qian and Roland,1998)、莫森和范·考文博格(Moesen and van Cauwenberge,2000)认为,仅仅将公共支出的一部分下放给无法获得货币供应的省级或地方政府就足以强化总体预算约束。在本质上,地方政府对中央官员的通货膨胀和赤字偏好进行监督。

总之，这本书阐述了一套更具体、更积极、更可验证的规范论点，强调分散治理可以通过增加信息和竞争来提高整体公民福利。一个人对"福利"这一特殊概念的重视，很可能被裹挟在他的意识形态倾向之中。将联邦制作为对利维坦的一种约束的想法，暴露了对政府和税收的某种蔑视。事实上，从托马斯·杰斐逊到弗里德里希·冯·哈耶克再到詹姆斯·布坎南，这些文学作品都贯穿着一种明显的保守意识形态脉络。然而，人们不必担心利维坦会欣赏和评价积极论证的逻辑。而且，不论一个人的意识形态起点如何，不可持续的宏观经济政策的规范性含义是令人不快的。近年来，随着大型联邦制国家的宏观经济灾难的发生，政府多层体系中财政纪律的理论与实践之间的差距引起了密切的关注。

3. 概念及数据的详析

这些论点具有很大的直观吸引力，并且于20世纪80年代在政策界广受欢迎。但是，近几十年来，发展中国家和转型期国家（甚至一些富裕国家）在权力分散方面的艰难经历，引起了人们对基本问题的重新思考。首先，令人惊讶的是，在这篇文献中，很少有人对"分散"或"联邦"机制的构建细节给予明确的关注，而对这些机制是要求带来预期的效率优势。理论文献中的具体运用反映出，"分权"和"联邦制"两个词在上面的讨论中交替使用。在大多数情况下，权力分散和联邦制本质上是一回事。虽然关于权力分散的具体机构设置形式的假设在这篇文献中经常是隐含的，但它的大部分假设都是认为地方政府具有相当深远的独立性和自治权（Weingast，1995）。这些理论要求权力极其强大的低级别政府在大多数政策领域拥有充分的自主权，尤其是在经济监管方面。此外，从蒂布特到布坎南或温加斯特，竞争性的联邦制文献假设，在设定税率和税基、借款及确定预算优先事项方面，地方政府拥有广泛的自主权。因此，公民和债权人在进行投资和区位决策时，可以评价单个政府的政策选择。一般认为，中央政府只负责提供真正的国家公共产品，如国防、共同货币和共同市场的强力执行。政府间补助金假定遵循规范的财政联邦主义理论：那只是仁慈的中央政府内化外部性的尝试。

为了估计权力分散对各种结果——从政府开支到通货膨胀到增长率——的影响,我们实证研究了一个非常简单的变量:地方政府官员在政府支出总额中所占的份额。另外,一些研究使用虚拟变量来析出"联邦制"的存在。[①] 令人惊讶的是,很少有人考虑以促进实证分析的方式来定义和衡量权力分散和联邦制。经济学家和政治学家之间的沟通非常有限,以至于他们经常使用相同的词来表示完全不同的事物。无论是支出分权还是二元的、定义不明确的联邦制概念,都没有体现理论文献中隐含的那种分权联邦制。推动传统理论文献的假设与现实距离有多远? 为了回答这个问题,为更现实的理论和实证工作奠定更坚实的基础,有必要更严格地定义和衡量分权和联邦制的各个维度。

权力分散

权力分散常常被视为权力向地方政府的转移,远离中央政府,而政府对社会和经济的整体权威被认为是固定不变的。但是,在这种情况下,权威很难定义,更难衡量。例如,一项"分权"改革计划可能会增加对地方政府的高度有条件的补助,从而增加地方政府的支出,但降低其自由裁量权,这在斯堪的纳维亚国家往往是如此。或者中央政府可以将政策责任交给地方政府,而不给地方政府额外的补助或征税权,就像许多新"分权"的发展中国家那样。另一种选择是,中央政府可以将某些领域的权力和资金交给地方政府,但继续开展自己的活动,同时保留在不满时推翻地方决定的权利。更复杂的是,政治学家有时会说"政治上"分权,那就是说权力分散的既不是政策自主权也不是资金,而是地方领导人从中央任命到地方选举的选择机制的转变。或者,在一个已经以地方选举为特征的体制中,如果候选人的名单是由地方而不是中央官员选择的,那么人们可能会说分权。

显然,政府的权力分散没有一个包罗万象的定义。除此之外,人们可能会考虑地方政策自由裁量权、财政权力或政治独立,而这三者显然都有几个子类别。虽然各国之间随着时间的推移进行比较会有困难,但是有可能为这些类

---

① 有关实证文献的综述,请参阅罗登(Rodden,2004)。

型的权力分散确定一些广泛的趋势和模式。

图 2.1 对最近几次尝试衡量不同国家和时间的权力分散进行了总结。利用国际货币基金组织《政府财政统计》提供的 29 个国家令人满意的时间序列数据,图 2.1a 简略显示了自 1978 年以来州和地方政府承担的政府总支出的平均份额,呈现出明显的上升趋势。这种趋势在西班牙和拉丁美洲尤为明显。

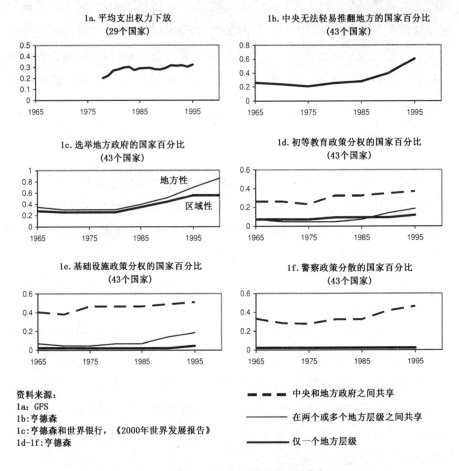

资料来源:
1a:GFS
1b:亨德森
1c:亨德森和世界银行,《2000年世界发展报告》
1d-1f:亨德森

- - - - 中央和地方政府之间共享

———— 在两个或多个地方层级之间共享

———— 仅一个地方层级

图 2.1　权力分散的选定时间序列指标

图 2.1b 总结了弗农·亨德森收集的关于中央政府推翻地方政府决策的法律能力的数据,证明地方政府正在获得越来越大的自治权,特别是自 20 世

纪 80 年代后期民主化浪潮以来。[①] 在原本由中央任命市长和省长而现已让位给普选的国家中,也可以看到类似的趋势(见图 2.1c)。图 2.1d 至图 2.1f 也是依据亨德森的研究绘制而得,描述了在以下三个政策领域负责决策的政府层级特征:小学教育(课程控制和教师的雇用/解雇)、基础设施(地方公路建设)和地方治安。这些图显示了在各个政策领域地方和地区政府的影响日益明显的趋势。

然而,后几张图中最引人注目的方面可能是共享权威的普遍存在。中央政府和一个或多个地方政府拥有共同政策权力的样本部分用虚线表示。中央政府很少完全拱手相让,将自治权交给地方政府。在绝大多数情况下,权力分散需要从完全的中央主导地位过渡到中央和一个或更多地方层次政府的共同参与。即使在不涉及中央政府的情况下,权力也经常在两个或更多个地方层级之间共享(以正常字体绘制)。单个地方层级政府独立开展政策制定的情况(以粗体字显示)极为罕见。

这里可提出本书其余部分所传递的一个重要信息是:在世界各地展开的权力分散过程,并不是像现有理论设想的那样,将不同的权力领域清晰地委托给州和地方政府。通常情况下,"权力分散"意味着一个或多个地方政府被授权(甚至是从零开始创建),官员被大众选举而不是任命,然后被要求参与决策制定,或者仅仅是行政管理,而这些以前都是中央政府的专属权力范围。地方政府很少在税收的确定和征收上获得新的自主权。事实上,迄今为止,关于权力分散的原因或后果的每项跨国实证研究都使用了图 2.1a 中的指标:支出分散。然而,乍一看这些数据并不能让人对它们作为分散权力的综合衡量标准的有效性产生多少信心。表 2.1 的第一列显示了 39 个国家在 20 世纪 90 年代的平均水平。例如,根据表 2.1,丹麦是世界上第三位权力最分散的国家——甚至比美国还要权力分散——尽管中央政府几乎对地方政府财政的各个方面都进行了严格的监管。尼日利亚虽然排在第七位,但是在这一军事统治时期,它的州只不过是中央政府的行政前哨。

---

① 亨德森(Henderson,2000)的数据和源代码簿可从 http://econ. pstc. brown. edu/faculty/henderson 获得。

表 2.1　　　　　　　　财政分权变量(20 世纪 90 年代的平均值)

	1	2	3	4	5	6	7	8
	州－地方支出/总支出	补助金/州－地方收益	自有来源的州－地方收益/总收益	补助金＋收益分享/州－地方收益	自有来源的州－地方收益/总收益	州－地方税收收益/总收益(税率自主)	州－地方税收收益/总收益(税率和税基自主)	借款自主
来源	GFS	GFS	GFS	GFS 和国家来源*	GFS 和国家来源*	OECD	OECD	国家来源
阿根廷	0.44			0.56	0.18			4.0
澳大利亚	0.50	0.40	0.32	0.37	0.33			2.5
奥地利	0.34	0.27	0.27	0.58	0.16	0.02	0.01	1.6
比利时	0.12	0.56	0.06			0.16	0.02	
玻利维亚	0.21	0.09	0.18	0.43	0.11			1.5
博茨瓦纳	0.03	0.83	0.01	0.84	0.01			1.0
巴西	0.41	0.34	0.28	0.36	0.27			4.5
保加利亚	0.19	0.35	0.15	0.92	0.02			1.0
加拿大	0.65	0.26	0.51	0.32	0.47	0.32	0.30	2.7
哥伦比亚				0.38				3.0
丹麦	0.54	0.43	0.31	0.43	0.32	0.29	0	1.5
芬兰	0.41	0.34	0.33	0.36	0.31	0.20	0	3.0
法国	0.19	0.35	0.13	0.39	0.12			3.0
德国	0.45	0.25	0.34	0.70	0.13	0.04	0.001	2.5
危地马拉	0.10	0.65	0.04	0.67	0.03			2.0
匈牙利	0.10					0.02	0	
冰岛	0.23	0.09	0.23			0.18	0	
印度	0.49	0.43	0.33	0.42	0.34			2.5
印度尼西亚	0.13	0.73	0.03					
爱尔兰	0.29	0.72	0.09	0.74	0.08			1.8
以色列	0.14	0.40	0.08	0.38	0.09			2.4
意大利	0.23	0.66	0.09	0.80	0.05			2.5
马来西亚	0.14	0.19	0.16					
墨西哥	0.26	0.11	0.20	0.59	0.09	0.02	0.02	2.6
荷兰	0.30	0.70	0.09	0.70	0.09	0.02	0	2.3
尼日利亚	0.48	0.86	0.09	0.86	0.09			1.0

续表

	1	2	3	4	5	6	7	8
	州—地方支出/总支出	补助金/州—地方收益	自有来源的州—地方收益/总收益	补助金+收益分享/州—地方收益	自有来源的州—地方收益/总收益	州—地方税收收益（税率自主）	州—地方税收收益/总收益（税率和税基自主）	借款自主
挪威	0.35	0.40	0.22	0.39	0.22	0.007	0	1.6
巴拉圭	0.02		0.01	0.23	0.01			2.0
秘鲁	0.23	0.73	0.07	0.05	0.23			2.5
菲律宾	0.08	0.46	0.05	0.41	0.06			1.0
波兰	0.17	0.31	0.13	0.54	0.09	0.03	0	2.0
葡萄牙	0.09	0.48	0.05	0.40	0.06	0.02	0.01	2.5
罗马尼亚	0.11	0.44	0.07	0.44	0.07			1.0
西班牙	0.36	0.60	0.16	0.56	0.17	0.09	0.04	2.5
瑞典	0.37	0.18	0.33	0.20	0.32	0.33	0.01	3.0
瑞士	0.55	0.25	0.41	0.19	0.45	0.35	0.20	3.0
泰国	0.06	0.28	0.05					
英国	0.29	0.71	0.09	0.74	0.08	0.04	0	1.5
美国	0.53	0.30	0.42	0.34	0.39	0.32	0.32	3.0

＊参见附录。

GFS:《政府财政统计年鉴》(历年),华盛顿特区:国际货币基金组织(IMF)。

OECD:《国家和地方政府的征税权力》,经济合作与发展组织税收政策研究第一辑,巴黎:经济合作与发展组织。

简而言之,如果没有关于地方政府财政监管框架的额外数据,就很难明白支出分权数据是怎么得出的。也许最基本的考虑是,支出分权的资金是否就是来源于政府间补助款,或者是根据固定公式与中央政府分享的收益,或通过独立的税收、使用费和借款获取的自筹资金。直到最近,几乎所有的跨国研究都忽略了这些区别。国际货币基金组织在其地方收入账户中确实有一条线叫做"补助",但对许多国家来说,这条线不包括宪法规定的收入分享计划。我们可以用它来计算总体的"转移依赖度"——平均值在表2.1的第2列中给出。此外,通过计算自有资源收入作为政府总收入的一部分,可以获得财政分权的另一种衡量标准(见表2.1中的第3列)。虽然这是一种随时间变化的有用来源,但人们应该谨慎地根据跨部门变化得出推论,因为补助金和地方自有资源收入的编码方法在各国之间似乎并不一致。

改善国际货币基金组织衡量标准的一种方法是利用国家来源制定一种地方收入自主权的衡量标准,该标准不会将收入分享计划的自动分配资金编码为自有资源收入。表2.1的第4列给出了一种补助的度量,并将共享收入作为地方收入的一部分,下一列包含了一项作为总额的份额的自源收入的度量。[①] 后者是简单的"支出分权"变量的另一种选择——它试图衡量地方政府的收入在政府总收入中所占的份额。

然而,即使这个变量也严重高估了地方收入自治的程度。虽然地方政府可能会收取被贴上"自有来源"标签的收入,但中央政府可能会保留设定税率和基数的权力,而地方政府只是中央决定的税收的征收者。最近经合组织(1999)的一项研究解决了这一复杂问题,但不幸的是只针对少数国家。这项研究可以计算出另外两个变量:地方政府拥有完全的自主权,依据总税收收入份额来确定:(1)自己的税率,(2)自己的税率和基数。表2.1也列出了这些变量,描绘了一幅大为不同的地方财政自治图景。在地方政府占总支出(第1列)和税收(第5列)的大部分份额的几个国家,国家对税率和基数的自主权很少(第7列)。事实上,该研究表明,美国、加拿大和瑞士在地方税收自主权方面属于同一类型。此外,中央政府可能会试图限制地方政府的财政自主权,不仅通过有条件的补助和地方税收法规,而且还通过对地方政府借款进行规范管制。具备独立进入信贷市场或其他赤字融资来源的能力是地方财政自治的重要组成部分。美洲开发银行(IDE)创建的指数考虑了中央政府对债务使用的债务授权要求、数额限制和限制条款,以及地方政府拥有的通过银行和公共企业借款的能力(在1995年)。该变量的范围为1到5,显示在表2.1的最后一列中。[②]

总而言之,权力分散确实在世界各地发生,但设想将权力完全移交给高度自治的地方政府的理论或实证研究,在涉及权力分散的原因或效果上几乎没有什么作为。在大多数情况下,权力分散意味着实行地方选举和增加地方开

---

① 有关资料,请参阅附录2.1。

② 作者把范围扩大到拉丁美洲以外。相关资料见附录2.1,公式的完整描述见附录2.2。

支,但同时背景又是各种权力与中央集中征税和大量自上而下的管制日益重叠、相互交织。在任何情况下,分权的财政、政治和行政框架在不同国家之间都有很大的差异。这些关于分权的事实状况——在大多数现有理论中都被假定为存在的顽疾——是本书分析的出发点。

联邦制度

权力分散的微妙之处和多样性通常是可以理解的,但往往又出于分析或经验上的明确性而被掩盖起来。然而,联邦制往往只是从一团乱麻中理出一个苍白的解释,或简单地与分权混为一谈。联邦制最好的理解是,它不是政府之间的特定权力分配,而是一个过程——由一系列机制构成的——通过这个过程分配和重新分配权力。"对于一个经济学家来说,无论正式宪法如何,几乎所有的公共部门或多或少都是联邦政府提供公共服务的不同级别的政府。"(Oates,1999:1121)然而,对于政治科学家来说,联邦制是一种特殊的权力分散。联邦制可以追溯到拉丁词"foedus"("联盟"或"盟约")。根据《牛津英语词典》的解释,这个词最初是用来表示上帝和人类之间的契约。该词最终被用来形容各州之间的合作性、契约型协议,通常用于防御目的。盟约和契约意味着相互作用——为了实现任何目的,双方必须履行彼此的义务。联邦制意味着中央和地方政府之间的契约关系。[①] 如果中央政府可以通过简单的行政命令从地方政府那里得到它想要的一切,那么将两者视为契约关系或联邦关系就毫无意义了。另外,如果中央政府的某些决定或活动有必要获得地方政府单位的同意或积极合作,则这两级单位就转而进入了一种履行契约的关系。

在详细描述联邦契约所包含的相关制度之前,重要的是要了解联邦契约最初是如何产生的以及为什么产生。联邦制的定义和运作都包含在产生原始契约的历史条件中。在他那本名著中,威廉·里克(William Riker,1964)以孟德斯鸠的逻辑为基础,假设所有现代联邦制都起源于讨价还价,旨在实现对共同敌人的军事防御。也许里克已经确定了最重要的集体利益,即各州共同分享主权和领土,但显然还有其他利益,比如,自由贸易和共同货币的好处。

---

① 有关契约与联邦制之间关系的简史,请参阅金(King,1982:96－107),还可参阅里克(Riker,1964);埃拉扎尔(Elazar,1987)和奥斯特罗姆(Ostrom,1987)。

从联盟到联邦的一种共同模式可以得到确定。以前的独立实体认识到它们面临着一个合作问题：如果不集中它们的兵力，那么它们将无法击退一个咄咄逼人的邻国，或者无法从跨境贸易中获得好处。第一步通常是松散的联盟或邦联，它需要所有缔约方的同意才能采取重大行动，而且很容易解散。但是，由于缺乏足够的执行机制，这些组织经常受到不稳定、"搭便车"和集体行动问题的困扰。简而言之，这就是美国邦联条款的历史。如果合作的激励措施足够强大，政治激励措施也得到了恰当的协调，那么这些实体的代表可能会谈判建立一种新的治理结构，其特点是中央政府拥有更强大的执行权力，决策规则也不要求完全一致。一旦签订了盟约，它就有了自己的生命，甚至在敌人被击败或共同市场和货币实现之后，它还会继续存在。

里克认为联邦制起源于旨在实现集体商品的自愿交易，这一概念被广泛接受。然而，阿尔弗雷德·斯特潘（Alfred Stepan，1999）的一篇重要评论指出了另一条通向联邦制的道路。虽然里克认为联邦制是一种无需军事征服就能将领土和人民聚集起来的交易协议，但斯特潘指出，有时是通过征服聚集在前，而达成联邦协议则要晚得多（如果有的话）。很难将尼日利亚或苏联——甚至今天的俄罗斯联邦——的合并建国视为自愿的讨价还价而成。取而代之，许多民族国家的形成缘起于不可预知的征服、殖民主义和战后交易。面对将多民族国家团结在一起的挑战，尤其是在民主背景下，中央政府认识到，如果国家要团结在一起，那么联邦协议是必要的。在印度，联邦协议与独立相辅相成，齐头并进。在比利时和西班牙，中央政府只是在经历了试图将多民族社会与单一制机构集中在一起而导致的冲突之后才同意限制其权力，并与新获得权力的地方政府建立起讨价还价的关系。在"共同参与"和"团结一致"的方案中，最初的联邦交易是关于中央政府的组成和权力以及将构建中央政府与单位之间互动的"游戏规则"的协议。这些规则经常是在某些国家或州欲脱离联邦或整个联邦的解体是现实可能的情况下制定的。即使在多年之后，当分离或解散似乎不可能实现时，最初达成协议的结果就使得联邦与单一制度截然不同。如果中央政府本身或其他州或国家对未来的剥削没有任何保障措施，那么这些组成单位不会将权力让渡给中央政府。因此，联邦谈判通常包括（1）保护组成单位主权和自治的宪法条款，在某些情况下包括（2）赋予它们所有未明确指定给中央政府的"剩余权力"的条款。这种语言描述和条款的可信度往往取决于(3)强大、独立的宪法法院的存在。更重要的是,联邦政府的讨价还价要求,在广泛的政策改变中(4)获得多数而且通常是领土单位的绝对多数的支持,特别是在政策和财政权力或宪法本身的根本性纵向分布上的改变。有时候,一些州成功地坚持保有(5)对自己民兵的控制。

　　从 1776 年的费城到 2000 年的欧盟尼斯峰会,很明显,在达成联邦议价时,对剥削最严重的担忧来自小领土单位。如果根据人口分配选票,那么这些领土单位将一直是被裹挟淹没得毫无踪影。因此,小州总是坚持基于领土的代表制,而大州主张基于人口的代表制。达成的妥协通常包括一个"一人一票"的下议院和(6)一个分配结构高度失衡、代表小国的上议院。① 萨缪尔斯和斯奈德(Samuels and Snyder,2001)在 78 个国家收集的关于立法机构分配不平衡的比较数据表明,平均而言,联邦制的上议院不当分配比单一制高得多。作为最初联邦之间讨价还价的结果——通常是在大小不对称的单位之间进行——联邦制是一种偏好聚合形式,它在很大程度上依赖于领土政府代表之间的讨价还价,而不是个人之间的多数决定原则(Cremer and Palfrey,1999;Persson and Tabellini,1996a,1996b)。图 2.2 描绘了一个连续统一体,反映了领地或地区政府在中央政府决策过程中的作用。在最左边,由多数个人做出决定——以领土为基础的地区不起作用。也许最好的现代例子是新英格兰或瑞士乡村的城镇会议。或者提供一个更现实的国家层面的例子,以色列——只有一个全国性的选区——是一个下级政府在中央政府的决策过程中没有正式作用的国家。沿着这个连续统一体,我们发现立法机构的代表都是从属地选区选出的——这是大多数现代立法机构的模式。即使这些地区不符合领土政府的界限,人们也可能期望在没有区域划分的体制中进行更多的领地性讨价还价。沿着此连续统一体往另一端过去是立法机构,在这些立法机构中,领土政府的界限与选区的界限相一致,但席位是按人口分配的,就像意大利上议院那样。

---

　　① 不平衡的另一个原因是,随着精英群体扩大选举权或在从"协约"过渡到民主的过程中起主导作用,专制或有限选举权的富有受益者试图通过过度代表农村盟友——他们往往能够控制农业工人的投票——以及城市地区的代表性不足来减少未来再分配的可能性。

	单一制			联邦制		邦联制
决策单位	个体	与领土政府并不匹配的民选地区代表	与领土政府匹配的民选地区代表	与领土政府匹配的民选地区代表	领土政府任命的地区代表	领土政府任命的地区代表
地区分摊	不适用	一人一票	一人一票	不均衡分配	不均衡分配	不均衡分配
政策变革要求	简单多数	简单多数	简单多数	简单多数	简单多数	得到许可或绝对多数
案例	乡镇会议	英国下议院	意大利上议院	美国国会	德国联邦参议院	欧盟部长理事会

图 2.2 领土政府在立法机构中的作用

图 2.2 中连续体的下一个位置是大多数现代联邦的上议院,包括美国——由于大州和小州之间的联邦协议,无论人口多少,每个州都有相似数量的直选代表。但连续统一体的再下一个位置更显"联邦"特点;在最初的美国参议院或现代德国联邦参议院,代表由州政府直接任命。最后,在图 2.2 的最右边是立法机构,在这些立法机构中,代表是直接任命的,小州的代表人数过多,改变现状需要绝对多数,或者在极端情况下需要全体一致同意。德国联邦参议院在宪法改革上就属于这种情况,欧盟部长理事会在最重要的政策问题上也是如此。

随着这一连续统一体向右移动,领土政府作为构建立法多数的相关单位具有更大的优先权,有人可能会说,这种代表权更"联邦"化。当试图在美国众议院建立多数席位时,忽视罗得岛州或怀俄明州的利益要比在参议院这样做容易得多。在德国联邦参议院,不仅需要获得多数(有时是 2/3)州代表的支持,还需要增加一个额外的问题:取悦各州政府本身。例如,德国各州联合起来否决了一项法案,它们认为这是一项没有资金的授权,而这是美国州长无法享受的奢侈。在极端情况下,根据联邦条款,在欧盟部长理事会和美国,以一致决定规则进行领土性讨价还价是大多数重大决策的运作方式。

各州在中央政府决策中的代表性,显然是联邦制本质的一部分。普雷斯顿·金(Preston King)认为,联邦的定义特征是"中央政府以某种根深蒂固的宪法基础,在其决策过程中纳入了地区单位"(King,1982:77)。金的严格定义似乎将加拿大排除在联邦类型之外。在联邦政府的决策过程中,加拿大各省没有正式代表行使否决权。然而,加拿大联邦和省政府显然落在一个持续的政府间契约进程中,但这一进程又主要发生在中央政府机构之外。加拿大中央政府甚至在一些政策领域同各省签署了正式的类似合同的协定。即使加拿大中央政府在制定政策时不需要获得省级政府的批准,但如果不对省级政府实施劝诱、讨价还价,甚至不时支付些款项,往往就无法实施这些措施。在其他一些国家,也有些联邦契约是发生在立法机构之外的。例如,俄罗斯和西班牙的中央政府与地方政府进行直接的双边和多边谈判,包括州政府和中央政府在内的各种相当正式的、特定政策的多边谈判机构也在德国和澳大利亚不断发展,印度则稍微发展得弱一些。

正式的立法谈判理论有助于证明,单一立法程序和联邦立法程序以及由此产生的政策结果之间存在明显的差异(Cremer and Palfrey,1999;Persson and Tabellini,1996a),在标准的巴伦—费内约翰(Baron-Ferejohn,1987)模型中,允许按照简单多数投票规则对随机择取的司法权现状提出变革意见。它需要构建其拟议的政策,使其在一半以上的辖区优于现状,并将努力组建成本最低的获胜联盟。这种讨价还价不利于那些非常倾向于保持现状的辖区,因为它们将被排除在获胜联盟之外。然而,由于绝对多数或一致通过的要求,在联邦背景下的政府间谈判通常需要这些辖区的批准,类似于某种形式的纳什议价。在这样的背景下,这些管辖区从它们强烈的现状偏好中获得讨价还价的动力,并且可以期待有利的政策。正如我们将看到的那样,根据规则的性质,联邦群体可能会表现出强烈的现状偏好,而那些可能因拟议的现状改变而遭受损失的省份往往会获得大量补偿。

同样重要的是要认识到,所创建和维护的联邦基本契约无论其规定有多具体,从根本上来说都有不完全的地方:

(1)无法预见所有可能的突发事件。

(2)特定规则的复杂性,即使对于可以预见的众多突发事件也是如此。

(3)难以客观地观察和核实意外情况以便将特定的程序付诸实施。

(Dixit,1996:20)[①]

正如商业合同的双方不可能预见未来需求、天气或监管政策的所有变化一样,联邦宪法契约的制定者也不可能预见未来的所有政府活动,并将其指派给某个级别的辖区。制宪会议的参与者也不可能设计出一套万无一失的方案来解决未来所有的司法冲突。事实上,联邦宪法是现代联盟中权力分配的拙劣指南。如果预计会产生一些积极的政治利益,中央或地方政府则可能会想方设法进入技术上保留给其他层级政府的政策领域。新的政策领域可能会在宪法契约谈判多年后出现,在许多情况下,中央政府和地方政府都试图介入。即使在联邦体制中,宪法或初创文件非常详细地将具体的收入来源和支出责任分配给各级政府,但大多数政策领域的特点是同时有两级或两级以上政府参与。奥利弗·哈特(Oliver Hart)认为,"合同最好被视为为重新谈判提供合适的背景或起点,而不是指明最终结果"(Hart,1995:2)。联邦宪法最好被视为一个背景或起点,它列出了一些构建起政府间持续开展协议谈判进程的基本规则和激励措施。联邦制不仅是一套正式的规则,而且也是一个持续的过程(Friedrich,1968:193)。联邦宪法之所以重要,并不是因为它解决了分配问题,而是因为它构建了正在进行的政府间契约进程。

总而言之,联邦契约在很大程度上是以前讨价还价中产生的制度激励的产物,但有时相关的制度并没有在宪法中得到明确。因此,将国家归类为"联邦"需要对宪法语言描述和各种保护措施进行一些艰难的评估:宪法法院的权力、自治和宗旨,地方民兵的控制状态,各州在立法机构中的代表权以及各州在宪法变革过程中的作用。要把联邦制变成一个二元概念是很困难的。有些国家,如德国、巴西和美国,几乎拥有所有这些品质。然而,印度、奥地利和加拿大也通常被认为是联邦制国家,尽管它们的最高立法机构不但不强势而且席位分配还不平衡。印度的联邦资格有时会受到质疑,因为宪法赋予总理解散各地方政府的权力,但这种权力的使用频率随着时间的推移逐渐降低。

尽管有这些灰色地带,联邦制的跨国评量的尝试将其视为一个基本上是

---

① 关于商业合同的不完整性,请参阅奥利弗·威廉姆森(Oliver Williamson,1985)和奥利弗·哈特(Oliver Hart,1995:1—5)。

二元的概念。一些实证研究利用了两位著名的宪法学者即丹尼尔·埃拉扎尔和罗纳德·瓦茨(Daniel Elazar,1995;Ronald Watts,1999)的分类。他们都是通过更多依靠常识和经验而不是严格的归类标准来识别联邦的。幸运的是,这些学者之间没有太多分歧。表 2.2 列出了世界联邦制国家名单——只有埃塞俄比亚和两个岛国联邦并不常见。

表 2.2　　　　　　　　　　　　世界联邦制国家

埃拉扎尔(1995 年)和瓦茨(1999 年)	瓦茨(1999 年)
阿根廷	埃塞俄比亚
澳大利亚	密克罗尼西亚
奥地利	圣基茨和尼维斯
比利时	
巴西	
加拿大	
科摩罗	
德国	
印度	
马来西亚	
墨西哥	
尼日利亚	
巴基斯坦	
俄罗斯	
西班牙	
瑞士	
阿拉伯联合酋长国	
美国	
委内瑞拉	
南斯拉夫	

　　埃拉扎尔—瓦茨的分类似乎采用了对联邦制尽可能宽泛的定义,将美国和瑞士与马来西亚和巴基斯坦等国归为一类。表 2.2 所列的所有国家在某些问题上都涉及中央—省级契约的一些因素,但很明显,分类掩盖了各国之间的重要差异,其中一些国家(例如,尼日利亚就三番五次地游走进出于军事威权

主义的道路)只能在某些年份之内被视为联邦,而其他时间则不能。从表2.2中可以看出一些内容。首先,世界上有很大一部分人口生活在某种联邦体制下,即使没有考虑中国的半联邦性质和欧洲新兴的联邦体制。其次,许多领土最大的国家都是联邦制国家。最后,区域内种族或语言多样性高度集中的国家往往具有联邦结构。事实上,斯特潘(Stepan,1999)指出,世界上所有历史悠久的多民族民主国家都采用了联邦宪法结构。比利时和西班牙两个民主国家最终屈服于联邦制的压力,而英国或许也开始对这种压力做出反应。最近在阿根廷、巴西、墨西哥和南非等大国的民主转型,也伴随着加强联邦制的改革。因此,卢梭可能是正确的:大量的人口、广阔的领土和共和政体的结合与联邦谈判的制度化有关。

可以期望的是,现在可以清楚地看到,联邦制和分权是高度相关的。根据表2.1的数据,联邦政府中地方政府平均支出占公共部门总收入的40%以上,而单一制度的可比数字约为19%。86%的联邦制是由民选的州和地方长官组成的,而在单一体制中,34%的人选举地区长官,53%的人选举地方官员。此外,图2.1所示的每个政策领域的权力分散在联邦中更为明显。

4. 厘清希望与危险:政治经济学之道

本章强调了政治科学和经济学中流行的联邦制方法中的关键弱点和盲点,以及理论和实证方法之间的差距。剩下的任务是要阐明这本书以及其他近期的贡献是如何推进的。这本书加入了针对联邦制的积极的政治经济学研究的新生"第二代"。该研究从公共财政理论和第一代公共选择理论的传统见解开始,但取代了对政府官员目标的非政治假设和对制度的模糊概念,并借鉴了产业组织理论和政治学的一些见解,以阐明传统理论最有可能在实践中被发现的条件。[①] 这部新著是由几条共同的线索汇集而成的。第一,它借鉴了现代政治学文献,将中央、省级和地方决策者视为有职业目标的政治家,而不是仁慈的专制者或寻租的利维坦。第二,重点是在立法机构内部或各州代表

---

① 相关文献综述参见钱和温格斯特(Qian and Weingast,1997),维贝尔斯(Wibbels,2005)以及罗登(Rodden,2005)。

与中央政府之间的直接谈判。第三,由于权力分散制度与财政联邦主义教科书中规定的税收和支出权力划分不相似,新的文献认为多层政府的更复杂、交错的形式与上述不完全的契约有很多共同点,引致了强调机会主义的动机。第四,在借鉴公共产品理论和产业组织理论的基础上,新文献更多地关注了亚历山大·汉密尔顿关于弱势中央政府危险的警告。

首先,财政联邦主义理论对中央政府的仁慈和远见做出了非常强烈的假设,中央政府获得了广泛的财政和监管工具来抵消组成单位的自利冲动。根据布雷顿(Breton,1996)的观点,中央政府是财政联邦主义理论的扭转乾坤之力量,它被要求识别、衡量和制订补助计划,以内化所有跨辖区外部性。利维坦的理论家在相反的方向上做出了同样有力的假设。然而,在将地方官员定性为恶意的寻租者的同时,这一理论也依赖于同样强大、无私、无所不知的中央政府,以提供国家公共产品和实施共同市场(Buchanan,1995)。[1] 从政治学文献中可以得出一套更现实的假设,无论政客们最终是想提高整体效率,还是想中饱私囊,他们都必须获得并保留这样做的权力地位。选举和其他职业动机的假设使得我们能够对政治家的行为进行强有力的管窥。政治制度创造了激励结构,这些结构可以解释政治和经济结果方面的重要跨国差异。在某些情况下,自我追求的政治家可能会面临提高总体效率的选举激励;在其他条件下,不适当的自我追求可能会导致对每个人都不利的结果。因此,选举、立法机构和政党提供的激励措施在这个问题上处于中心地位。[2]

其次,规范理论和联邦制在现实世界的运作之间存在巨大分歧的最基本原因可能是,假设仁慈专制者所做的决定与真正民主国家通过某种形式的服从多数所做的决定之间缺乏相似性。新兴的关于联邦制的积极政治经济学文献的一个关键目标是,将中央政府的决策——尤其是有关政府间拨款分配的决策——作为试图形成立法联盟的利己、寻求连任的政客之间的讨价还价(Dixit and Londregan,1998;Inman and Rubinfeld,1997)。政府间财政决定是在投票交易和投票购买的背景下做出的,而不是对集体产品和外部性内部化的反思。在传统观点看来,在某一特定国家分散权力的规范性事例取决于

---

① 更彻底的批判见罗登和罗斯—阿克曼(Rodden and Rose-Ackerman,1997)。

② 菲利波夫等(Filippov et al.,2003)和维贝尔斯(Wibbels,2005)采用了同样的方法。

外部性的本质和对公共产品体验的异质性。从政治经济学的角度来看,因曼和鲁宾菲尔德(Inman and Rubinfeld,1997)、贝斯利和科特(Besley and Coate,2003)和洛克伍德(Lockwood,2002)都提出了侧重于立法和重新分配的模式。每一个模式都得出这样的结论:权力下放的情况很大程度上取决于立法谈判的性质。如上所述,这种讨价还价的谈判在联邦制国家中具有一种特殊的性质,其中,地方政府的代表之间进行讨价还价,而在多数情况下,这些代表无论所代表的人口多少都享有同等的投票权。

再次,联邦契约的不完整性是新政治经济学方法的另一个关键起点。如果有远见的行动者能够拟出完整的契约来解决分配问题,那么联邦制将能够创建起类似于财政联邦制理论中的高效世界。[1] 然而,当契约不完整时,契约双方有相当大的机会主义行为空间(Williamson,1985:47-49)。在竞争激烈的选举环境中,当缔约方是政治家时,这些机会主义问题可能尤为严重。联邦政府间合同通常以奥利弗·威廉姆森(Oliver Williamson,1996:377)所称的"双边依赖"为特征:在税收征收政策或管理方面,一个级别的政府得到它想要的东西的能力受到另一个级别政府决策的影响。在许多情况下,正如我们会看到的,一个级别的政客们没必要去关心是否其他级别的政客们得到了他们想要的东西。此外,政客们倾向于对其他级别的政府官员隐瞒或歪曲信息。颂扬联邦制愿景的政治科学家和经济学家都热衷于利用《联邦党人文集》的宣传,将联邦制视为"双重主权"的一种形式。联邦政府和各州对自己的权力领域拥有主权,公民可以在各自的范围内各司其职(Buchanan,1995;Ostrom,1987;Riker,1964)。然而,一个不完整的契约视角使人们认识到这些领域实际上是在改变维恩图。这些维恩图互有重叠并到处移动,以回应法院的判决、权力斗争和转移信用与责难的机会主义企图。正如图 2.1 所示,明确的权力划分随着时间的推移会让位于两级和更多的是三级政府之间复杂的垂直重叠。[2] 主权的重叠和模糊是本书研究方法的核心,它将论证在经典的联邦制

---

① 关于联邦制研究中更为成熟的"不完全契约"方法,参见汤马西和赛格(Tommasi and Saiegh,2000)。

② 关于阿根廷,参见赛格和托马西(Saiegh and Tommasi,1999);关于加拿大,参见库切(Courchene,1994);关于德国,参见沙普夫(Scharpf,1988);关于美国,参见格罗津斯(Grodzins,1966)。

观点中所设想的双重主权只在极端狭义的条件下是近似的。

最后,新兴的政治经济学视角将人们的注意力带回到从《联邦党人文集》到里克的联邦设计的最根本关注点:中央政府必须足够强大,以提供公共产品;但又要足够弱,以至于不会"震慑"各省。从卢梭到蒂布特,所有乐观规范的分权评估最终都是给予政治家更强有力的动机来收集公民偏好的信息,并将其转化为最低成本的政策。但为了实现这些目标,中央政府的信息和权威必须受到可信的限制。这种紧张关系在对分散的工业组织的研究中得到了最明确的解决。阿吉翁和蒂罗尔(Aghion and Tirole,1997)表明,为了在一个权力分散的组织中加强激励和促进主动性,中央机构必须可信地限制自己的信息和权威。然而,这种两难困境的另一面是,中央机构也会失去战略控制。政府权力分散也面临同样的困境。如果地方政府仅仅是中央制订计划的管理者,上述信息和竞争优势就不太可能实现。如果中央政府可以随意推翻地方决策,将地方官员撤职,或随意改变责任分配,那么地方官员面临收集信息的动力就会不足,岗位流动性对结果也不会有什么影响。如果中央政府的权威不受限制,则《联邦党人文集》所描绘的双重主权理想是不可能实现的。公民将会认为地方政府不是独立的实体,而仅仅是中央利维坦的旁枝末节。这样一个中央集权的体制对抑制寻租几乎没有任何作用。与公司一样,如果权力分散是为了加强激励措施,那么该中央政府必须做出可信的承诺,至少不干涉一部分地方事务。

因此,构建分权愿景的规范性理论似乎不仅隐含了广泛的地方税收和支出权力,而且还隐含了一些政治联邦制。然而,新的政治经济学视角同样关注阿吉翁和蒂罗尔所指出的两难困境的另一面。如果中央政府的权力受到有效限制,那么它可能无法集中进行必要的协调,以提供联邦范围内的公共物品,例如,共同市场、共同货币或共同防御等。当中央受到与联邦制相关的讨价还价和制度保护的约束时,权力分散的好处和危险都会被放大。

本书的其余部分建立在这种政治经济学方法的基础上,侧重于前述关于财政纪律的一些更小、更易处理的问题上。它重新思考了通过增加政治方面的内容从而将权力分散的联邦制与增强财政纪律联系起来的抽象论点。它从理论上分析了那些以选举为动机的政客,他们在复杂的、重叠的权力领域中运作。在这些领域中,税收和支出决策没有紧密联系,政府间转移支付受制于政治谈判,政客们可能会受到激励而将财政负担转移到其他司法管辖区的居民身上。这个问题简单地说明了联邦的两难困境。如果中央政府通过行政命令控制地方的借贷和支出决策,那么权力分散的许多信息和竞争优势就可能会丧失。如果不这样做,在某些情况下,则它将面临威胁整个联邦财政健康的道德风险问题。

附录 2.1   **年份和来源**

实 例	年 份	授权信息	借款自主指数	借款自主来源
阿根廷 国家	1986—1996	IMF,IDB	4	IMF,IDB
澳大利亚 地方	1986—1996	IMF	2.1	IMF
澳大利亚 国家	1986—1996	IMF	2.6	IMF
奥地利 地方	1986—1995	Bird 1986	1.35	IMF,Bird 1986
奥地利 国家	1986—1996	Bird 1986	1.85	IMF,Bird 1986
玻利维亚	1987—1995	IMF,IDB	1.5	IMF,IDB
博茨瓦纳	1990—1994	Segodi 1995	1	Segodi 1995
巴西 地方	1986—1993	IMF,IDB,Shah 1994	3	IMF,IDB,Shah 1994
巴西 国家	1986—1994	IMF,IDB,Shah 1994	5	IMF,IDB,Shah 1994
保加利亚	1988—1996	IMF	1	IMF
加拿大 地方	1986—1994	IMF,Courchene 1994	1.4	IMF, Kitchen and Mc-Millan 1986
加拿大 国家	1986—1995	IMF,Courchene 1994	3.25	IMF
智利	1986—1988	IDB	1	IDB
哥伦比亚	1985—1986	IMF,IDB	3	IDB
丹麦	1986—1993	GFS, Harloff 1988, Bury & Skovsgaard 1988	1.45	IMF
芬兰	1986—1995	GFS, Harloff 1988, Nurminen 1989	3	IMF
法国	1986—1996	GFS, Guilbert & Guengant 1989	3	IMF
德国 地方	1986—1994	IMF	1.7	IMF
德国 国家	1986—1995	IMF	2.675	IMF

续表

实　例	年　份	授权信息	借款自主指数	借款自主来源
危地马拉	1990－1994	GFS,IDB	2	IDB
印度	1986－1994	IMF	2.5	IMF
爱尔兰	1986－1994	GFS,Harloff 1988	1.75	IMF
以色列	1986－1994	Hecht 1988	2.4	Hecht 1988
意大利	1986－1989, 1995－1996	GFS,IMF	2.5	IMF
墨西哥 地方	1986－1994	IMF	2	IMF
墨西哥 国家	1986－1994	IMF,IDB	2.8	IMF,IDB
荷兰	1987－1996	GFS, Blaas & Dostal 1989,Harloff 1988	2.3	IMF
挪威	1986－1995	GFS, Harloff 1988, Rattsø 2000	1.6	IMF
巴拉圭	1986－1993	IDB	2	IMF,IDB
秘鲁	1990－1996	IDB	2.5	IMF,IUB
菲律宾	1986－1992	GFS,Padilla 1993	1	Padilla 1993
波兰	1994－1996	Cielecka & Gibson 1995	2	Cielecka & Gibson 1995
葡萄牙	1987－1995	GFS,Harloff 1987	2.5	IMF
西班牙 地方	1986－1994	Newton 1997	2.2	IMF,Newton 1997
西班牙 国家	1986－1995	Newton 1997	2.8	IMF,Newton 1997
瑞典	1986－1996	GFS,Harloff 1988	3	IMF
瑞士 地方	1990－1995	IMF	3	IMF
瑞士 国家	1990－1996	IMF	3	IMF
英国	1986－1995	GFS,IMF	1.5	IMF
美国 地方	1988－1995	IMF	3	IMF
美国 国家	1988－1996	IMF	3	IMF
津巴布韦	1986－1991	Helmsing 1991	1	Helmsing 1991

　　GFS:《政府财政统计年鉴》(历年),Washington,DC:IMF.

　　IMF:特里萨·特米纳西安主编,1997 年。《财政联邦制的理论与实践》,Washington,DC:IMF.

　　IDB:美洲开发银行,1997 年。《经过十年改革后的拉丁美洲》,Washington,DC:IDB.

附录 2.2 借款自主指数构建

该指数是根据美洲开发银行开发的方法构建的(见 IDB 1997:188)。它根据以下标准构建:

1. 借款能力

如果地方政府不能借款,则为 2 分。

2. 授权

这个数字范围从 0 到 1。如果所有地方政府的借款都需要中央政府的批准(或者联邦体制下的地方政府需要州政府的批准),则为 1 分。如果没有地方借款需要批准,则为 0 分。如果授权约束仅适用于某些类型的债务或者并不总是强制执行批准要求,则根据约束级别给出 0 到 1 之间的分数。

3. 借款限制

如果借款存在数目上的限制,则根据限制的覆盖范围,最高债务还本付息比率可达 0.5 分。

4. 债务使用限制

如果债务不能用于当前支出,则为 0.5 分。

指数的第一部分(标准 1 到 4)的值等于 2 减去标准 1 到 4 的分数之和。例如,如果一个国家的地方政府不能借款,则该部分的总分将是 2−2=0。

附加标准是:

5. 地方政府银行

如果地方政府拥有银行,则为 1 分。如果这些银行具有实质性的重要性,再增加 0.5 分。如果地方政府与银行有特殊关系,但实际上并不拥有银行(如德国标准),则为 0.5 分。

6. 公共企业

如果地方政府拥有重要的公共企业,并且这些企业有自由借贷做法,则为 0.5 分。

为了获得每个国家的最终指数,将标准 5 和标准 6 的得分添加到指数的第一部分。加总为一个指数,从而使最终的指数在 1 到 5 之间不等。

第 3 章　主权与承诺

这取决于人性原则,它与任何数学计算一样绝对可靠。各州将根据自己的情况和利益决定是否有所贡献:他们都倾向于将政府的责任推向邻居。

——亚历山大·汉密尔顿,《论纽约制宪会议》,1788

前一章认为,为了使理论文献更接近世界各地不断发展的经验现实,在一个各色人物都充斥着机会主义且有政治动机的世界里,必须用一种突出主权模糊性和可竞争性的方法来取代作为纵向安排的政府之间主权划分的旧的权力分散概念。上一章还回顾了一些相当有吸引力且历史悠久的论点,将分权、联邦制和财政纪律联系起来,但随后考察了跨国数据,表明现代形式的分权和联邦制似乎与它们的基本假设不符。

为了为解释世界各地与权力下放、联邦制和财政纪律有关的广泛经验铺平道路,本章采用政治经济学的方法处理多层级体系中的债务主权问题。它呈现了一种上下级政府间信息不完全的动态博弈,每个政府都有动机看到另一个政府对负收入冲击进行痛苦的调整。一个关键的教训是,当主权不明确或存在争议时,执行者就会利用当时可用的信息,然后在发生冲突时,将一切的可能交付给并不确定的最终权力中枢。在多层体制的特定政策领域中,对特定时间内的主权,最好理解为对未来政府间争斗中可能的赢家的一系列事前信念。当应用于关于债务负担的斗争时,该框架为地方政府面临的财政激励提供了有用的见解,并为后面章节中的跨国和历时比较提供了一个平台。

根据传统的定义,中央政府是主权债务人,对债务拥有"最高权力"——没有更高的政府保证或可以迫使他们偿还债务。另外,像公司这类非主权债务人可能被迫偿还债务,或者在特殊情况下,主权国家将有动机救助它们(比如美国的储蓄和贷款危机)。在发达的国内信贷市场向个人或企业放贷时,如果借款人没有偿还债务,贷款人就会求助于主权国家实施的各种法律制裁。然而,在向主权中央政府贷款时,他们就没有了追索权。他们的偿还希望必须基于政府维护其声誉以维持信贷市场准入的利益(Eaton and Gersovitz,1981)或债权人推动对借款人进行贸易或军事制裁的能力(Bulow and Rogoff,1989)。

然而,对于地方政府来说,本章认为主权债务和非主权债务之间的界限是模糊的。债权人必须对中央政府是否隐性地担保他们的债务做出有根据的猜测。在那些中央政府可以承诺永远不承担地方债务的国家,较低级别政府可以被视为微型主权借款人。然而,本章开始探讨很多的有关制度、政治和人口因素,这些因素可以使人们怀疑中央政府承诺不会拯救陷入困境的地方政府的可信度。它引入了一个贯穿于全书的论点:对地方政府来说,一个独立的财政主权领域——在将权力下放与加强财政纪律联系起来的积极理论中,这是理所当然的——在实践中相当罕见。当地方政府的财政主权遭到破坏时,就会出现亚历山大·汉密尔顿认为在分权联邦制中不可避免的那种战略性负担转移。

在介绍了救助博弈并以抽象的方式讨论其均衡之后,本章将其应用于19世纪40年代美国各州的财政危机。美国的例子很有用,因为它突出了一些破坏承诺的因素,但同样重要的是,它也揭示了一些支持承诺的因素。美国各州债务危机的解决方案虽然让一些州的选民感到痛苦,但却是美国联邦制的一个分水岭,它为选民和债权人澄清了各州的主权地位。本章的教训——首先是关于地方主权的起源和破坏它的因素——将在后面的章节中进行提炼和检验。

1. 救助博弈

有关传统计划经济中企业"软预算约束"的文献将中央政府视为动态承诺

问题的受害者,是理解中央与地方政府关系的良好起点。① 该文献的基本问题是政府不能承诺在提供初始融资后不再向亏损组织提供信贷,这会给管理者在选择项目时带来不良激励。同理,中央政府不能做出不拯救地方政府的承诺也会影响他们的动机。考虑一个中央政府(CG)和一个地方政府(SNG)之间的简单博弈,他们都关心他们的财政政策决定会带来的预期选举结果。图 3.1 以宽泛的形式展示了一个不完全信息的动态博弈。②

　　信息是不完整的,因为地方政府不知道中央政府的"类型"。也就是说,他们不知道,如果在未来的财政危机处于博弈的最后阶段,中央政府究竟是会选择让地方政府违约(果断型),还是会选择救助(优柔寡断型)。地方政府正面临一场具有持久影响的不利财政冲击——例如,一波经济衰退。在经历负面冲击后的第一次行动中,地方政府可能会选择立即调整并结束博弈,并因此获得"早期调整(EA)"的回报。或者,它可以拒绝调整并通过寻求最终可能不可持续的借贷来应对冲击,希望最终能够从中央政府获得救助。然后,中央政府必须决定,它是否会通过提供一些额外的资金来减轻地方政府日益增长的债务负担,从而悄然解决这个日益膨胀的问题。如果它决定这么做,则博弈将以"早期救助(EB)"的回报结束。如果政府决定最初不提供救助,则第二阶段的风险就会加大,债务危机已经出现,违约近在咫尺。同样,地方政府又面临着在调整和试图将调整成本外部化之间作出选择,尽管这次救助将更加昂贵和明确。再一次,中央政府必须决定是否提供救助。

　　地方政府的预期效用是由每个结果的预期选举价值所驱动的。地方政府官员关心调整对选举的不利影响,希望调整的费用由其他辖区的公民支付。地方政府倾向于尽早进行悄无声息的救助,但如果在第一阶段无法获得救助,

---

　　① 该文献的灵感来自科尔奈(Kornai,1980);大多数正式文献来自德瓦特里庞和马斯金(Dewatripont and Maskin,1995)。有关文献综述,请参阅科尔奈、马斯金和罗兰(Kornai,Maskin,and Roland,2003)。

　　② 救市问题也被怀尔德森(Wildasin,1997)以及因曼(Inman,2003)建模为一个由中央政府的激励措施推动的循序渐进的博弈,怀尔德森专注于管辖权的结构,因曼则考虑了包括下面讨论的一系列因素。然而,本章中的方法是截然不同的,因为它侧重于不完整的信息。根据德瓦特里庞和马斯金(Dewatripont and Maskin,1995)的精神,钱和罗兰(Qian and Roland,1998)使用了一个顺序博弈来解决权力下放对提供救助的激励的影响,但他们的重点是对国有企业的预算约束,而不是地方政府自身,并且没有任何政治方面的考虑。在他们的模型中,财政分权导致地方政府之间的竞争,这增加了拯救那些已选择了项目的国有企业的机会成本。

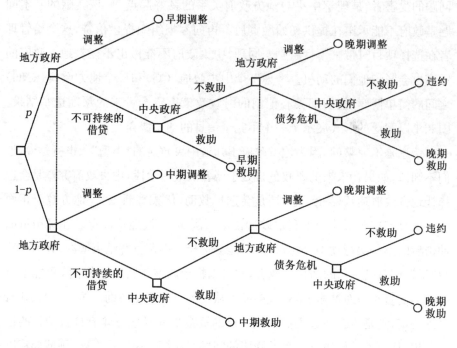

图 3.1   动态救助博弈

则更倾向于在第二阶段(LB)获得救助。如果不提供救助,而地方政府必须自己支付调整的成本,那么它宁愿采取成本较低的早期调整,而不是痛苦的后期调整(LA)。最糟糕的情况是没有联邦援助就违约(D)。因此,每个人都知道,地方政府的回报是:

$$U_{sng}(EB)=1>U_{sng}(LB)>U_{sng}(EA)>U_{sng}(LA)>U_{sng}(D)=0$$

中央政府的偏好则不那么明确。所有参与者都知道,中央政府更愿意让地方政府自行调整,而不是出现巨额赤字并要求纾困。然而,这个博弈很有趣,因为随着博弈的继续,地方政府不知道中央政府的偏好会是什么。地方政府也不确定中央政府提供或拒绝援助的政治成本是否会更高。这与研究国际冲突的学生所模拟的"威慑游戏"(Morrow,1994:200)类似。在这个游戏中,军事挑战者必须在不知道防御者决心的情况下,就是否开战做出决定。同样,地方政府也不知道中央政府抵制救助要求的决心或承诺。

处理这类有限信息的最直观的方式是遵循哈萨尼(Harsanyi,1967—

1968)的做法,通过将博弈视为决定中央政府类型——要么坚决,要么优柔寡断——的一个随机动作的开始,来捕捉地方政府头脑中的不确定性。中央政府知道自己的类型,但地方政府不知道。中央政府可能会试图预先宣布其承诺,但地方政府知道这可能是一种没有什么价值的说辞。如果中央政府是坚决的,那么它总是不愿意提供救助。一个坚决的中央政府和一个优柔寡断的中央政府的回报分别是:

$$U_{cgr}(EA)=1>U_{cgr}(LA)>U_{cgr}(D)>U_{cgr}(EB)>U_{cgr}(LB)=0$$

$$U_{cgi}(EA)=1>U_{cgi}(LA)>U_{cgi}(EB)>U_{cgi}(LB)>U_{cgi}(D)=0$$

在每个决策节点,地方政府都不知道它是否在图 3.1 的上部或下部分支,尽管它在观察第一轮后更新了对中央政府类型的看法。地方政府最初相信中央政府是坚定的概率为 p,优柔寡断的概率为 $1-p$。当它到达其第二个信息集时,p 已更新为 $\bar{p}$。

完全信息下的均衡,通过逆向归纳,很明显,如果 $P=1$(地方政府肯定认为中央政府是坚定型的),则博弈很快结束,因为地方政府在第一步中"调整",预计到中央政府将在此过程的每一步都扮演"不救助"的角色,让地方政府在未来会有比调整更有吸引力的选择。如果已知中央政府是优柔寡断的($p=0$),那么因为明白中央政府无法容忍违约,地方政府会拒绝调整,从而导致财政危机的发生。博弈以早期的救助结束,因为犹豫不决的中央政府在等待中一无所获。

我们现在有一个明确的方式来考虑地方财政主权。在连续统一体的一端,如果 $p=1$,那么地方政府最好被理解为微型主权借款人;在另一端,如果 $p=0$,则该政府是非主权的。然而,贯穿本书的一个关键论点是,有关该中央政府对未来救助计划的偏好的信息往往是不完整的。正如我们将在随后的案例研究中看到的那样,地方政府往往不确定该中央政府的决心。在这些情况下,地方政府关于是否进行调整的决定在很大程度上取决于其对中央政府决心的不断变化的评估。

在这个信息不完全的动态博弈中,最合适的解是完全贝叶斯均衡(PBE)。本章的附录详细讨论了解决方案,但是很容易总结出关键的见解。重要的是要注意到纯策略中没有分离均衡。换句话说,地方政府——虽然它在第一轮之后更新了它的信念——不能推测一个犹豫不决的中央政府总是提前救助，而一个坚定的中央政府总是在第一阶段没有纾困。地方政府的这种后验信念与犹豫不决的中央政府的动机并不一致，后者会利用这些信念，在第一个时期总是伪装成坚定的类型，不玩救助的把戏，并诱导其偏爱的结果，即地方政府的后期调整。

这意味着，很简单，如果最初的 p 值足够高，那么在观察到第一轮没有救助的情况下，地方政府可能会把优柔寡断的中央政府误认为是坚定的中央政府。地方政府知道它可能会犯这个错误，但是碰上一个坚定的中央政府的可能性被认为足够高，以至于地方政府更喜欢第四好的后期调整回报，而不是延长危机并通过进一步施加要求救助的压力来抓住各种机会。在这种平衡中，地方政府基本上是在考验中央政府的决心，并做出了让步。因为对中央政府的决心充满不确定性，它首先想避免调整并大量借贷；但是在中央政府没有采取任何行动并且违约成为现实可能性之后，地方政府选择退缩。当然，如果一个坚定的中央政府不愿意救助，而地方政府明智地做出让步，则这场游戏也可能在后期调整中结束。

在其他条件相同的情况下，p 的初始值越低，地方政府避免在第一轮调整的可能性就越大。附录为 p 确立了一个临界值，在此值以下，一个理性的地方政府在第一轮中推动纾困是有道理的。正如这些"决心测试"均衡所表明的那样，这并不意味着救助最终会得到执行，也不意味着地方政府会遭遇灾难性的违约。优柔寡断的中央政府可能会在财政危机全面爆发之前，利用政府间转移制度来减轻地方政府的债务负担。地方政府可能会为这种转移安排做好准备，但最终会在偿债危机出现之前放弃。在债务违约前夕，只有当一个犹豫不决的中央政府试图伪装成坚决的态势，而地方政府则虚张声势时，才会出现戏剧性的紧急援助。只有当地方政府误解了该中央政府的类型时，才会发生没有救助的戏剧性违约。

作为实证研究的指南，该模型表明，地方政府对救助的预期不仅表现为在债权人的压力下出现戏剧性的违约或最后一刻的救助，而且在许多看似合理的情况下意味着更常规的早期救助（填补缺口的政府间转移）或延迟调整。本书接下来的许多分析都试图找出影响地方政府效用的因素，以及它们对该中央政府承诺的信念。因此,这个模型最简单的经验含义是,如果人们能够识别出与 p 值高相关的制度、人口或其他因素,那么人们就会发现,地方政府会适应外部冲击,并自行维持长期财政平衡。如果制度和政治安排表明 p 值足够低,那么人们应该预料到地方政府更愿意避免或推迟调整,从而导致更大和更持久的赤字。

非常有用的是要考虑到这种博弈可能会在国家内部反复上演,这意味着,每当出现需要调整的负面冲击,地方官员会基于一段漫长的历史作为展开对 p 值的评估。如果该中央政府最近有提供救助的历史,那么很难做出可信的无救助承诺。因此,中央政府如果关注博弈的未来发展,就会面临要建立起"坚定型"声誉的强烈动机。当一个新的具备政治能力的财政体系正在形成时,第一轮博弈就显得尤为重要,因为地方政府没有过去的经验来评估中央政府的决心。因此,对中央决心的早期测试可能是最重要的。在接下来的案例研究中,过去的作为就非常重要,历史中留下来的东西极具价值。然而,过去的做法并不一定决定当前的行为。地方政府也会从获得了中央政府代偿回报的政治和财政机构那里获得启示。政治环境和制度的变化会推动地方政府的效用发生变化,也会影响地方政府对中央政府偏好的看法。

这个博弈提供了一个框架,将促进跨国家以及各国内部跨省和历时比较研究。现在可以更准确地提出关于地方财政纪律的关键问题:在什么情况下,所有的地方单位都充分相信中央政府的决心,从而避免了救助博弈的后期阶段?随着财政联邦制的历史在一个国家发展,为什么中央的决心在某些国家崩溃——看似也不可挽回——而在其他国家则更为加强了呢?在什么情况下,地方政府最不确定中央政府的决心?为什么同一国家内的不同地方单位可能会有不同的回报或对中央的决心有不同的看法?接下来的章节的目标是对能够帮助回答这些问题的地理、制度和政治因素进行系统的论证。引入这些因素的一个有用方法是利用美国早期的经验进行简要的分析叙述。①

---

① 有关这些事件的另一种解释,请参阅维贝尔斯(Wibbels,2003)。

2. 19 世纪的美国

联邦的公共债务会引起各州或联邦之间的冲突。债务的初期分配和随后的逐步清偿,都同样会产生恶意和仇恨……

——亚历山大·汉密尔顿,《联邦党人文集》第 7 章

再没有比宾夕法尼亚州的所作所为更挥霍无度的了。历史不能重演:不要让任何被迷惑的人想象哪怕一个铜板他们也总会偿还——他们的人民已经体验到毫无诚信的危险的奢侈,他们将永远不会回到正义的世俗法则。

——西德尼·史密斯牧师,给《伦敦晨报》的一封信

1843 年 11 月 4 日

虽然他在《联邦党人文集》中有些虚伪的著述是双重联邦主义经典理论的一部分,但亚历山大·汉密尔顿并不相信各州和联邦政府在各自的领域内拥有独立的主权,尤其当涉及财政权力时。"各州可拥有不受控制的主权的想法,将会击败赋予国会的其他权力,并使我们的联邦软弱无力,岌岌可危。"①在汉密尔顿看来,通往繁荣和良好的政府的道路是要有一个拥有强大执行力的统一国家。积极政治经济学的学生对他的推理很熟悉:"这是社会和个人的秉性……喜欢偏重于普遍的利益。"②对汉密尔顿来说,联邦制拥护者所推崇的强大的地方问责制,只不过是一种促进利己主义和私人商品凌驾于共同利益之上的机制。当谈到各州试图"把他们的负担"扔给他们的邻居时,汉密尔顿抱怨的不仅是《邦联条例》③规定的"搭便车"问题,还有上面提到的救助博弈。

在《公共信贷第一报告》(1790)中主张联邦政府承担州级债务的问题上,汉密尔顿预见到现代公共选择文献对财政竞争的看法,指出资本流动和州政治生态严重制约了各州的税收能力。然而,汉密尔顿并没有将此视为对利维

---

① 致詹姆斯杜安的信,1780 年 9 月 3 日,载于弗里斯(Frisch,1985)。
② 《大陆主义》第二期,1781 年 7 月 19 日,载于弗里斯(Frisch,1985)。
③ 关于这个问题的公共选择观点,参见多尔蒂(Dougherty,1999)。

坦的约束,而是担心各州能够借助联邦政府的良好信贷大力借贷——但由于缺乏收入基础而面临负面冲击后很容易陷入违约状态,从而损害其他州和联邦政府的信誉。接下来,他担心,由于联邦政策进程中各州的影响,发行和偿还联邦债务的理性决策,将会因为各州之间基于债务持有者的实力而发生争吵,最终功亏一篑。

也许作为一个政治家,他最投入的努力是说服国会成立一个国家银行,并承担所有州的债务。这被认为是一种道德和正义的问题,因为负债最多的州在进行革命战争时承担了巨额的费用。然而,他的论证逻辑远不止道德。鉴于对外部性和救助的担忧,他希望联邦政府成为各州的唯一债权人,并在未来切断各州独立进入信贷市场的渠道。汉密尔顿最终取得了成功,与杰斐逊在国家首都所在地达成了著名的协议,联邦政府在 1790 年承担了各州的债务。当然,这种承担的危险之一是,中央政府树立了一个先例,鼓励各州相信它是优柔寡断型政府。汉密尔顿最直言不讳的批评者之一阿尔伯特·加勒廷(Albert Gallatin)批评了这种债务承担,因为这种承担"没有考察他们当时所欠的债务是源于他们在战争期间的贡献程度,还是因为他们对纳税的疏忽"(Ratchford,1941)。但汉密尔顿并不担心造成道德风险问题:他的计划没有为各州未来的独立借款留出余地。不久之后,汉密尔顿在著名的决斗中丧生,各州很快恢复了独立借款,结果让人惴惴不安。汉密尔顿对国家借款的许多担忧似乎在 19 世纪上半叶之后就有了充分的依据。在最初的那次债务承担50 年后,在迫切要求实施又一次大得多的债务承担时,它被当作了先例。通过简单地回顾这些事件,我们有可能获得一个对救助行为有益的观察视角。

3. 行动中的救助博弈

在 19 世纪 20 年代初,大多数州只有名义债务或根本没有债务。州预算很少,它们几乎没有直接征税。通过依赖发行银行特许状、出售公共土地和各种投资的收益,各州可以在无需缴纳巨额税收的情况下勉强度日。然而,借贷成为一种非常有吸引力的方式,可以在不增加税收的情况下大幅增加对大众银行、运河和铁路的支出。随着杰克逊式民主制度的出现,联邦政府正欲缩减其活动,削弱美利坚银行,而此时大量的人口流动导致对交通基础设施和银行的需求增加,尤其是在新成立的州。此外,一些州——尤其是马里兰州、纽约州、俄亥俄州和宾夕法尼亚州——在开辟西进贸易路线的竞争中陷入了一场争夺优势的战斗。这些州,像美国南部和西部的州一样,贷款建银行、修建运河和铁路非常受欢迎。纽约伊利运河的成功(项目完工前的通行费超过了利息)使得其他州争相启动类似的项目。伊利诺伊斯州、印第安纳州和密歇根州使用联邦土地拨款启动了积极的内部改善项目。例如,密歇根州人口少于20万,评估的财产总价值低于4.3万美元,立法机构却批准了一笔500万美元的贷款(McGrane,1935)。西部各州的大部分借款都是在这样一种观念下进行的,即利息支付将由最近出售联邦土地的税收来支付(Sylla,Grinath and Wallis,2004)。南方各州尤其参与了许多银行的租赁业务。与此同时,联邦政府迅速还清了1812年战争以来的所有债务,面临着巨额的、不断增长的盈余,它决定将这些盈余连同大量的土地补助一起,简单地转移给各州。这些拨款只会鼓励更多的借贷,债务负担也在稳步增加。在1836年到1839年之间的几年里,增长是爆炸性的,各州产生的新债务比它们之前的历史总和还要多。由于土地价值迅速上涨,所有州都被鼓励借款,并且相信即使现在没有财产税,也可以在紧急情况下利用这种资源(Sylla,Grinath and Wallis,2004)。

这些新债券在荷兰尤其是英国投资者中非常受欢迎。伦敦的货币市场有大量的资金,美国的州债券的利率较高。当对外国的其他贷款消失在军事行动中时,英国投资者有向美国联邦政府贷款的非常好的经历,美国各州被视为在一片繁荣的土地上进行了富有成效的投资。这些证券有各州的充分信任和信用支持,合同规定的本金和利息以当地货币在伦敦和阿姆斯特丹支付。

1837年的金融恐慌和1839年至1843年的大衰退引发了负面冲击。在救助博弈中,许多州政府在第一个决策节点上继续以更大的力度借款,尽管偿债变得困难,银行和基础设施项目还没有带来收入(Sylla,Grinath and Wallis,2004)。他们继续借款,直到整个金融体系随着1840年银行业的崩溃而完全坍塌。借贷停止,运河和铁路的建设停止,微薄的税收收入完全枯竭。最重要的是,最初支撑借贷的土地价值开始下降。随着危机的加深,一些负债最重的政府拒绝调整,抵制任何直接税收的增加,并采取各种各样的技巧,在各州的账簿和银行之间操纵资金，直到 1841 年和 1842 年，九个州一个接一个相继违约。① 除了马里兰州和宾夕法尼亚州，所有违约州都是南部和西部的新州——阿肯色州、佛罗里达州、伊利诺伊斯州、印第安纳州、路易斯安那州、密歇根州和密西西比州。旨在拒付债务的运动在一些州得到支持，在阿肯色州、佛罗里达州、密歇根州和密西西比州，相当一部分债务实际上被拒付了，这让英国和荷兰的金融家大为震惊。这些州的拒付运动又回到了汉密尔顿的问题上，对各州在宪法上的债务契约权提出了质疑。

救助博弈的最后阶段——联邦政府承担州级债务的运动——在 1839 年正式开始，比各州违约早得多。很难确切地说，外国债权人在购买这些证券时是否真的把这些州视为主权国家，或者最终预期个别州的债务得到整个联邦的资源和权力的支持。麦克格伦（McGrane，1935）引用的资料显示，在这一点上，英国不同的投资机构和金融期刊存在相当大的意见分歧。佛罗里达州的案例证明了评估各州主权的困难，在那里，在欧洲销售的债券得到国会的充分授权并且与其他州的保障没有区别，由领土政府（前州政府）特许的银行发行的债券在法律上受到国会的直接监督。许多新成立的、人口最稀少的州当然没有足够的收入来偿还他们的债务，而且很难想象投资者不是预期了一些隐性的联邦支持（Sbragia，1996）。

无论他们最初对州级主权的理解是什么，英国投资者最终都有力地辩称，这些债务带有隐性的联邦担保，并对美国联邦政府施加了巨大压力，迫使其承担各州的债务。对于其他州而言，违约行为具有外部性，即使他们准时付款，其债券的销售额也低于正常水平。正如汉密尔顿预测的那样，负外部性直接延伸到联邦政府，后者发现自己在 1842 年完全被欧洲金融家所排斥，他们声称在联邦政府承担各州的债务之前不会再向任何美国实体放贷。外国资本家除了向中央政府施压外别无他法。布洛和罗戈夫（Bulow and Rogoff，1989）认为，外国债权人必须能够对主权债务人施加直接制裁——比如军事或贸易制裁——以迫使其偿还债务。随着美国和英国之间的关系变得越来越敌对，约翰·昆西·亚当斯（John Quincy Adams）认为，如果不承担州级债务，则与

---

① 希拉、格林纳斯和沃利斯（Sylla，Grinath，and Wallis，2004）指出，与大多数其他州不同的是，伊利诺伊州、印第安纳州和俄亥俄州确实试图增加财产税以偿还债务。

英国的战争迫在眉睫(McGrane,1935:35)。但与美国开战是一项代价高昂的提议,而且由于大多数债券持有人都是普通公民,英国政府最终疏远了这场争端。此外,贸易制裁并不是一个非常有用的威胁,因为如果对个别州(可以自由出口到其他州)实施制裁,制裁就会无效;如果对整个国家实施制裁的话,则成本太高(English,1996)。

毫不奇怪,在负债最重的州(尤其是马里兰州和宾夕法尼亚州)的政治家和选民,以及国内外债券持有人中,对"债务承担"的支持非常强烈,但在许多没有大量借债的州中,这种支持并不受欢迎(见表3.1)。此外,即使是负债累累的西部各州的一些选民,也对那些将要由土地出售提供资金的债务承担提案持怀疑态度,因为这些提案可能会破坏对他们保护所拥有土地的能力至关重要的立法。经过多年的辩论,一个由马里兰州的威廉·斯特·约翰逊领导的委员会于1843年向国会提交了一份报告,主张承担债务。首先,委员会认为,这种承担是合理的,因为一个明确的先例已经确立,从第一次承担开始,一直延续到1812①年战争,然后是1836年的哥伦比亚特区债务的承担,即各州的借款,最终由中央政府代偿。此外,该委员会认为,如果没有征收关税的权利,就不能期望各州依靠直接税收来履行其义务,这被认为不具有现实可能性。此外,约翰逊还提出,违约会导致重要的公共工程建设因州际溢出而停止。委员会认为,为了偿还联邦债务,各州向联邦政府捐赠了公共土地,既然已经做到了这一点,这些资金应该用来偿还各州的债务。反对者谴责示例效应,认为中央政府可能表现出了缺乏决心的信号。他们认为,财政负担将从不负责任的州转移到财政审慎的州;各州的权利倡导者认为,国会无权偿还债务。

表 3.1　　　　　　　　1841 年美国各州债务(当前美元价格)

州	总债务	人均总债务
佛罗里达	4 000 000	73.43
路易斯安娜	23 985 000	68.06
马里兰	15 215 000	32.43
伊利洛伊斯	13 527 000	28.41

---

① 在1812年的战争中,一些州借钱用于防御,后来又向联邦政府提交了支出单据。

续表

州	总债务	人均总债务
阿肯色	2 676 000	27.43
密歇根	5 611 000	26.43
阿拉巴马	15 400 000	26.07
宾夕法尼亚	36 336 000	21.08
密西西比	7 000 000	18.63
印第安纳	12 751 000	18.59
纽约	21 797 000	8.97
马萨诸塞	5 424 000	7.35
俄亥俄	10 924 000	7.19
南卡罗来纳	3 691 000	6.21
田纳西	3 398 000	4.10
肯塔基	3 085 000	3.96
缅因	1 735 000	3.46
弗吉尼亚	4 037 000	3.26
密苏里	842 000	2.19
佐治亚	1 310 000	1.89
康涅狄格	0	0
德拉瓦	0	0
爱荷华	0	0
新罕布什尔	0	0
新泽西	0	0
北卡罗来纳	0	0
罗得岛	0	0
佛蒙特	0	0
总计(所有州)	192 744 000	11.35

资料来源:债务数据:美国第十次人口普查;人口:ICPSR 研究 0003。

约翰逊委员会没有提议将救助资金分配到实际的州级债务中。与此相反,图 3.2 清楚地表明,委员会希望用以人口为基础的补贴来购买非负债州的选票——甚至那些根本没有借款的州也可从中获益。[①] 然而,辉格党(共和党的前身)和民主党都没有公开支持这种假设,约翰逊的报告也被搁置。尽管委员会提出了一个简单的人均转移,但债务承担运动失败的最佳解释之一就只是些表面数字——大多数州没有大笔债务,而且除马里兰州和宾夕法尼亚州之外,大多数负债州的人口很少。

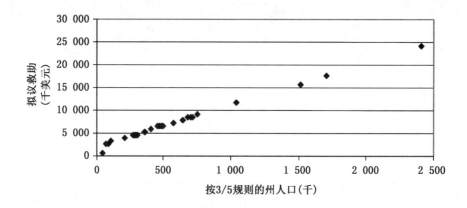

资料来源:救助计划:麦克格伦(McGrane,1935);人口:ICPSR 研究 0003。

图 3.2　州人口和约翰逊 1843 年提出的救助计划

根据麦克格伦(McGrane,1935)和拉奇福德(Ratchford,1941)的说法,在非债务州选民看来,救助计划是一种不公平的债务负担转移。[②] 总统候选人不希望因为支持一项被认为可以转移债务负担并减少联邦土地使用权的政策而失去老州或西部移民的选票。此外,值得注意的是,绝大多数债权人都是外国人,而债务承担的反对者成功地将这场运动描述为外国人和美国富人的阴谋的产物,那会伤害普通选民。

鉴于各州和联邦政府在获得贷款方面遇到了新的困难,有些令人惊讶的

---

① 委员会在提出救助方案时似乎使用了 3/5 的规则(自由白人人口加上 3/5 的奴隶人口)来分配立法席位。如果使用白人人口或总人口作为替代,图 3.2 看起来相当相似,但是使用 3/5 规则的计算,这种关系明显更紧密。

② 约翰逊所在的马里兰州将获得约 600 万美元,尽管其债务负担超过 1 500 万美元。尽管佛罗里达有 400 万美元的债务,却只能得到 65 万美元。另外,没有债务的康涅狄格和佛蒙特州各自预计将获得约 460 万美元。

是,拒绝和延迟付款的负面外部因素并没有迫使国会采取行动。最初,许多美国人显然相信,切断对欧洲资本家的依赖是一种积极的发展,鉴于最近的经验,人们强烈反对进一步借贷。显然,长期资本外逃最严重的威胁是空洞的。欧洲战争的威胁和繁荣的回归使美国再次成为一个有吸引力的投资国。到了1843 年,情况也变得明朗起来,尽管这一过程在政治和财政上都将是痛苦的,但大多数最大的违约方都会设法恢复支付利息。各州提高税率,清算银行,出售银行股票和铁路股份,并将项目移交给债券持有人。为了取悦愤怒和恐惧的选民和投资者,大多数州——甚至那些没有过度借贷的州——在 19 世纪40 年代和 50 年代采纳了宪法债务限制。

19 世纪 50 年代,公共工程的借款重新开始,但是没有一个违约的州参与其中,尽管英国投资者谨慎地返回,但大多数债券持有人现在都是美国公民。通过 19 世纪 40 年代的经历,债权人和选民们在借款和主权方面吸取了一些惨痛的教训。通过拒绝代其承担债务的要求,联邦政府以代价高昂的行动建立了一个新的先例,即各州是真正的主权州,即使在最严峻的条件下,中央政府也不对其债务负责,无法强制其偿还。认识到这一点后,西方人学会了区分不同的州,并开始坚持要求获得更多实质性的信息,包括投资项目的质量、州级机构的组织,尤其是州级税收制度的实力。选民们还学到了一些极其宝贵的教训:在建设基础设施时,借款并不总是能取代税收,借款决定最终确实会影响公民福利——甚至可能会相当显著。

教训

在 19 世纪 20 年代和 30 年代,当联邦政府发行债务时,很难明辨州长和州议员对联邦政府的决心。许多历史学家强调,州政府官员真正相信这些项目会自己为自己买单。然而,似乎很明显,对于大多数违约州来说,他们的偿付(P)还是不够,不足以引发早期调整从而可以应对 1837 年的危机。对于陷入困境的州——尽管越来越明显的是他们正在走向迫在眉睫的违约之路——但是,避免调整和游说联邦政府进行救助的预期效用超过了承认失败并制定新税的预期选举效用。此外,在这个新兴国家的历史和制度中,存在着各种各样的暗示因素,可以创造出理性的纾困预期。

　　另外,事后来看,人们可以识别反补助的理由来预测中央的决心。总的来说,在违约前夕,中央政府的类型存在着高度的不确定性。这一事件具有重大的历史意义,因为它表明了在最后阶段不实施救助的可能性——即使这对中央政府来说是痛苦的——传递了一个代价高昂的信号,表明中央政府决心将 p 值推高到救助博弈未来运行的临界值之上。在杰克逊式民主制度下出现的中央政府财政权力的削弱,以及随之而来的 19 世纪 40 年代危机的不救助决议,在州政府、选民和债权人中形成了一种看法,即联邦政府宁愿选择灾难性的违约,也不愿选择救助。在南北战争和 20 世纪 30 年代经历的对州财政的负面冲击之后,这些看法变得僵化了。要说所有州的 P 值都已达到1,这有些言过其实—— 2003 年,在最近的州财政危机之后有短暂出现过明确的债务减免转移行动 ——但在整个 21 世纪,几乎没有证据表明各州存在救助预期,导致他们推迟或避免调整。

　　除有可能通过代价高昂的行动给出坚定信号的教训之外,导致 19 世纪 40 年代危机的事件还教会了我们一些关于地理、制度和政治因素的有用教训,这些因素影响着中央政府不断演变的承诺。

　　支出分配和借款原因　首先,1790 年的债务承担以及随后的紧急援助和临时资源分配可能被一些人认为是中央政府缺乏坚定意志的证据。然而,与独立战争和 1812 年战争的债务相比,这些债务是为那些潜在受益者主要是各自州的居民的项目而产生的,这可能最终加强了中央政府承诺的可信度。尽管如此,约翰逊的论点认为,这些债务通常通过腐败的地方交易为私人银行和私人运输公司提供资金,而且(除了少数例外)没有提供任何可以被视为国家集体产品的东西。"道德"的说辞站在汉密尔顿和 18 世纪 80 年代的债务承担运动一边,但道德高地似乎又被 19 世纪 40 年代的反债务承担运动所占据。换句话说,当各州负责提供纯粹本地化的商品并且中央政府对这些商品明显没有管辖权或责任时,中央政府的整体决心更加可信。按照上一章所讨论的经典财政联邦制理论的要求来构建政府责任,就会强化中央的决心。

　　然而,回顾上一章,关于政策分权的数据显示,近几十年来,在世界上大多数国家,中央经常与地方政府分享管辖权和责任,甚至在基础设施投资方面也是如此。正如我们将看到的那样,尽管财政联邦制的准则是要促成福利、医疗保健和宏观经济稳定的集中化,但在许多(尤其是欧洲的)州级福利极大的国家,对政治敏感的国家集体产品的支出发生在地方一级,由政府间拨款资助。与现代案例相比,在美国各州 19 世纪急于内部改善时联邦政府没有参与或承担责任的程度是非常明显的。正如我们将在本书后面的一些案例研究中看到的那样,当地方政府为帮助提供全国性的集体产品或能够令人信服地证明这一点而借款时,中央政府在确定其决心方面要困难得多。

中央政府的基本权利和义务 更一般地说,理解中央权利、义务和责任的性质是很重要的,这既体现在宪法中,也体现在公民、政治家和债权人的理解中。正如汉密尔顿所担心的那样,美国联邦政府的雄心壮志和义务从一开始就非常有限,甚至在 19 世纪初就已经开始退缩。联邦政府只有不到 50 年的历史,是由一个非常脆弱的授权机构组建的,这个授权机构源起于那些已经拥有某种原始主权的州或国家。这是一个为了军事防御而"走到一起"的经典案例,而联邦政府明确的授权仅仅是为"追求幸福"提供了条件。与本书后面将讨论的许多其他国家形成鲜明对比的是,它没有明确或隐含的授权——事实上,它明确禁止——将财富从一个州重新分配到另一个州,或监督各州的政策结果。这些限制显然加强了中央政府不插手各州预算困难之承诺的可信度。这与第 7 章中讨论的德国案例形成鲜明对比。

也许美国中央政府最重要的限制之一就是司法。一般而言,中央政府不提供救助的承诺可能会因其在较低级别政府违约时保护债权人财产权的义务而受到损害。如果法院和中央政府的强制机构接受了执行财产权的工作——就像民主国家的一般情况一样——债权人将要求中央政府强制低一级政府偿还债务。如果它拒绝遵守,那么中央政府似乎在保护产权方面会推卸责任——但这可能是政府最基本的任务。为了避免这种尴尬,中央政府可能会发现简单地向债权人支付费用的成本更低。然而,在美国,通过《宪法》的第十一项修正案,部分地避免了这种困境:"合众国的司法权不应被解释为延伸至任何法律或公平上的诉讼,由另一州的公民或任何外国公民或臣民对其中一州提起。"这可以解释为阻止联邦法院审查州债权人的索赔,并防止中央政府强制执行索赔。"第十一修正案"有一些潜在的最终结果,例如,通过修正案未涵盖的代理人提起诉讼——该州公民、外国政府或另外的州(English,1996)。

事实上,尼古拉斯·比德尔(Nicholas Biddle),外国债权人的著名捍卫者,在公开信中建议投资者计划尝试所有这些手段,甚至建议苏黎世或卢塞恩市政府提起联邦诉讼。然而,欧洲人和美国人都嘲笑这个计划在法律上是靠不住的,也许更重要的是不可能执行(McGrane,1935:80)。

对中央权利和义务的不同看法也可能有助于解释财政行为中的一些州际差异。值得注意的是,除宾夕法尼亚州之外,最明显不可持续的借款发生在没有独立历史的新州。或许这些州——或者至少是它们的债权人——更有理由认为它们的财政主权是有限的。其中一些州在获得州地位之前就开始发行债券,而且中央政府可能会迫使这些州在发生危机时偿付或被迫接管债务。不完全主权的观点可能有助于解释近几十年哥伦比亚特区或波多黎各令人沮丧的财政表现。这一因素也有助于解释美国历史上唯一一个可以与 19 世纪 40 年代相媲美的各州拒付的债务违约案例:在重建过程中,腐败的"投机取巧派"议员批准债券发行后南方各州债务违约。

外部性与管辖权结构

无论我们之间有什么细微的差别,对于外国来说,我们本质上是一个单一的民族。烙在联盟南部最年轻的成员身上的污点将会影响整个国家。

——尼古拉斯·比德尔,《纽约美国人报》,1840 年 6 月 5 日

美国 19 世纪 40 年代的经验也清楚地表明,财政外部性——无论是真实的还是想象的——是地方和中央政府之间战略互动的重要组成部分。由于信用评级下调影响了非违约州和联邦政府,因此中央政府不提供救助的成本增加了。这当然是投资者的目标。然而,这种外部性不足以抵消提供救助的成本。到国会(1843 年)提出承担债务时,很明显,大多数州都能找到恢复支付和恢复信用的方法,而且美国信用声誉受到的损害似乎不会是永久性的。

在评估权力分散国家中救助预期的可能性和策略性负担转移的尝试时,重要的是分析外部效应的可能作用。一个国家的制度设计的基本要素——比如中央的宪法义务——决定了外部性的影响。大卫·威迪逊(David Wilda-sin,1997)提请人们注意辖区的大小和结构。他的模型的一个含义是,当辖区

规模较小且均匀时,中央纾困的可能性要低于少数不对称的管辖区。大型辖区——尤其是那些包含首府城市的辖区(Ades and Glaser,1995)——可能不会实施调整,因为它们认为自己"太大而不能倒闭"。也就是说,他们明白,中央政府对他们的承诺不那么可信,因为他们的违约会给联邦其他机构带来沉重的成本。

19 世纪 40 年代,唯一违约的大州是宾夕法尼亚州。迄今为止,它拥有最多的外国债券持有人,而宾夕法尼亚州的违约显然对美国的信用声誉有着最大的外部影响。根据麦克格伦(McGrane,1935:72)的说法,"在外界看来,宾夕法尼亚成了美国人名誉扫地的代名词。"它被认为是财政最稳定的州之一,许多债务持有者都是普通的英国公民。宾夕法尼亚州财政肆意挥霍的一个重要部分是它决定将美国银行重新注册为美国宾夕法尼亚银行(McGrane,1935:Chapter 4)。此后,州政府和该银行的资产负债表就几乎没有什么区别了。该银行积极参与联邦其他部门的外部性活动。例如,该银行是出售其他州债券的关键角色,并持有美国棉花种植者的债务。由于这些原因,州政府可能认为自己太大、太重要而不会破产。事实上,根据拉奇福德(Ratchford,1941)和麦克格伦(McGrane,1935)的观点,对于宾夕法尼亚州的投资者和政策制定者来说,联邦承担债务似乎比任何其他州更合理。第 8 章将讲述一个关于巴西圣保罗的惊人相似的故事。

债务持有人身份　中央政府的信誉也受到债券持有人身份的影响。在决定是否提供救助时,中央政府面临一个选择:是为陷入困境的辖区的纳税人/债券持有人利益服务,还是为整个国家纳税人的利益服务。如果地方政府债务持有人也是全国的中值选民,那么中央政府更有可能难以抵制救助要求(Aghion and Bolton,1990;Inman,2003)。然而,19 世纪 40 年代的国内债券持有人是少数富有的资本家,而且大多数债券持有人是外国人。在试图解释国家承担债务运动的失败时,历史研究对选民反对外国资本家的情绪给予了很大的重视。然而,人们不应该得出这样的结论:当债权人是外国人时,救助总是不太可能发生。罗纳德·麦金农(Ronald Mckinnon,1997)提出了一个非常合理的相反的观点,认为当国际资本市场持有的次国家债务可能会惩罚整个国家的违约行为时,外部性引发的救助更有可能发生。事实上,这是在宾夕法尼亚人心中点燃救助希望的部分逻辑。

后面几章的案例研究将提出关于债券持有人的各种问题,以理清未能满足国内债券持有人的政治成本和令外国债券持有人失望的外部成本。就外国债券持有人面临的集体行动的政治影响和成本提出更具体的问题可能也会有用。如果中央政府担心在地方政府违约的情况下受到军事或贸易制裁,那么它们将更有可能承担其债务。如果外国个人和机构持有债券,并能成功迫使本国政府承担实施此类制裁的高昂成本,那么政府实施此类制裁的可能性要大得多。在英国和荷兰,情况并非如此,债务分散在个人投资者手中。

南部和东北部一些州的经验表明,允许地方政府拥有银行是危险的。在南方的一些州,公众倾向于拒绝偿还债务,部分原因是这些债务是由国有银行通过腐败交易产生的,有利于一小群种植园主。此外,银行帮助一些州推迟了财产税的必要增加。类似的道德风险问题将在德国特别是巴西案例研究中更详细地讨论。

收入来源和自治 19世纪40年代,美国几个州无力偿还债务,最有力的解释可能是它们几乎没有或根本没有征税。在州一级,税收和福利之间没有联系,选民们可能受到最纯粹的财政错觉的影响。自殖民时期以来,选民们就习惯了公共财政的形式,即承诺不征税就能获得福利。殖民时期的州支出由中央政府买单的债务提供资金,随后的收入来自救助、联邦专项转移支付和进一步借款,以及土地出售和银行特许状等一次性交易。值得注意的是,在1837年,联邦政府决定将联邦盈余按人均计算"返还"给各州,这创造了一个一次性的财源,可能在关键时刻制造了一种虚假的安全保障。它甚至可能会使债权人产生希望,即未来的从联邦获得的"馅饼"将有助于托底州的债务。

在19世纪,人们普遍认为各州可以在不征税的情况下资助大规模的基础设施和银行项目。例如,宾夕法尼亚州在重新获得美国银行特许状时废除了所有的州税。当明显发现这些投资没有达到预期的效果,并且出现违约的苗头时,州政府就没有能力筹集额外的收入来支付利息——它们的税收管理系统根本就不存在,或者发展得不够完善。即使在有这种能力的地方,州选民也十分反对一切形式的直接税,而这种直接税以前似乎从未被证明是合理的。选民和债权人,更不用说州长和立法者,从债务违约和随后清理州财政的尝试中吸取了惨痛的教训。为了恢复信誉,许多州首次开始征收直接税,建立更复杂的税收管理机构。最重要的是,其中的许多州在 19 世纪下半叶制定了广泛的累进财产税(Sokoloff and Zolt,2004)。在债务危机之后,许多州修改了法律条款,使得未来的"无税财政"计划变得不可能(Wallis,2004)。

这一观察将在下一章中展开,并作为贯穿全书的主题。地方政府的收入自主权和灵活性对选民、债权人和地方政客关于成功转移负担的可能性的信念有着非常重要的影响。

选举动机与政治制度　正如第 2 章所述,中央政府通常不是单一的决策者,而是一群有政治动机的个人,它们对救助的决定可能会受到它们的政治动机和管理决策过程的规则的影响。到目前为止,提到的因素只有通过立法和执行机构转化为政策才有意义。当救助博弈到达地方政府的第二个决策节点时,它将查看其他州的债务,并通过评估其是否有能力构建一个支持救助计划的立法多数的可能性来更新 p。如果其他大多数州都经历了同样的负面冲击,并且也走上了不可持续的债务道路,那么它就更有可能认为自己是在与一个优柔寡断的中央政府博弈(Wibbels,2003,2005)。

然而,很难建立一个关于各州债务分配和救助预期的明确的一般假设。如果外部性很重要,那么一个非常大且重要的负债状态就足够了。如果地方实体的规模高度不对称,就像联邦制国家的情况一样,那么大多数债务不可持续的州可能不会在立法机构中转化为基于一人一票原则的立法多数。另外,一群人口不到一半的州可能能够根据领土代表权控制一个高度不均衡的立法机构中的立法多数。即使债券持有人和面临违约威胁的州公民在立法上占少数,他们甚至在没有外部性的情况下也能够确保获得救助赞成票。从违约中损失最大的立法者们可以通过安排投票交易来鼓动对救助的支持。在 19 世纪,债务承担倡导者希望将来自债务国的债券持有人、银行家和选民组成一个核心联盟,而拟议中的救助计划显然试图通过包括大量联邦转移的资金来收买其他州的代表,即便对那些没有大量债务的州也如此。美国立法机构相互捧场(投票交易)的传统,可能提高了救助预期,尽管看起来中间选民兴趣不大。第 7 章和第 8 章将回到关于救助的立法问题上。

然而,要最终理解美国救助运动的失败,重要的是看透个别议员的地区利益。在考虑救助计划时,所有的目光都集中在 1844 年的总统大选上。由于债务承担运动在几个关键州受到质疑,两党领导人和总统候选人都不愿支持,国会的把关者也确保该法案永远不会付诸表决。从这一经验中得到的相应教训是,不同或变化的政治激励和制度配置可以解释在救助可能性方面的重大跨国和历时差异。这一观察结果将在第 5 章中进一步阐述,并在随后的章节中进行探讨。

4. 展望未来

有人认为,财政分权意味着上级政府和下级政府在税收、借贷和支出方面的权限分界的清晰划分,而政治被忽略了,将分权尤其是联邦制与加强财政纪律联系起来的传统观点有令人信服的地方。然而,本章介绍了在财政主权不明确、存在争议、政治动机处于中心地位时,如何考虑多层次体系中的激励的一个框架。如果地方政府认为,与地方政府违约相比,中央政府最终更愿意给予救助,那么它们将面临推迟或避免财政调整的激励。地方政府从中央政府可能的未来行为中获取线索,并通过评估制度和政治动机以及中央政府过去的行为,不断更新他们的信念。

本章还展示了该框架如何帮助理解一个非常有趣的历史案例,该案例将成为本书后面的其他案例的基准,部分是由于联邦制度的创始者之间尖锐的分歧。美国各州进入 19 世纪时,财政主权的最终归宿充满了不确定性。各州能够部分借助联邦政府的良好信誉而无需广泛征税。然而,到了 20 世纪,通过其制度和行动,中央政府已经做出了一个相当坚定的承诺,即使面对违约,也不会拯救陷入困境的州。州的政策制定者了解到,未来的借款必须得到税收的支持,而负面冲击则必须单独承受。

对失败的债务承担运动的详细讨论也作为一种工具,借此介绍了一些最重要的体制和政治因素,它们影响着中央和地方政府的动机。这些因素将成为后面章节中更仔细、更系统的论证的基础。既然本章已经建立了基本的战略方案,并介绍了一些构建模块,那么任务就是将它们提炼成可验证的假设,并进行一些结构化的比较分析。上面所述的一些因素——例如,财政和政治制度的基本结构——可以形成适合于第 4 章和第 5 章进行的跨国定量分析的论点。其他方面——比如,债券持有人的身份、立法联盟的性质以及过去纾困事件的重要性——最好是用接下来的案例研究来考察。

附录 3.1

使用信念进行逆向归纳。首先地方政府是否挑起债务危机的最终决定。关于中央的决心有一个关键的最新信念 $\overline{p}^*$,这使得地方政府(SNG)对后期调整和引发债务危机无动于衷。预期效用等于:

$$U_{sng}(LA) = U_{sng}(D)\overline{p}^* + U_{sng}(LB)(1 - \overline{p}^*)$$

解出 $\overline{p}^*$:

$$\overline{p}^* = \frac{U_{sng}(LB) - U_{sng}(LA)}{U_{sng}(LB)}$$

如果 $\overline{p} > \overline{p}^*$,与引发债务危机相比,地方政府(SNG)更喜欢"后期调整"。

如果 $\overline{p} < \overline{p}^*$,SNG 对救助引发的债务危机而不是调整的可能性充满乐观。

接下来看看中央政府的第一个举措。坚定型的政府永远都不会出手救助。然而,犹豫不决或优柔寡断型的政府会基于 SNG 可能的反应再有所行动。SNG 采用混合策略,以概率 z 避免调整,以概率 $(1-z)$ 进行后期调整。找出 SNG 玩债务危机的概率 z,会使得一个优柔寡断型中央政府在没有救助与第一个决策节点上实施早期救助之间可以做到临危自若:

$$U_{cgi}(EB) = U_{cgi}(LB)z + U_{cgi}(LA)(1-z)$$

解出 z:

$$z = \frac{U_{cgi}(EB) - U_{cgi}(LA)}{U_{cgi}(LB) - U_{cgi}(LA)}$$

SNG 必须有与 $\overline{p}^*$ 相等的信念才能玩这种混合策略。现在考虑中央政府(CG)的混合策略,它为 SNG 创造了这些更新的信念。在观察到第一轮博弈中没有救助后,SNG 必须评估中央政府实际上是坚定型的概率。没有纯粹的分离均衡策略。也就是说,SNG 知道有一个正概率 q,一个优柔寡断型中央政府只是在伪装,因而在第一轮没有采取救助。运用贝叶斯规则:

$$p(R \mid nobailout) = \overline{p}^* = \frac{p(R)p(nobailout \mid R)}{p(R)p(nobailout \mid R) + p(I)p(nobailout \mid I)}$$

其中的 R 和 I 分别指的是坚定型和优柔寡断型中央政府。这也可以表示为：

$$\overline{p}^* = \frac{p}{p+q-pq}$$

解出 q：

$$q = \frac{p(1-\overline{p}^*)}{\overline{p}^*(1-p)}$$

用 SNG 的效用结果表示为：

$$q = \frac{p[U_{sng}(LA)]}{(1-p)[U_{sng}(LB) - U_{sng}(LA)]}$$

现在可以讨论地方政府的第一步行动。如果博弈以 $p > \overline{p}^*$ 开头，SNG 将始终提前调整。它已经充分相信中央政府的决心，即避免调整以吸引救助将是愚蠢的。然而，当 $p < \overline{p}^*$ 时，SNG 不一定就会临危而怯。它将对按中央的混合策略计算出的救助预期效用与实施调整的预期效用进行比较。p 的临界值可以通过找到 SNG 在早期调整和开始不可持续借款之间无差别的原始信念来得到：

$$U_{sng}(EA) = p^*[U_{sng}(D)] + (1-p^*)\{(1-q)[U_{sng}(EB)] + q[U_{sng}(LA)]\}$$

将 q 代入后解出 p。

$$p^* = \frac{[U_{sng}(LB) - U_{sng}(LA)][U_{sng}(EA) - 1]}{[U_{sng}(LA)]^2 - U_{sng}(LB)}$$

综上所述，当 p 大于这个表达式时，SNG 会在第一轮进行调整。这是一个完美的贝叶斯均衡。当开始相信中央政府的决心低于这一门槛时，地方政府就会在第一次行动中采取不可持续的借贷行为，而完美的贝叶斯均衡包含了上述混合策略。在第一次行动中，坚定型政府总是不参与救助。优柔寡断型政府总是不参与救助的概率为 q，早期救助概率为 $1-q$。如果没有观察到救助，则该地区选择债务危机的概率为 z，延迟调整的概率为 $1-z$。在最后阶段，坚定型政府总是不救助，优柔寡断型政府总是延迟救助。

第4章 财富的力量

——政府间资助和财政纪律

债务形成的同时就应该准备好消弭它的手段。

——亚历山大·汉密尔顿,《公共信贷报告》,1790[①]

本章详述了由亚历山大·汉密尔顿在第 3 章首先提出的一个重要观点:对中央不干预地方财政危机的承诺的看法在很大程度上取决于税收、收入分享和转移的政府间财政体系。本章的一个关键论点是,当地方政府严重依赖于政府间拨款、贷款和收入分享计划,而不是地方税收和收费时,中央政府对不纾困政策的事前承诺缺乏可信度。鉴于下面阐述的各种原因,当一个更高级别的政府承担了为较低级别政府支出提供资金的沉重义务时,选民、债权人和地方政府自然会怀疑中央政府是否有能力承受允许地方政府违约的政治成本。

汉密尔顿提出这样一个问题,即表达了对各州主导的税基不足以维持主权借款的担忧,这使得联邦政府——拥有更雄厚的财力和良好的信用记录——成为隐性的担保人。他担心,在一次负面冲击之后,在这种情况下,各州再借款必然会导致围绕债务重新谈判的立法斗争达到极致。在他看来,解决这一道德风险问题的办法不是增加州政府的可用税收以巩固其主权,而是通过将所有公共借款牢牢地置于中央政府的控制之下,以限制它们获得赤字

---

① "关于支持公共信贷的规定的报告",纽约,1790 年 1 月 9 日,刊载于西雷特(Syrett, 1962: 106)。

融资的机会。

本章提供的证据表明，这两种技术都有效地减少了地方和整体的赤字。对最近几十年的跨国数据集的分析显示，若地方政府的赤字相对比较小，在这些地方政府，要么是(1)上级政府通过严格管制较低级别政府的借贷，接近于达成汉密尔顿式的理想状态，要么是(2)较低级别的政府近似于主权国家，因为它们拥有广泛的税收和借款自主权。在那些严重依赖政府间转移支付，但相对不受中央借贷限制的地区，长期赤字最大。这种组合在正式的联邦国家最常见。

第一部分介绍了将政府间转移支付依赖和救助预期联系起来的观点，第二部分使用信用评级的跨国数据来证明转移依赖会影响对地方主权的看法。下一部分将讨论这一论点如何影响上一级和下一级政府的财政激励，并提出一些与政府间财政结构、借贷限制、联邦制和财政行为相关的假设。尤其是，它考虑到中央政府的激励措施——俯瞰博弈的树状结构，并预见转移依赖会产生道德风险问题——事先制止地方借贷，以及联邦机构可能阻止它们这么做的方式。接下来的部分是跨国的实证分析，最后一部分汇总了主要的论点和结论。

1. 政府间的财务和承诺

在所有影响人们对最终转移负担可能性的看法的制度因素中，或许没有一个因素比州政府和地方政府可以支配的收入来源更重要。地方税收、收费、用户使用费、政府间转移支付和借款混合起来，为州和地方政府的支出提供资金，有助于塑造地方官员的激励机制，并为选民和债权人提供重要信号。在救助博弈中，中央政府和较低级别政府的偏好是由预期的选举结果决定的。人们很自然地认为，地方政府的选举命运主要取决于它们在提供地方集体产品方面的表现，这些产品包括学校、警察巡逻和健康的地方商业环境等。选民根据中央政府官员在提供国防、宏观经济稳定和经济增长等全国性集体产品方面的表现，对他们进行回顾性评估。然而，上一章的见解是，当这些资金由政府间转移支付时，中央政府可以负责提供被视为国家福利的商品，如医疗保健和福利,即使实际支出和实施是由地方政府在负责。

因此,政府间补助是承诺问题的核心。如果地方政府完全由地方税收、收费和借款提供资金,选民和债权人就会像中央政府一样,将地方政府的义务视为自治和"主权"。也就是说,救助博弈中的 p 接近于 0。然而,就规范性理论和描述性事实而言,政府间的体制总是涉及政府间资金的垂直流动。第 2 章中描述的竞争性财政纪律的概念隐含地设想了一个由居民税驱动的体制。在规范性的财政联邦制的观点中,中央政府仅通过拨款介入,将特定的外部性内部化。在一个更现实的政治世界里,政府间转移项目远远超出了财政联邦制理论的有效范围——它们非常适合出于政治动机的再分配。在所有国家中,相当大的一部分政府间补助是专门设计和/或最终用于提供其受益范围纯粹是本地的商品。

公共经济学的理论和实证研究表明,个人会通过不同的视角看待补助和来源于自有资源的地方收入。在第 2 章中讨论的财政愿景文献的一个关键命题是,当税收和福利之间的联系被扭曲或破坏时,正如政府间补助金的情况,选民不太可能制裁政治家的超支。政府间补助造成了地方公共支出由非居民提供资金的表象。[①] 补助拨款项目通常提供集中的地方福利,其资金来自一个共同的(国家的)资源池。地方选民、地方政客和中央立法机构内的地区代表都从补助金计划中获得财政或政治利益,而不会将其全部成本内部化,这导致他们要求更多的支出由补助金资助而不是来自自有资源的征税。关于所谓的粘蝇纸效应的大量实证文献表明,政府间补助的增加很少会导致地方层面的税收减免,而转移支付增加比起地方创收增长会刺激更高的支出(有关概述请参阅 Hines and Thaler,1995)。

虽然粘蝇纸效应的某些方面仍然有些神秘,但这类文献的共同主题是政府间补助(而不是地方税收)改变了人们对地方支出水平的看法和信念。因此,如果分权是由补助而不是自己的来源税驱动的,那么它可能会加剧而不是解决代议制民主中预算编制的基本"公共资金池"问题。实证文献建立起转移依赖与政府增长之间的联系(Rattso,2000;Rodden,2003a;Stein,1998;Wi-

---

① 这篇文献太大,无法在此回顾。有关财政错觉的概念与测量方法的概述和文献综述,请参阅奥兹(Oates,1991)。特别是政府间赠款的理论应用见奥兹(Oates,1979)。

ner, 1980)。本章的一个核心主张是,转移依赖通过鼓励地方政治家——以及他们的选民和债权人——相信中央政府最终会发现不可能忽视它们的财政困境来改变对地方赤字可持续性的看法。前一章强调了公民和债权人对中央政府权利和义务认识的重要性。很简单,当中央政府负责提供地方预算的一大部分,而且比例越来越大时,一旦发生地方财政危机,选民和债权人会迅速转向中央而不是地方政府,以寻求解决方案。

当高度依赖转移资金的地方政府面临意外的不利财政冲击时,它可能无法灵活地筹集额外收入,这迫使其削减服务,运行赤字或依赖拖欠员工和承包商的款项。如果局势升级为地方政府无力支付工人薪水或贷款违约的财政危机,那么它就可以声称——在很多时候会有一些理由——它不对这种情况负责。亚历山大·汉密尔顿在谈到各州可能出现的"金融犯罪"时说得很好:"不可能断定这是出于不愿意还是无能为力。后者的借口总是唾手可得。"(《联邦党人文集》第 16 章)如果在这一战略中取得成功,那么最终来自选民和债权人的压力将直接针对中央政府,从而很可能解决危机。因此,中央政府很难抵御债券持有人、银行、当地家长或公共部门工会的政治压力。明白了这一点,依赖转移的地方政府在承担财政责任方面面临的激励力度较弱。即使地方政府可以采取简单但政治代价高昂的措施来避免即将到来的财政危机,但让自己处于救助的地位可能更有益。

纵向财政失衡水平过高,还会抑制辖区间的横向税收竞争,从而削弱分权倡导者所期望的那种财政纪律。事实上,布伦南和布坎南(James Brennan and Buchanan, 1980)以及威纳(Winer, 1980)认为政府间转移是地方政府之间合谋的"卡特尔",它们希望逃避政府间争夺流动资本的严酷现实。如果没有范围广泛且结构合理的地方税收自治,横向竞争就不会对地方财政决策产生预期的影响。相反,当地方政府有足够的税收自主权和政府间竞争力很强时,地方政府避免调整并在救助博弈的第一阶段要求救助是代价高昂的。[①]规避风险的纳税人和动产所有者担心,他们最终将支付与后期调整或无救助结果相关的部分成本,因此将搬离(或威胁搬离)到财务状况更为良好的其他辖区。

---

① 有关涉及国有企业补贴的相关论点,请参见钱和罗兰(Qian and Roland, 1998)。

依赖于转移支付的政府面对冲击的脆弱性可能会因类似于所谓的撒玛利亚困境而加剧。[①] 斯蒂芬·科特(Stephen Coate,1995)提出了一种模式,在这种模式中,政府代表利他主义的富裕个体,并代表他们对穷人进行转移支付。在这种情况下,出现了两难的局面,因为"穷人可能有动机,不去购买保险,并在发生损失时依靠私人慈善机构来救助他们"。富人无法承诺不去帮助那些不幸的穷人,即使政府在事前实施了令人满意的转移支付(Coate,1995:46)。科特继续证明了穷人由于期望得到私人慈善机构的资助而没有购买保险所带来的负面效率效应。在政府间层面上可能会出现类似的问题,如果中央政府通过大型转移项目揭示其重新分配的偏好,最贫穷和最依赖转移的省份可能没有什么动力来评估自己是否会受到负面冲击,因为它们知道,中央政府不太可能容忍过度的悲惨状态,并将采取特别的紧急转移支付行动。在这种情况下,省级政府没有动力在经济繁荣时期储蓄,也没有动力去适应负面冲击。

2. 信用评级与救助预期

检验这一论点的困难在于,救助预期很难衡量。由于缺乏适当的调查数据,因此很难衡量选民或地方官员的信念。然而,债权人的看法可以通过违约溢价和信用评级来确定。由于发行日期和到期期限在不同的债券发行中差异如此之大,即使是在一个国家内,也很难拿出一个可比的债券收益率数据集。然而,由主要国际评级机构组成的信用评级是对违约风险的评估,它使得我们能够在国内和国际同行之间进行比较。

在 20 世纪 90 年代末,全世界正式接受信用评级程序的次国家实体的数量急剧增加。通过获得信用评级,地方政府希望增加他们获得低成本国际资本的机会并提高投资者的信心。随着信用评级的激增,人们对地方政府加强市场纪律的可能性越来越乐观。然而,简单地看一下一些评级,并讨论一下它们的逻辑,就能对这种思潮说"不"。

最重要的评级机构是穆迪、惠誉(FITCH,IBCA,Duff and Phelps)和标准

[①] 这个术语来自詹姆斯·布坎南(James Buchanan,1975);有关撒玛利亚人困境和政府转移政策的最新分析,见科特(Coate,1995)及布鲁斯和沃尔德曼(James Bruce and Waldman,1991)。

普尔(S&P)。评级基于许多相同的标准来评估主权债务人：人均国内生产总值，税基的强度和增长，相对于国内生产总值与收入的债务和利息支付，最近的预算赤字，是否为资本或当前支出进行借款，经济多样化以及与各种制度、政治领导人和近期财政决策等的质量有关的若干判断因素。[①]

此外，评级机构还特别关注地方或地区政府介入其中的政府间财政体系。评级机构对整个国家的风险进行评估，而主权单位评级通常是次国家层面外汇评级的上限。这是因为，地方政府最终可能被迫依赖央行来确保外债偿还所需的外汇。然而，各大评级机构还分别设立了国内评级，排除了与在国外兑换和转移货币相关的主权风险。

在评估地方政府的违约风险时，信用评级机构最重要的任务之一是，在地方政府无力偿还债务的情况下，为联邦救助的可能性设定一定的概率。这需要仔细分析政府间转移支付制度。各机构显然对高度随意和不可预测的转移持悲观态度，因为这种转移可能使政府的收入突然或任意地减少，而且不能指望政府将来有偿债能力。另外，稳定和可预测的转移支付被认为是相当有利的，而且无论政府是否明确地将转移作为贷方的抵押品，评级机构似乎都将担保转移视为未来偿债的可靠收入来源。"在某些情况下，这些条款可能接近于为地区收入和债务提供担保，对信用评级的影响将是有利的"(Fitch IBCA，1998:2)。从评级机构的角度来看，最具吸引力的转移项目是一般目的的均等化转移，它保证了所有政府的某些基本收入水平。当然，这些项目提高了受援方——经济上处于不利地位的地区——的信用状况。如果均等化体系能迅速适应财富的变化，甚至对那些净贡献值的人来说都是非常积极的，因为它们在困难时期提供了一个不同重要性的安全保护网(Standard and Poor's，2002:7)。

评级机构明确表示，高度依赖转移的地方政府本质上被视为中央政府的延伸。在英国、挪威或荷兰等国，地方政府可以通过中央政府或公共银行的担保，以补贴的方式为基础设施项目融资，但回报是中央政府分配资本并限制借款。在这种情况下，几乎没有理由担心地方信用评级，而传统上，这样的地方

---

① 惠誉 IBCA(1998)和标准普尔(2000)。

政府没有得到评级。最近,权力分散改革计划的重点是促进更加自主的地方借贷,特别是在西欧,投资者对市政债券表现出强烈的兴趣。因此,即使在中央政府基本上保证转移依赖型实体进行本地借贷的国家,评级机构也开始予以仔细的审核。一份穆迪报告的评论说,如果英国地方政府申请评级——作为政府权力分散计划的一部分——中央筹资和地方预算决策的监管给投资者带来足够的安慰,那么地方政府可能会获得中央政府的 AAA 评级或非常接近的水准(Moody's,2001)。标准普尔承认,"能够证实一般的政府间资助的历史记录可被视为纳入该实体独立评级的特殊项目"(2002:7)。在这种情况下,当地方政府从转移支付中获得 74% 的收入时,评级机构对地方财政和经济成果的重视程度相对较低。

　　但情况通常是,当中央政府允许次国家单位独立进入国际信贷市场时,他们并没有提供明确的担保。在大多数情况下,他们会做出某种形式的不援助承诺。在这种情况下,评级机构的工作是收集尽可能多的信息,以衡量隐性担保的可能性,并评估联邦资金可能释放的速度。最重要的是,这需要对政府间转移支付制度进行分析。表 4.1 提供了一家评级机构——标准普尔(Standard and Poor's)——对四个联邦国家的信用评定的清晰比较。选择这些国家纯粹基于信用评级和可比较的补充数据的可获得性,同时只有那些在 20 世纪 90 年代后期接受标准普尔评级的州得到展示。除了美国少数几个州和加拿大的所有省份外,标准普尔都有很长的评级历史。由于澳大利亚联邦政府在 20 世纪 80 年代末停止代表各州借款,允许它们进入国际信贷市场,标准普尔对所有澳大利亚州和首都特区都进行了评级。此外,现在已经为西班牙自治社区和德国地方机构展开了相对较新的评级。[①] 表 4.1 列出了国内货币信用评级,以及便于某些计算的相应的数值。[②] 数值尺度从 B+＝0 开始,贯穿至 AAA＝13。该表还提供了关于转移依赖、人口和人均 GDP 的一些基本数据。

---

　　① 表 4.1 仅列出了美国、加拿大和澳大利亚 1996 年的数据,因为澳大利亚近期可比债务数据有限。提供 1999 年西班牙和德国的数据也是必要的,因为这是对大多数西班牙自治社区和德国地方机构进行评级的第一年。

　　② 在美国、德国和西班牙,外国和国内的评级在中央和次国家级别的水平上是相同的。由于存在汇率风险,加拿大和澳大利亚联邦政府的外币评级一直低于本币评级。奇怪的是,直到最近阿尔伯塔省的国内货币评级被提升为 AAA,加拿大各省的外币和本国货币评级一直保持一致。只有在澳大利亚,联邦单位的国内外评级之间才存在系统性差异。

信用评级比较

表 4.1

	联邦转移和共享收入/总收入	人口	人均 GDP（本地货币）	总债务占自有资源收入的份额	总债务占总收入的份额	标准普尔评级（长期本币）	标准普尔评级（13 分制）
美国（1996）							
主权国内货币评级 AAA							
主权外币评级 AAA							
阿拉巴马	0.26	4 291 000	23 138	0.39	0.29	AA	11
阿拉斯加	0.12	605 000	42 602	0.44	0.38	AA	11
阿肯色	0.25	2 505 000	22 673	0.33	0.25	AA	11
加利福尼亚	0.22	31 762 000	30 647	0.47	0.37	A	8
康涅狄格	0.19	3 264 000	38 038	1.85	1.5	AA−	10
德拉瓦	0.18	727 000	39 891	1.44	1.18	AA+	12
佛罗里达	0.20	14 425 000	25 395	0.46	0.37	AA	11
乔治亚	0.24	7 334 000	29 932	0.36	0.28	AA+	12
夏威夷	0.19	1 187 000	31 584	0.99	0.8	AA	11
伊利诺伊斯	0.21	11 934 000	31 502	0.77	0.61	AA−	10
路易斯安那	0.29	4 340 000	26 928	0.73	0.52	A−	7

续表

	联邦转移和共享收入/总收入	人口	人均GDP（本地货币）	总债务占自有资源收入的份额	总债务占总收入的份额	标准普尔评级（长期本币）	标准普尔评级（13分制）
缅因	0.29	1 238 000	23 364	1.04	0.74	AA+	12
马里兰	0.19	5 058 000	28 680	0.75	0.6	AAA	13
马萨诸塞	0.21	6 083 000	34 543	1.48	1.16	A+	9
密歇根	0.19	9 734 000	27 238	0.45	0.36	AA	11
明尼苏达	0.17	4 648 000	30 452	0.28	0.24	AA+	12
密西西比	0.29	2 710 000	20 876	0.36	0.25	AA-	10
密苏里	0.22	5 369 000	27 293	0.53	0.42	AAA	13
蒙大拿	0.28	877 000	20 609	0.91	0.65	AA-	10
内华达	0.13	1 600 000	34 103	0.43	0.38	AA	11
新泽西	0.18	8 008 000	35 682	0.87	0.71	AA+	12
新墨西哥	0.21	1 708 000	25 828	0.34	0.26	AA+	12
纽约	0.24	18 142 000	34 937	1.02	0.78	A-	7
北卡罗莱纳	0.23	7 309 000	27 956	0.25	0.19	AAA	13
北达科塔	0.25	643 000	24 658	0.42	0.32	AA-	10
俄亥俄	0.19	11 170 000	27 425	0.36	0.29	AA	11
奥克拉荷马	0.2	3 296 000	22 711	0.46	0.37	AA	11

汉密尔顿悖论

续表

	联邦转移和共享收入/总收入	人口	人均GDP（本地货币）	总债务占自有资源收入的份额	总债务占总收入的份额	标准普尔评级（长期本币）	标准普尔评级（13分制）
俄勒冈	0.21	3 195 000	28 704	0.49	0.39	AA−	10
宾夕法尼亚	0.21	12 034 000	27 394	0.45	0.35	AA−	10
罗德岛	0.25	988 000	26 980	1.71	1.29	AA−	10
南卡罗莱纳	0.24	3 737 000	24 044	0.56	0.42	AA+	12
田纳西	0.32	5 307 000	26 767	0.3	0.21	AA+	12
得克萨斯	0.25	19 033 000	29 064	0.38	0.28	AA	11
犹他	0.25	2 022 000	25 481	0.49	0.36	AAA	13
佛蒙特	0.3	586 000	25 020	1.15	0.3	AA−	10
弗吉尼亚	0.17	6 667 000	29 991	0.52	0.44	AAA	13
华盛顿	0.15	5 519 000	29 313	0.43	0.36	AA	11
西弗吉尼亚	0.3	1 820 000	20 451	0.59	0.41	AA−	10
威斯康辛	0.15	5 174 000	27 261	0.44	0.37	AA	11
平均	0.22	6 052 538.5	28 440	0.66	0.51	AA	10.9
标准差	0.05	6 235 392	5 084	0.4	0.31		1.4
加拿大（1996）							

076

续表

	联邦转移和共享收入/总收入	人口	人均 GDP（本地货币）	总债务占自有资源收入的份额	总债务占总收入的份额	标准普尔评级（长期本币）	标准普尔评级（13 分制）
主权国内货币评级 AA+							
主权外币评级 AAA							
阿尔伯塔	0.1	2 759 460	32 632	0.12	0.1	AA	11
不列颠哥伦比亚	0.1	3 834 660	27 025	0.24	0.22	AA+	12
曼尼托巴	0.27	1 130 790	24 174	1.33	0.96	A+	9
新布伦斯威克	0.34	752 332	21 404	1.38	0.91	AA−	10
纽芬兰	0.42	564 307	17 841	2.43	1.41	BBB+	6
新斯科舍	0.4	929 645	20 251	2.74	1.65	A−	7
安大略	0.14	11 029 000	29 289	1.9	1.63	AA−	10
魁北克	0.19	7 259 020	24 162	1.57	1.27	A+	9
萨斯喀彻温	0.17	1 016 290	26 016	1.72	1.42	BBB+	6
平均	0.24	3 252 834	24 755	1.49	1.06	A+	8.9
标准差	0.12	3 423 502.4	4 338	0.83	0.54		2
澳大利亚（1996）							
主权国内货币评级 AA							

续表

	联邦转移和共享收入/总收入	人口	人均GDP（本地货币）	总债务占自有资源收入的份额	总债务占总收入的份额	标准普尔评级（长期本币）	标准普尔评级（13分制）
主权外币评级 AAA							
澳大利亚首都特区	0.46	308 549	32 779	0.26	0.14	AAA	13
新南威尔士	0.37	6 241 899	28 339	0.89	0.56	AAA	13
昆士兰	0.46	3 369 344	24 104	0.41	0.22	AAA	13
南澳大利亚	0.48	1 476 917	23 946	1.62	0.84	AA	11
塔斯马尼亚	0.58	474 233	21 416	2.71	1.15	AA−	10
维多利亚	0.39	4 584 649	28 087	1.49	0.9	AA+	12
西澳大利亚	0.45	1 782 700	30 752	1	0.55	AA+	12
平均	0.46	2 605 470	27 060	1.2	0.62	AA+	12.0
标准差	0.06	2 052 624	3 767	0.77	0.34		1.1
西班牙（1999）							
主权国内货币评级 AA/AA+ *							
主权外币评级 AA/AA+ *							
安达卢卡	0.76	7 340 052	10 999	6.6	0.52	AA−	10
阿拉贡	0.59	1 189 909	15 864	2.14	0.54	AA−	10

续表

	联邦转移和共享收入/总收入	人口	人均GDP（本地货币）	总债务占自有资源收入的份额	总债务占总收入的份额	标准普尔评级（长期本币）	标准普尔评级（13分制）
巴利阿里	0.19	845 630	16 809	0.39	0.26	AA	11
加泰罗尼亚	0.63	6 261 999	18 172	2.76	0.76	AA	11
加利西亚	0.65	2 731 900	12 177	4.06	0.65	AA−	10
加那利群岛	0.52	1 716 276	14 305	0.7	0.22	AA	11
马德里（自治区）	0.20	5 205 408	20 149	0.98	0.62	AA	11
纳瓦拉	0.02	543 757	18 856	0.36	0.32	AA+	12
瓦伦西亚	0.66	4 120 729	14 172	2.9	0.59	AA−	10
平均	0.47	3 328 407	15 723	2.32	0.5	AA	10.7
标准差	0.25	2 364 003	2 904	1.94	0.18		0.7
德国（1999）							
主权国内货币评级 AAA							
主权外币评级 AAA							
巴登－符腾堡州	0.88	10 449 000	53 363	11.27	1.36	AAA	13
巴伐利亚	0.87	12 117 000	54 750	5.43	0.7	AAA	13
汉堡	0.88	1 702 000	81 293	29.62	3.56	AAA	11
黑森	0.88	6 043 000	57 308	13.77	1.69	AAA	13

续表

	联邦转移和共享收入/总收入	人口	人均 GDP（本地货币）	总债务占自有资源收入的份额	总债务占总收入的份额	标准普尔评级（长期本币）	标准普尔评级（13 分制）
北莱茵—威斯特法伦	0.89	17 984 000	48 219	18.16	2.03	AA＋	12
莱茵兰—普法尔茨	0.91	4 028 000	42 368	22.88	2.11	AA	11
萨克森	0.95	4 475 000	31 558	12.86	0.7	AA	11
萨克森—安哈尔特	0.95	2 663 000	30 195	40.05	1.83	AA－	10
平均	0.9	7 432 625	49 882	19.26	1.75	AA＋	11.75
标准差	0.03	5 609 085	16 301	11.21	0.91		1.16

* 1999 年 3 月 31 日，上调为 AA＋。

资料来源：

信用评级：标准普尔。

所有美国数据：美国人口普查局。

所有加拿大数据：加拿大统计局。

澳大利亚数据：拨款委员会，"国家收入配额相关性报告"，2002 年更新（支持信息）；库切（Courchene，1999）；以及澳大利亚统计局。

西班牙数据：2000 年西班牙地区性账户（http://www.ine.es）和"西班牙的分区：分析概述"（Fitch,IBCA,Duff,and Phelps 出版）。

评估违约风险的最基本指标可能是辖区现有的债务负担。但一个有趣的问题是,与一个管辖区的债务负担相关的风险,是应该相对于一个州的总收入来评估——包括它几乎无法控制的共享税收和补助——还是只评估它从自己的税收中获得的收入。表 4.1 提供了这两种评估结果。尽管简单地比较债务负担、转移依赖和信用评级很可能会忽略很多细微之处——例如,经济多样性和无资金来源的养老金负债等重要的信用可靠性决定因素——但它可以给我们一些重要的教训。

请注意,1996 年美国各州和加拿大各省样本对联邦转移支付的依赖平均水平仅为 23％左右,而澳大利亚各州和西班牙自治社区的依赖水平大约是这一水平的两倍。德国的税收制度——下文将更详细地描述——严重依赖于德国人不能直接控制的共同税收,因此提供的收入自主权更少。

如果标准普尔将一个犹豫不决型中央政府的事前概率评估为 0,那么各省债务应相对于自己的地方税收进行评估,类似的债务负担应与不同国家的类似信用评级相关联。图 4.1 提供了四个联邦国家的债务负担与信用评级的散点图和拟合线。在每个国家内部,债务负担较高的省份可能会面临信用评级下降和利率上升的局面。然而,这种相关性并不意味着信贷市场"约束"了省级政府。债务/自有资源收入比率为 100％的加拿大省或美国州(垂直虚线)可能会被评为 AA－。然而,具有类似债务负担的澳大利亚州可以期待 AA＋或 AAA。相似境况的西班牙自治区则只可以获得 AA 评级。

对澳大利亚和西班牙次级国家实体的评级提振显然源于标准普尔对隐性联邦担保的评估。如果把它作为自有资金收入的一部分,则澳大利亚各州的平均债务负担几乎是美国的两倍,仅略低于加拿大的省份。然而,澳大利亚各州都紧跟英联邦政府的 AAA 国内评级。直到 1990 年,代表澳大利亚各州的所有借款都由联邦政府承担,并以相同的利率借给各州。从那时起,各州被允许进行独立借款,并逐步赎回联邦政府发行的债务,通过与中央政府的谈判,对在澳大利亚贷款委员会的新借款采取灵活的年度限制(Grewal,2000)。在 1990 年之前,很难将各州视为主权借款人;自 20 世纪 30 年代以来,联邦政府一直为各州的债务站台。

20 世纪 90 年代的改革旨在将联邦政府从债务中剥离出来,同时提高各

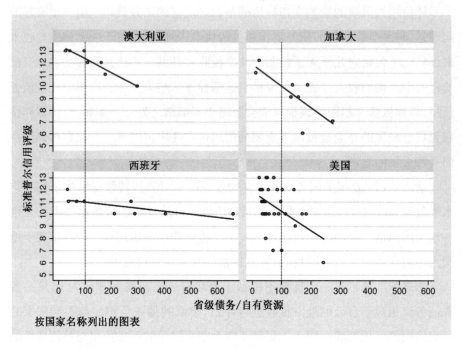

资料来源于表 4.1。

图 4.1　四个联邦国家的债务负担和信用评级

州的问责制和独立财政责任,但"标准普尔认为……在金融危机时期,联邦政府可能会向各州提供紧急支持"(Standard & Poor's,2002:75)。此外,联邦政府通过威胁那些违反澳大利亚贷款委员会设定的全球借款限额的政府(特别是昆士兰),将减少其转移支付,从而成功地影响了各州的借款(Grewal,2000)。这造成了这样一种看法,即澳大利亚政府未来将停止拨款,以迫使其偿还债务。

到 1996 年,澳大利亚各州在真正独立借款方面只有 6 年的记录,但 6 个州中的两个和首都地区获得了 AAA 评级。相比之下,美国各州经过 100 多年的独立借贷,没有违约,标准普尔评级的 39 个州中只有 4 个州获得了 AAA 评级。尽管债务负担更高且预算外养老金负债问题不断,但澳大利亚各州的平均信用评级仍高于美国各州,与加拿大的对比更加引人注目。自大萧条以来,加拿大没有任何省份违约,但即使是不列颠哥伦比亚省和阿尔伯塔省长期以来的低债务负担也未获得 AAA 评级[①]，而且与澳大利亚的 AA＋相比，平均评级仅为 A＋。事实上，根据标准普尔的数据，纽芬兰和萨斯喀彻温省在 1996 年的违约风险与哥伦比亚、克罗地亚或萨尔瓦多的违约风险不相上下。

理解澳大利亚评级的唯一途径——特别是塔斯马尼亚的评级——是标准普尔不认可隐性的联邦支持并评估了加拿大和美国相对于自有资源收入的债务负担，同时将转移支付体制视为澳大利亚提供联邦担保并评估相对于总收入的债务负担。

在西班牙的案例中，标准普尔关于隐性联邦担保的假设更加明确。虽然在国际上比较，所有自治区的债务负担看起来相当合理，但作为总收入的一部分，它们在四个最依赖转移的地区中极高（超过自有资源收入的 250％）。然而，没有一个自治区的得分低于 AA－。最极端的例子是，在 20 世纪 90 年代末，安达卢西亚仅从税收中筹集了 24％的收入，其债务超过了其自有资源收入的 600％，但却获得了标准普尔的 AA 级评级，与宾夕法尼亚州相当。在西班牙的案例中，要推断出中央政府的担保，几乎不需要想象力。除了纳瓦拉和帕斯科外，西班牙自治区在 20 世纪 90 年代的税收自治极为有限。[②] 政府间财政制度确保每个自治区的个人所得税份额至少在年度基础上与西班牙的名义 GDP 持平。此外，如果任何一个地区的增长率低于其他地区平均水平的 90％，则会从"担保基金"中进行补偿转移。另一项保障机制规定，每个地区 5 年人均收入不得低于全国平均水平的 90％。[③] 评级机构传达的信息很明确：

迄今为止，西班牙的金融系统一直在支持那些经济基础较弱的地区，惠誉非常重视目前的收入均衡制度，并为那些经济较弱的地区提供了缓冲和促进团结的保障。

该机构希望看到某种均衡机制得以各就各位……(Fitch, 2000:5)

德国各地的债务负担如此之高，以至于它们需要用不同的比例绘制自己的图表。图 4.2 包括水平轴上债务/总收入和债务/自有收入的散点图。这个

---

① 阿尔伯塔省终于在 2002 年获得了 AAA 评级。
② 甚至表 1 中未计为补助金的一些收入实际上也属于割让税，自治社区对此几乎没有控制权 (Garcia-Mila et al., 1999)。但请注意，自 2000 年以来，西班牙的税制经历了相当大的改革，赋予了自治社区额外的税收权力。
③ 最近的改革废除了这种机制。

情况与西班牙的很相似。评级机构清楚地看到了财政宪法和均等化体系中隐含的联邦担保，并在最近对陷入困境的各地方的救助中得到了安慰。如果他们的债务负担是相对于他们微薄的自有税收来评估的话，那么这些州就没有信誉了（平均而言，这个比例几乎是 2000％）。债务占土地总收入的比例甚至相当高（175％）。然而，惠誉对联邦政府的隐性担保如此有信心，以至于它将自己的 AAA 评级赋予 16 个州——甚至是破产的柏林。标准普尔对德国地方机构的评级只有 8 个地区，其中，3 个地区被评为 AAA 级。平均而言，德国地方机构比美国各州和加拿大各省的得分更高。与惠誉（Fitch）不同，标准普尔（Standard & Poor）差异化对待德国各州信贷质量的主要原因是担心在出现偿债危机的情况下政府会以多快的速度实施纾困。

这些对澳大利亚、德国和西班牙的信贷市场的看法与对加拿大和美国的分析形成了鲜明的对比：“惠誉的评估……根本的中心是（加拿大）各省自身的信誉，而不是各省从联邦支持中获得的任何利益。”（Fitch，2001a：2）实际上，张（Cheung，1996）对加拿大各省标准普尔评级的有序概率分析表明，即使控制 GDP 和失业，转移依赖也会对信用评级产生负面影响。与德国和澳大利亚的中央政府相比，加拿大和美国联邦政府在政府间转移支付问题上有很大的自由裁量权，并且有通过大幅削减向省和州政府的转移支付来平衡自身预算的历史。加拿大和美国相对贫穷、依赖转移支付的省份可能会被认为比澳大利亚、德国和西班牙那些处境不利的联邦省份更容易受到任意削减转移支付的影响。

惠誉关于瑞士各州的声明似乎也概括了市场对美国各州和加拿大各省的看法：“（他们）应该被视为小型主权国家而不仅仅是地方政府”（Fitch，2001b）。在地方政府财政自主、独立借贷历史悠久的情况下，对信贷市场纪律的期望是合理的。在澳大利亚、德国和西班牙等联邦国家——中央政府有通过可预测的基于规则的转移支付来管理地方政府借贷和为地方政府支出提供大部分资金的历史—— 债权人对中央政府在发生地方债务危机时确保及时偿付利息的可能性感到欣慰。在更多依赖转移和监管的次国家部门，信用评级紧紧围绕着中央政府的主权评级，评级机构对中央政府的经济和财政表现的重视程度远高于各省。要注意的是，尽管债务负担的标准偏差相对较高，但澳大利亚、德国和西班牙的信用评级标准偏差相对较低。

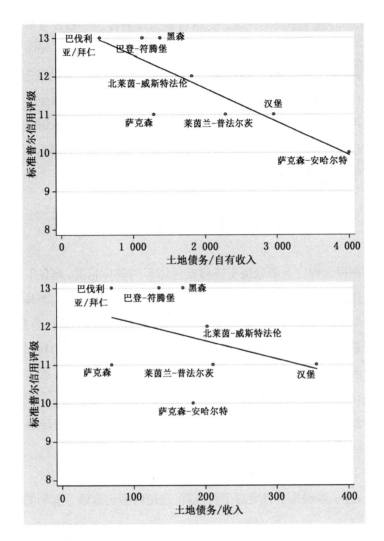

资料来源：见表 4.1。

图 4.2　德国各州的债务负担和信用评级

这并不是说信用评级与转移依赖系统无关。惠誉对德国各州的统一 AAA 评估相当极端；标准普尔评级与澳大利亚、德国和西班牙的债务负担和其他财政指标相关，并且由于救助可能缓慢到达甚至被否决，评级机构通过仔细分析每个辖区的预算和经济来确保跨州评级的差异，即便是那些他们承认可能会提供救助的国家也是如此。就辖区内发行债券而言，不同的单位，借贷成本不同,则对应于不同的评级。这很可能为政府提供一些改善财政管理的激励措施。

然而,如果选民与债权人对隐性担保的看法相同,这些激励措施也只能起到一定的作用。面对债务危机,省级政府可能不得不采取政治破坏性的行动来维持信用评级(例如,解雇工人和提高税收)和以违约威胁来请求联邦干预之间做出选择。如果选民相信救助是可能的,甚至是合理的,那么后者的策略是非常有吸引力的,即使未来的借贷成本可能上升。

3. 转移依赖和财政激励

尽管在很大程度上要取决于转移支付体系的具体情况,而且不同国家的次国家单位之间存在相当大的差异,但信贷评级数据确实表明,整体转移依赖与纾困预期之间存在明显的跨国关系。这对地方政府的财政行为有何影响?在后面的章节中,我们将对更精炼的观点进行论证,并对特定的转移支付体系所产生的激励机制进行更仔细的分析,但这一章的目标是用足够宽泛的笔触进行描述,以方便进行跨国数据的检验。最简单的基本论点是,如果转移依赖形成救助预期——应用第3章救助博弈逻辑——在更多依赖转移的政府层级中,财政纪律的激励则应该更弱,从而导致更高的长期赤字。

假设1(H1):纵向财政失衡与地方政府间财政不规范有关。

然而,这一假设几乎肯定过于简单,首先是因为它忽略了脆弱的中央政府的可能反应。

借贷限制

假设2(H2):当纵向财政失衡严重时,中央政府将对地方借款自主权加以限制。

中央政府意识到自己很容易受到操纵,因此第一道防线是做出可信的不救助承诺(Inman,2003)。如果这一承诺被其在一个高度纵向财政失衡的体系中的共同融资义务所破坏,它将转向第二道防线。就像脆弱的父母拒绝孩子的信用护理要求一样,中央政府可能会通过正式限制地方政府的支出和信贷渠道来避免道德风险问题。第 3 章中的救助博弈不再是这种互动的特征，众所周知，因为中央政府是不可靠的，可以通过行政命令迫使地方政府进行调整。世界各国都采用了各种各样的策略，包括完全禁止借款、限制外债、债务数字上限、限制使用债务以及平衡预算要求等。[1]事实上，经验证据似乎表明，这种限制是对与政府间补助相关的承诺问题的直接回应——艾琛—格林和冯哈根(Eichen-green and von Hagen, 1996)检验了货币联盟样本中的 H2，并证明财政限制确实最常出现在垂直财政失衡程度很高的地方。

假设 3(H3)：当允许地方政府借贷时，纵向财政失衡只与财政不规范有关。

以往的研究没有问过，等级借贷限制是否仅仅是纸上谈兵，或者它们在实践中是否限制了次国家财政行为。[2] 如果它们有效，则我们应该修正 H1，期望出现 H3 提出的转移依赖、借款自主和财政绩效三者之间的互动关系。如果纵向财政失衡确实与地方财政不规范联系在一起，那么这种关系只应在救助博弈实际已经在运行且地方政府相对不受限制地获得借款时才能成立。也就是说，在垂直财政失衡和借贷自治都很高的情况下，地方财政不规范应该最为明显。这用图 4.3 的右上角表示，其中，横轴为纵向财政失衡，纵轴为地方借款自主权。在垂直财政失衡水平较低、借贷自主权水平较高(左上方角落)的情况下，选民和债权人将地方政府视为主权单位(p 较低)，并面临着将其严格约束的动机。债权人以较高的利率惩罚肆意挥霍，选民如果知道最终成本会落在自己身上，他们就会在民意调查中惩罚政治家。因此，对于地方政客来说，将救助博弈推向后期阶段的预期效用并不高。当借款自主性较低时(图 4.3 中均为较低象限)，地方政府类似于中央政府的监护机构，赤字由中央政府的强硬手段所控制。

但是如果 H3 是正确的，那么它只会引起另外一个问题：为什么任何情况都会落入右上角的单元格？为什么一个拥有沉重的共同融资义务的脆弱的中央政府会允许地方政府借款？

---

① 有关评论，请参阅特—米亚西亚和克雷格(Ter-Minasian and Craig, 1997)。

② 对美国各州的研究已经解决了选民施加的地方限制，但没有解决中央政府施加的等级限制。

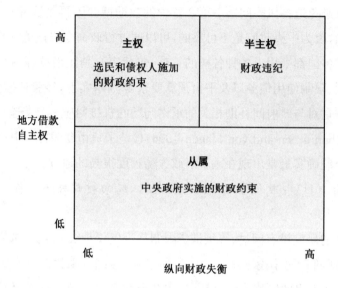

图 4.3　垂直财政失衡、借贷自主和财政限制之间的假定关系

政治联邦制和领土代表制

假设 4(H4)：联邦制削弱了中央政府限制地方借款的能力。

第 2 章指出，联邦制不仅仅是财政分权。这意味着，中央政府的自主权受到宪法规则和非正式约束的有效限制。事实上，政治联邦制的所有显著特征都意味着中央政府管理州或省财政活动的能力受到限制。各省的支出自主权不仅受到宪法的普遍保护，而且各省在上议院的代表权往往使它们对任何限制其经费或自治权的提案拥有否决权。因此，H4 断言，联邦中的组成单位比单一体制中的地方政府有更多的独立渠道获得各种形式的赤字资金。

假设 5(H5)：政治联邦制破坏了地方财政纪律。

假设 6(H6)：联邦制与地方财政纪律之间的关系是以纵向财政失衡为条件的。

即使对借贷自主权没有影响，人们可能会认为，联邦制独特的制度保护和领土代表性，会增加人们认为中央政府是犹豫不决的可能性。正是这种担忧促使亚历山大·汉密尔顿支持禁止州一级的信贷市场准入。正如第 2 章所解释的那样，联邦制的决策过程包含了领土单位之间讨价还价的因素，这往往就排除了任何由国家中间选民做出决定的概念。复杂的地区讨价还价和相互捧场通常是联邦制立法过程的特征,这可能会让陷入困境的州在不相关的地区项目或者获得救助的一次性转移资金等事宜上进行投票交易,就像 19 世纪时宾夕法尼亚州、马里兰州和其他州所尝试的那样。在单一制度中,救助预期可能不那么理性,因为领土讨价还价的作用较小,政府决策更有可能以更直接的方式反映全国中间选民的偏好。如果一个大州的失败可能会给联邦其他部门带来负面外部性——太大而不能失败的现象(Wildasin,1997),那么联邦内部辖区规模的不对称也可能会加剧承诺问题。同时,如果一个拥有过多代表权的小辖区处于一个特别有利的地位,能够用投票权换取救助,而这些救助相对于上级组成单位来说没什么价值,那么这些辖区也可能会"小而不能倒"。基于这些考虑,政治学家最近的研究认为联邦政治制度与财政不规范有直接联系(Treisman,2000a;Wibb,2000)。

简而言之,政治联邦制可能会使两端的防御都有所削弱。H4 表明,这削弱了中央政府限制地方借款的能力。

也就是说,在图 4.3 中,联邦制下的州和省将比单一制下的市的区位要高。但正如亚历山大·汉密尔顿所担心的那样,联邦制可能会对中央最初的承诺能力产生独立影响(H5)。换言之,无论一个国家在图 4.3 中的哪个位置,联邦制度的存在都可能与地方财政表现不佳有关。

另外,H6 暗示有一种互动关系。H1 认为,在纵向财政不平衡程度较低的情况下,中央能够可靠地承诺不参与地方各级政府的财政事务,而选民和债权人则要求地方政客对自己的财政管理负责。如果联邦制对中央政府施加可信的限制,那么当组成单位是自筹资金时,实际上可能会加强其承诺,但当它们是依赖中央政府提供资金时,就会削弱该承诺。回到图 4.3,H6 表明,联邦制只会破坏右侧的地方财政纪律。

假设综述

图 4.4 总结了所有这些可能性,使用粗线表示直接关系,虚线表示交互关系。H1 假设转移依赖(垂直财政失衡)和地方赤字之间存在简单关系。H5 假设联邦制和地方赤字之间存在简单的关系。H3 和 H6 是相互作用的假设:

H3 表明垂直财政失衡和借贷自治的影响是相互依存和制约的, H6 表明垂直财政失衡和联邦制的影响是相互依存和制约的。最后, H2 和 H4 承认将借款自主性视为外生的可能是不恰当的; 中央政府控制地方财政决策的努力, 可能受到纵向财政失衡和联邦制的影响。

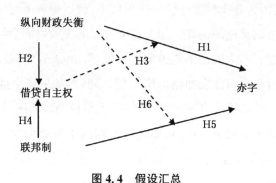

图 4.4　假设汇总

4. 数　据

本章的其余部分将研究这些命题, 首先使用横截面平均值, 然后使用时间序列横截面分析。该数据集是由从 1986 年至 1996 年期间经济合作与发展组织、发展中国家和转型期国家的各个部门收集的 43 个案例的年度观察数据组成的。每一项观察都代表一个总体的州或地方政府部门。[①] 一些联邦国家提供两个独立的数据点: 州和地方。[②]考虑到上述论点以及联邦政府与地方政府之间的重要区别, 有必要将同一国家的州和地方政府分别纳入其中, 引入适当的控制并测试各自的效果。该样本包含所有可获得完整数据的州或地方政府部门。[③]

主要变量

第一个任务是提出一个类似的衡量国家财政纪律的指标, 作为一个因变

---

① 有关案例和数据源的列表, 请参阅附录 4.1。
② 例外的是阿根廷和印度, 这两个国家只有国家级的数据可用。
③ 最重要的制约因素是地方财政业绩数据的可用性。

量使用。回想一下,这个论点并不能预测实际的救助,而是对理性救助预期产生的赤字和债务的更高容忍度。地方债务数据不可用,但国际货币基金组织的政府财政统计(GFS)每年收集地方预算平衡数据。当然,短期预算赤字可能反映跨期税收或支出的平滑,或反周期预算政策。将经济周期的影响降到最低的一种方法是使用足够长时间内的平均值,另一个是包括对外生宏观经济波动的控制。这两种策略都将在下面得到采用。

为了促进跨国和时间序列比较,赤字/盈余数据可以按支出、收入或 GDP来划分。虽然适用于国内的时间序列分析,但由于公共部门规模和财政分权程度存在较大的跨国差异,因此国内生产总值对于跨国比较来说并不是理想的分母。对于跨国平均值的分析,将赤字用作地方收入或支出的一部分是有意义的。由于收入部分由中央政府决定(通过拨款和收入分配),因此地方财政纪律最适当的跨国衡量标准是赤字/盈余占支出的比例。

要使最重要的自变量付诸实施,就必须区分政府间拨款和自有来源的地方政府收入。回忆一下第 2 章中对数据的讨论。虽然国际货币基金组织(IMF)的常用数据可能有助于跟踪拨款的变化,但它严重高估了一些国家的地方收入自主权,这些国家的地方政府几乎没有征税授权,但严重依赖于共享税收。出于这个原因,我转向更有用的(对于正着手的任务)纵向财政失衡(拨款/收入)度量方法,通过讨论各种额外来源,将共享税收作为拨款。这种衡量方法的缺点是它不会随时间变化,因为有些来源没有包含足够的时间序列变化。然而,只要对横截面效应进行实证设置控制,政府财政统计(GFS)拨款就可用于时间序列变化的分析。

借款自主性是通过第 2 章中介绍的美洲开发银行(IDB)的法律制度指数来衡量的。[1] 本人使用略加修改的 IDB 公式来测量更大样本的地方政府的借贷自主权。[2]

---

① IDB(1997:173—176)。

② 该指数在附录 2.2 中解释。它类似于 IDE 的公式,而不是计算联邦系统中州和地方政府的加权平均值。我分别计算了州和地方政府的不同价值,并包括州政府对地方政府的限制。此外,我没有把州政府和地方政府对自身施加的借款限制计算在内。根据这一论点,该指数试图捕捉上级政府限制地方借贷的企图。事实上,当地方政府为了安抚债权人或选民而对自己设限时,这就有力地表明他们的责任和义务被视为主权。

在可以获得财政数据的案例中,一个联邦制的虚拟人是根据第 2 章中讨论的埃拉扎尔—瓦茨(Elazar-Watts)分类进行编码的。然而,上述关于联邦制的部分争论是由联邦制的一个特定方面推动的——各州在一个强大的上议院中"不协调的"代表状况。为了衡量联邦地域代表性的影响,如果地方政府不是上议院的选区,则创建一个为 0 的变量,否则采用萨缪尔斯/斯奈德(Samuels/Snyder)上议院分配不当指数的值(参阅第 2 章)。[1] 除 10 个联邦国家之外,对于所有情况,此变量均为 0。[2] 实际上,这类似于"联邦"虚拟人,但它允许联邦之间的领土超额代表权发生变化。

控制变量

联邦制的中央政府对各州说"不"的承诺可能不那么可信,不是因为立法政治,而是因为州和省比直辖市或地方政府更大、更难以忽视。为了评估这一主张,我计算了每个地方分区的每个行政管辖区的平均人数。[3] 这个变量范围从法国城市的约为 1 500 人到印度各州的约为 2 500 万人。政治联邦制和领土代表权不仅重要,而且还是大国规模的副产品,这也是有道理的。因此,我纳入了对面积(平方公里)和人口的控制。[4] 当地方政府负责广泛的开支活动而不是仅仅收集垃圾时,它们可能更难平衡预算。因此,我纳入了对权力分散总水平的控制:次国家或地方政府支出占公共部门总支出的份额(从全球财务报告系统计算)。

控制经济和人口状况也可能对国家财政表现产生重要影响。因此,我纳入了人均实际 GDP(PPP,国际美元)的对数。[5] 由于地方政府通常负责提供

---

① 萨缪尔斯和斯奈德(Samuels and Snyder)使用 Loosemore-Hanby 选举不均衡指数计算立法不公平分配如下:

$$MAL = (1/2)\sum|s_j - v_i|$$

其中,s_j 为分配给 j 区的所有席位的百分比,v_i 为居住在 i 区的总人口的百分比。

② 对于加拿大来说,目前还没有相关数据,因为加拿大的参议院非常薄弱,而且是指定的。其他每个联邦上议院都有重要的立法或否决权,尤其是在"联邦"问题上。

③ 人口数据取自世界银行的《世界发展指标》(此后称为 WDI),管辖权数据取自世界银行的《世界发展报告 1999/2000》,表 A.1。

④ 由于数据是不对称的,因此两者都使用自然日志。

⑤ 资料来源:WDI。

初等教育和退休福利,因此控制年龄过大或过于年轻而不能工作的人口——所谓的抚养比率——是有用的。还包括另一种常见的人口统计控制,即人口密度。[①]

　　一个国家体制的另外一些方面也可能影响中央政府承诺不提供救助的能力。最重要的是,如果中央政府本身以独立的中央银行的形式面临严格的预算约束,那么承诺可能更容易(Dillinger and Webb,1999)。如果中央政府能够通过印更多的钞票来"解决"地方的财政危机,那么救助预期就会更加合理。因此,我将阿里克斯·库克曼(Alex Cukierman,1992)的中央银行自主性的法律制度指数纳入进来。另外,因为佩尔森和塔贝里尼(Persson and Tabellini,1998)发现了总统制和议会民主制国家在财政行为上的重要区别,所以我从世界银行的《政治体制数据库(DPI)》中选取了一个变量,其中,0 代表纯总统制度,1 代表议会选举产生的总统制度,2 代表纯议会制度。此外,控制中央政府的党派分裂可能是有用的。有人可能会假设,如果总统在总统体制中主持一个统一的立法机构,或者在议会制中首相不需要组成一个多元化的联盟,那么中央政府就能更好地拒绝救助请求。因此,我加入了鲁西尼和萨克斯(Rouhini and Sachs,1989)提出的政治凝聚力指数。[②] 最后,地方政府的财政困境也可能与上级政府的财政困境有关。为此,我将中央政府对所有政府的赤字/支出比率包括在内,并在联邦系统中加入一个额外的变量来衡量州或省对地方政府的赤字/支出比率。[③]

5. 跨区域分析

　　理想情况下,上述命题将使用分解为各州和地区水平的时间序列数据进行测试。为了区分反周期的财政管理和宽松的财政政策,区分预期的和意外的冲击是有用的。为了区分关于政府间补助的各种争论,区分不同的个别补

---

　　① 资料来源:WDI。

　　② 从 DPI 来看,这个总统制的变量,在统一政府下为 0,在分裂政府下为 1。在议会制中,一党政府为 0,两党联合为 1,三党以上联合为 2,少数党政府为 3。与下面相类似的结果是通过使用 DPI 的其他"政府碎片化"变量得到的,包括一个更复杂的"否决者"指数。

　　③ 对于联邦体制中的所有州和省以及单一体制中的地方政府,此变量为 0。

助方案也是很有用的。虽然这种分析在单个案例研究中是可行的,但数据限制将使跨国比较几乎不可能。本章的目标是充分利用上述跨国数据。最好的办法是结合两种策略。本节使用 10 年平均值的效应间 OLS 回归来检验长期的纯横截面关系。[1] 虽然缺点很明显,但是这种方法有一些优点:它允许使用不能随时间变化的更精确的垂直不平衡和地域代表性测量,并允许对地方赤字最持久的系统类型进行一些广泛的概括。此外,横截面结果还有助于为第二个实证策略提供背景:时间序列横截面分析(必要时)使用更窄的纵向财政失衡定义,并检验随时间的变化情况。

主要目标是估计一个平均的地方盈余模型,并确定纵向财政失衡和联邦制是否具有直接或更复杂的互动效应。此外,有充分的理由怀疑这种关系因干预变量——借贷自主——而复杂化了。因此,实证模型应该通过允许联邦制和纵向财政失衡影响借贷自主权来适应 H2 和 H4。这就需要一个方程组,其中,借款自主性是内生的。撇开 H3 和 H6(交互假设)不谈,下面的结构模型使同时测试 H1、H2、H4 和 H5 成为可能:

$$盈余 = a_1 + a_2 VFI + a_3 借贷自主 + a_4 联邦制 + a_i \cdots 控制变量 + v \quad (4.1)$$

$$借贷自主 = b_1 + b_2 VFI + b_3 联邦制 + b_4 Log\ 人均 GDP + b_5 Log\ 人口 + b_6 制度 + w \quad (4.2)$$

其中,联邦制、人均 GDP、纵向财政失衡、人口、制度(总统/议会变量)和所有控制变量都被视为外生变量。使用三阶最小二乘法,同时估计方程式(4.1)和(4.2)的参数。[2]

结果列于表 4.2 的第一列。首先,请注意,借款自主性方程表现得相当好。回想一下,艾肯格林/冯·哈根假设 2(H2)假设中央政府是一个理性的、不受约束的单一决策制定者,因此,当纵向财政失衡严重时,中央政府会选择严格监管地方政府借款。H4 放宽了这些假设,并提出联邦机构限制中央政府的选择范围。两个命题都得到了强有力的支持。垂直财政不平衡程度较高的国家确实表现出较低的地方借款自主权,联邦的州和省确实比地方或市政

---

[1] 对于某些情况,可以使用稍微短一点的时间序列。下面给出的结果不受删除这些案例的影响,也不受将数据周期限制在所有案例共有年份的影响。

[2] 方程 2 中还包括许多其他的右侧变量,但只有这些变量接近统计显著性。

府更容易获得赤字融资。研究结果还表明,较富裕、人口较多和总统制(而非议会制)国家的中央政府允许地方政府更自由地进入信贷市场。

另外,在地方盈余方程中,希望关注的变量在任何设定情况下都不接近统计显著性——即使去掉了不重要的控制变量,或者使用了更简单的单方程OLS模型。因此,没有发现对 H1 或 H5 的支持。尽管纵向财政失衡有助于解释借贷自主权的水平,但它似乎并未对次国家财政表现产生独立影响。同样,联邦中的组成单位确实拥有更多的借款自主权,但在其他条件相同的情况下,它们的赤字/支出比率并没有明显高于地方政府。

表 4.2 平均地方财政平衡和借款自主权联立估算

	模型 4.1		模型 4.2		模型 4.3	
地方盈余/支出方程						
垂直财政不平衡	−0.062	(0.098)	0.233	(0.052)***		
借款自主	−0.037	(0.073)			−0.018	(0.057)
联邦虚拟人	−0.020	(0.077)	0.020	(0.021)		
(VFI)*(借款自主)			−0.143	(0.023)***		
(VFI)*(联邦组成单位)					−0.084	(0.043)**
(VFI)*(地方政府)					−0.010	(0.110)
辖区平均人数	−0.004	(0.004)	−0.006	(0.003)**	−0.004	(0.003)
面积对数	0.005	(0.009)	0.010	(0.006)	0.002	(0.009)
地方支出/总支出	−0.190	(0.131)	−0.183	(0.068)***	−0.209	(0.147)
人均 GDP 对数	0.017	(0.038)	0.021	(0.014)	0.009	(0.034)
依赖比率	−0.010	(0.120)	−0.064	(0.080)	−0.017	(0.125)
人口密度	0.000 01	(0.000 2)	0.000 1	(0.000 1)	−0.000 03	(0.000 02)
中央银行独立性	0.026	(0.091)	−0.013	(0.046)	0.028	(0.076)
体制(总统制/议会制)	−0.002	(0.023)	−0.012	(0.010)	0.002	(0.020)
政治凝聚力指数	0.003	(0.016)	0.014	(0.011)	0.005	(0.013)
中央政府盈余/支出	−0.123	(0.205)	−0.203	(0.088)**	−0.124	(0.166)

	模型 4.1		模型 4.2		模型 4.3	
州—省政府盈余/支出	0.724	(0.208)***	0.760	(0.175)***	0.711	(0.206)
常数	−0.103	(0.320)	−0.262	(0.170)	−0.048	(0.314)
R^2	0.68		0.77		0.63	
借款自主方程						
垂直财政不平衡	−1.437	(0.490)***	−1.438	(0.490)***	−1.439	(0.490)***
联邦虚拟人	0.961	(0.224)	0.962	(0.224)***	0.966	(0.221)
人均 GDP 对数	0.411	(0.141)***	0.411	(0.141)**	0.411	(0.141)**
人口对数	0.135	(0.078)*	0.134	(0.078)*	0.133	(0.077)*
体制（总统制/议会制）	−0.206	(0.122)*	−0.206	(0.122)*	−0.207	(0.122)*
常数	−3.216	(2.042)	−3.199	(2.042)	−3.180	(2.027)
R^2	0.56		0.56		0.56	
组数	37		37		37	

注：三阶最小二乘法，括号中为标准误差。

* 表示在 10% 水平上显著；** 表示在 5% 水平上显著；*** 表示在 1% 水平上显著。

模型 4.2 估计了相同的结构模型，但没有检验借款自主性和垂直财政失衡的独立效应，而是通过包含乘法交互项来检验 H3。添加交互项，使盈余方程的 R^2 从 0.68 提高到 0.77，并且所关注的变量有单独的和共同的高度显著性。解释交互的最佳方式是参考图 4.5，其中用粗线表示垂直财政不平衡的条件效应，用虚线表示 95% 的置信区间。横轴表示借款自主性指数的范围（从 1 到 5），纵轴表示条件系数。

图 4.5 显示，当地方政府在其借贷能力方面面临严格的正式限制时，纵向财政失衡对财政平衡有一种较小的积极影响（虽然在统计上并不显著）。但随着地方政府获得独立的信贷渠道，纵向财政失衡对预算平衡的影响越来越大，并且具有统计显著性。

图 4.6 给出了模型实质性预测的意义。它直接映射到图 4.3，显示了当借款自主权和纵向财政失衡保持在第 20 个和第 80 个百分点值并且所有其他

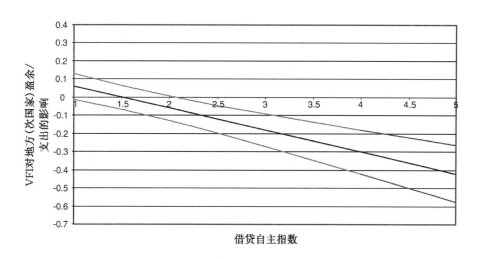

图 4.5　纵向财政失衡对地方财政盈余/支出的条件效应

变量保持在它们的平均值时模型的预测。它显示了对 H3 的强力支持。预测的长期赤字在右上方的格子里要高得多(约占支出的 14%),在那里,高度的借贷自主权和纵向的财政失衡结合在一起。

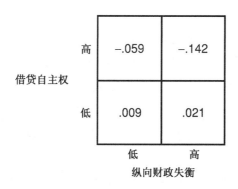

图 4.6　模型 4.2 在纵向财政不平衡和借贷自主权的低值和高值预测的平均地方盈余/支出

　　该模型预测,当地方政府面临地方借款限制(较低的单元)时,预算将达到平衡。自然,它预测,当政府自我融资并拥有广泛的借款权限时,平均赤字(支出的 6% 左右)将略高一些。

　　转到 H6,模型 4.3 保持借贷自主性不变,并检验垂直财政不平衡对联邦和地方政府组成单位的独立影响。与 H6 一致,纵向财政失衡仅对各州和各省所辖的地方财政结果产生显著的负面影响。实质上,该模型再次将所有控制变量保持在其平均值上,它预测,不管在垂直财政失衡的低(第 20 个百分位数)还是高(第 80 个百分位数)水平上,地方政府的长期赤字都仅占支出的 1% 左右。在联邦的组成单位中,该模型预测,当垂直财政失衡处于第 20 个百分位值时,赤字为 3%;当处于其第 80 个百分位值时,赤字为 7%。[①]

根据模型 4.2 和模型 4.3 的结果,最好的模型可能会使用一个三重交互项来组合它们。具体来说,在模型 4.2 中,VFI x(借款自主性)的结果很可能主要由联邦单位决定。然而,一个包括联邦单位和地方政府(未示出)的独立影响的模型对于两者都显示出显著的负系数,类似于模型 4.2 中交互项的系数。这表明,垂直财政失衡的影响取决于联邦政府和地方政府的借款自主权(反之亦然),但由于每个类别的观察结果都很少,因此应该谨慎对待这一结果。

一般来说,人们更应该对使用非连续指标进行回归分析持怀疑态度。作为稳健性检验,模型 4.1 到模型 4.3 使用一个更简单的借款自主性指数的虚拟版本(以中值作为切点)进行估计,所有的结果都非常相似。[②] 但应该指出的是,关于借款自主权指数,10 个联邦单位高于中位数,只有 1 个(奥地利)低于中位数;样本中的 26 个地方政府中,9 个在其上,17 个在其下。这强调了在横截面分析中区分联邦制和借用自治的影响难度。

综上所述,纵向财政失衡和联邦制影响着长期财政平衡,但影响方式复杂而偶然。[③] 首先,H1 没有得到支持——纵向财政失衡对次国家财政结果没有直接独立影响;但 H2 得到了强有力的支持:在垂直财政失衡水平较高的地

---

① 此回归和所有其他(为了节省空间,没有提出)估算所获得的非常相似的结果,都是基于上议院分配失调指数,对联邦制的"领土代表性"运用持续测量的方法而得到的。

② 此外,包含或排除控制变量(包括区域虚拟矩阵)或删除单个案例都不会影响主要结果。使用方程 OLS 也得到了类似的结果。

③ 控制变量的性能可以概括如下:"每辖区人员"在各个模型中都具有假设的负性符号,但统计显著性对精确规范相当敏感。土地面积与地方财政绩效无关。正如预期的那样,这些模型表明支出分权与更大的赤字有关,但统计意义是敏感的。没有证据表明财富会影响次国家单位的财政表现,而且"依赖"比率的系数虽然如预期的那样为负,但在许多资料记载中并没有达到显著性。在人口密度、中央银行自主权、行政立法关系和中央政府政治凝聚力系数为零的水平上没有显著差异。令人惊讶的是,中央政府的长期财政绩效与地方财政绩效之间并没有正相关关系,但地方政府在联邦体制下的财政绩效与州、省的财政绩效是交织在一起的。

方,中央政府试图切断地方信贷市场的准入。或许最重要的结果是对 H3 的支持:当借款相对自由时,更依赖转移的地方政府部门可能会出现更大的长期赤字。至于 H5,在其他条件相同的情况下,联邦单位的赤字并不明显高于地方政府。但联邦单位获得信贷的机会远多于地方政府(H4),样本中最大的地方性赤字发现在具有高水平转移依赖性的联邦中(H6)。广泛的借贷自主性、高度的垂直财政不平衡和巨额赤字的并存主要是在联邦系统的组成单位中发现的,但是借贷自主性和垂直财政不平衡之间的偶然关系似乎在联邦单位和地方政府中都成立。

6. 时间序列横截面分析

虽然横截面平均值确实还不够精确,但这些结果确定了长期地方赤字的一些关键相关性。自然的进一步措施是检验政府间转移对各国内部财政业绩随时间演变的影响。在上述横断面结果的基础上,本节侧重于时间序列而不是横断面变化,并询问随着时间的推移,转移依赖的增长是否和在何种情况下与增加的次国家赤字有关。也就是说,它检验了 H1、H3、H5 和 H6 的历时性版本。其逻辑是,随着地方官员对政府间转移支付的依赖逐渐稳定增长,救助预期会增强,财政纪律的激励措施也会减弱。H1 断言了日益增长的转移依赖和日益增长的赤字之间的简单关系,而 H3 和 H6 则将这种关系以借贷自主权和联邦制的存在为条件。最后,H5 的逻辑表明,联邦制国家的地方赤字增长更快。

从政策角度来看,动态分析特别有用:在世界上许多地方,国家正在分散支出权力,在大多数情况下,这些新的地方支出由增加的政府间转移支付,而不是靠新的自有地方税收和收费来支付。鉴于文献中关于分权的假定宏观经济危险的担忧日益增加,本节探讨了一种财政和政治条件,在这种条件下,权力分散推动了赤字上升。

为了利用时间序列数据,需要依赖自有资金和补助收入之间的 GFS 差异。跨国可比性的问题应该通过专门关注时间序列变化的实证方法来解决。经验设置的目标是消除横截面的变化,并专门关注变化。计量经济学家和政治科学方法学家之间关于这种数据集的正确经验技术的争论尚未解决。一些建模策略具有抵消成本和收益的作用,但幸运的是,在本例中,它们都产生了非常相似的结果。下面给出的结果使用了阿雷拉诺和邦德(Arellano and Bond,1991)推导出的 GMM 估计量。该方法采用第一差分法去除误差项的固定效应部分和工具变量估计,其中,工具是滞后的解释变量(差异),因变量滞后两次。根据阿雷拉诺和邦德的建议,提出了一步法稳健结果并用于系数的推断。

　　表 4.3(模型 4.4)显示的最直接的模型探讨了上面使用的相同因变量的变化:地方性赤字/支出比率。关键因变量是作为地方政府收入的一部分的补助金的变化。一个重要的控制变量是地方财政收入占总收入(国家、中央和地方)的份额。这种设置使我们可以比较收入分散的影响和更多的收入向补助金倾斜的影响。该模型还包括因变量的两个滞后、随时间变化的所有其他控制变量的变化、那些没有变化的控制变量的水平,以及每个次国家部门的一组虚拟变量。

表 4.3　　地方(次国家)政府盈余/支出变化的决定因素:动态面板数据分析

	模型 4.4		模型 4.5	
因变量				
Δ 地方(次国家)政府盈余/支出				
自变量				
Δ 地方(次国家)政府盈余/支出$_{t-1}$	−0.008	(0.124)	0.044	(0.114)
Δ 地方(次国家)政府盈余/支出$_{t-2}$	−0.187	(0.077)**	−0.183	(0.065)***
虚拟联邦	0.001	(0.005)	−0.004	(0.005)
借贷自主指数	−0.003	(0.003)	0.002	(0.004)
Δ 补助/地方收益	−0.058	(0.087)		
(Δ 补助/地方收益)*(高自主借贷指数)*(联邦的)			−0.319	(0.081)***
(Δ 补助/地方收益)*(高自主借贷指数)*(地方的)			−0.536	(0.216)***

续表

	模型 4.4		模型 4.5	
(Δ补助/地方收益)*(低自主借贷指数)*(联邦的)			0.39	(0.072)***
(Δ补助/地方收益)*(低自主借贷指数)*(地方的)			0.049	(0.101)
Δ地方收益/政府总收益	0.451	(0.218)**	0.514	(0.227)***
Δ人口(对数)	0.019	(0.017)	0.022	(0.019)
面积对数	−0.001	(0.001)	0.001	(0.003)
Δ人均GDP(对数)	0.027	(0.019)	0.019	(0.015)
Δ抚养比率	−0.075	(0.095)	−0.023	(0.081)
Δ人口密度	−0.001	(0.001)	0.003	(0.003)
体制(总统制/议会制)	0.007	(0.010)	−0.01	
政治凝聚力指数	0.007	(0.003)**	0.004	
Δ中央政府盈余/支出	0.002	(0.040)	0.003	(0.044)
Δ州—省盈余/支出(联邦)	0.190	(0.138)	0.191	(0.125)
常数	0.011	(0.023)	−0.000	(0.031)
观察对象数	272		272	
组数	37		37	

注:(1)括号中为稳定性标准误差;

(2)＊为10％水平上显著,＊＊为5％水平上显著;＊＊＊为1％水平上显著;

(3)使用Stata 7.0计算,"xtabond"程序,一步结果。

为了检验H1,模型4.4仅包括补助金/收入,而模型4.5通过估计具有高和低水平借贷自主权的体制(高于和低于中值)的单独影响来检验H3和H6,并且在这些类别中,将对地方/市政府和联邦组成单位的影响分开。在每个模型中,通过包含区分联邦单位和地方政府的虚拟变量来检验H5。在两种模型中,地方收入/总收入的系数均为正且显著。在控制转移依赖的情况下,由于地方政府在政府总收入中所占的份额更大,其盈余相对于支出增加(赤字减少)。在模型4.4中,虽然补助金/国家财政收入的系数为负,但与零水平没有显著差异。然而,模型4.5中,正如H3的预测,无论联邦单位或地方政府的地位如何,在具有高度借款自主权的次国家实体中,该系数为负且非常显著。在数据集中,有10个州省级部门和9个地方部门具有高度的借贷自主权,这些系数表明,转移依赖增加(减少)1%,与之相关,财政平衡下降(改善)分别为0.32%和0.54%。借款自主性低的联邦单位的正系数完全由奥地利引领。对于其余情况,即借款自主性较低的下级地方政府部门,系数几乎为零。

表4.2中的结果既不支持H5也不支持H6。没有证据表明联邦单位之间的赤字增长得更快——联邦虚拟人方法没有统计上的显著意义。此外,在具有大量借款自主权的次国家实体中,日益增长的转移依赖对联邦单位的财政结果的影响并不比地方政府更大。事实上,地方政府的负系数更大。

这一部分的主要结果是,当允许地方政府借贷时,不断增长的转移依赖与更大的地方赤字相关。[①] 然而,这一部分最后应该以一个强烈而谨慎的措辞来解释相关性和因果关系。不可能信心满满地得出结论,认为转移依赖通过改变地方政府的激励机制"造成"赤字。其他一些不可估量的外生因素——例如,因学龄儿童数量激增或恐怖主义威胁使得对地方公共支出的需求增加——可能会导致上级政府增加拨款,但也会给地方政府的财政带来新的压力。转移依赖,特别是随着时间的推移,在国家内的发展可能是各种重要的未测量因素的内生原因。[②] 因此,这种类型的分析不能排除对观察到的相关性的其他解释。然而,可能有信息表明,这种关系只存在于能够获得独立借款的次国家实体之间。这些具有启发性的结果需要使用个别国家的研究进行更精

---

① 在固定效应和年份假象存在和不存在时,都得到了类似的结果,并且结果不受删除案例的影响。当因变量相对于GDP而不是支出来衡量时,以及使用各种其他估算技术时,也会得到类似的结果。一个合理的替代方案是使用具有面板校正标准误差的OLS并包括固定的国家效应。使用这种带有层次或初始差异的技术,并尝试几种不同的策略来处理序列相关,可以得到相当相似的结果。从理论到数据的转变过程中,一个令人担忧的问题是,转移依赖与财政结果之间的假设联系是由人们对该中央决心的看法不断变化所驱动的——而这种决心可能是要随着时间的推移而慢慢展现的。因此,估计误差修正模型也很有用——左手边的一阶差分和滞后水平都有,右手边的一阶差分——以试图区分转移依赖对赤字的长期和短期影响。对于具有借款自主权的次国家实体,该系数为负,在滞后水平上具有统计学意义,表明存在较长期的关系。

② 另一种可能性是,地方财政赤字最终会通过转移支付体制让中央政府倍受煎熬,最后给予救助,从而"导致"对转移支付的依赖。格兰杰因果检验表明,过去的赤字不能帮助预测转移依赖;但如果没有一种好的补助手段,就不能排除这种可能性。

确的分析。

7. 公共部门赤字总额

我们有理由怀疑,地方财政不自律不仅影响到相关的州或地方政府部门,也影响到整个公共部门。事实上,使用地方财政平衡作为因变量的一种可能的反对意见是,软弱的地方预算约束和救助可能影响到中央政府的财政,甚至可能影响到地方政府。因此,以总计(汇总中央、州和地方)财政平衡作为因变量,对关键结果进行重新检验是有用的。当然,这需要对数据集和模型规范进行一些更改,因为联邦内的州和地方政府不再是单独的数据点。此时,联邦政府的纵向财政失衡和借款自主权必须基于州和地方政府的加权(按支出份额)平均值。现在,拨款(补助)/收入是指所有地方政府的总数。此外,必须忽略衡量上级政府财政平衡的控制变量。

表 4.4 给出了一个模型的结果,该模型使用平均总计赤字/支出作为因变量,简单地自高处重新估计模型 4.2。[①] 尽管相互作用变量的系数略小于地方赤字模型,但其结果相当相似,并经受住了上述所有稳健性检验。当地方政府可以自由借款时,更多地依赖政府间转移与较大的总赤字相关联,不仅对地方部门而且对整个公共部门而言都是如此。

表 4.4　总(中央＋地方)财政平衡和借贷自主权估计(1986－1996 年)

	模型 4.6	
总盈余/支出		
纵向财政不平衡	0.092	−0.086
联邦虚拟人	0.019	−0.038
(VFI)×(借款自主)	−0.104	(0.032)***
辖区平均人口数	0.041	−0.051
面积对数	0.023	(0.009)**
次国家支出/总支出	−0.109	−0.107

---

① 如果将因变量计算为 GDP 的份额而不是支出,那么本节中的所有结果都非常相似。

续表

	模型 4.6	
人均 GDP 对数	0.030	−0.027
依赖比例	−0.306	(0.144)**
人口密度	−0.000 001	−0.000 003
中央银行独立性	0.096	−0.080
体制(总统制/议会制)	−0.008	−0.015
政治凝聚力指数	0.001	−0.019
常数	−0.397	−0.306
R^2	0.720	
借款自主方程		
纵向财政不平衡	−1.429	(0.644)**
联邦虚拟人	0.593	(0.296)**
人均 GDP 对数	0.371	(0.189)*
人口对数	0.190	(0.105)*
体制(总统制/议会制)	−0.056	−0.154
常数	−3.826	−2.741
R^2	0.47	
组数	28	

注:三阶最小乘数,括号中为标准误。

* 表示 10% 水平上显著, ** 表示 5% 水平上显著, *** 表示 1% 水平上显著。

表 4.5 提出了两个模型,将面板数据分析扩展到公共部门赤字总额。模型 4.7 是简单模型,模型 4.8 包含单独的效果。

表 4.5 总(中央+次国家)盈余/支出变化的决定要素:动态面板数据分析

	模型 4.7		模型 4.8	
因变量: △ 总盈余/△ 支出				
自变量				
联邦虚拟人	−0.030	−0.05	−0.005	−0.048

续表

	模型 4.7		模型 4.8	
借款自主指数	0.001	−0.012	−0.003	−0.011
△补助/次国家收益	−0.162	−0.121		
(△补助/次国家收益)×(高借款自主性)×(联邦)			−0.453	(0.205)**
(△补助/次国家收益)×(高借款自主性)×(地方)			−0.739	(0.235)***
(△补助/次国家收益)×(低借款自主性)×(联邦)			0.220	−0.164
(△补助/次国家收益)×(低借款自主性)×(地方)			−0.089	−0.135
△补助收益/总政府收益	−0.521	(0.173)***	−0.451	(0.156)***
△人口(对数)	−1.089	−0.987	−0.942	−0.865
面积对数	0.012	(0.006)**	0.012	(0.006)*
△人均 GDP(对数)	0.018	−0.122	0.003	−0.126
△依赖比率	−1.511	−2.083	−0.422	−2.283
△人口密度	0.000 2	−0.000 1	0.000 2	−0.000 1
体制(总统制/议会制)	−0.041	(0.021)*	−0.039	(0.019)**
政治凝聚力指数	0.009	(0.004)**	0.009	(0.004)**
常数	−0.107	−0.061	−0.095	−0.067
观察数	209		209	
组数	29		29	

注:括号中为稳健性标准误。

*表示 10%水平上显著;**表示 5%水平上显著;***表示 1%水平上显著。

使用 Stata 7.0 计算,"xtabond"程序,一步结果。

请注意,两个模型中的地方收入/总收入系数均为负值且显著,这表明,在其他条件相同的情况下,收入分散与总体财政平衡的大幅度下降相关。虽然这为财政分权可能损害预算平衡的担忧提供了一些实证支持,但也说明更精确的制度细节很重要。如表 4.2 所示,补助金(拨款)/收入变量的系数在简单模型中是负的,但它没有达到统计显著性。模型 4.8 表明,与地方赤字模型一样,负系数是由具有实质借贷自主权的情况驱动的,其系数为负,实质上较大且显著。因此,当地方政府可以自由借款时,日益增长的转移依赖与不断增长的总赤字联系在一起,并且还是与 H6 相反,在单一体制下的影响更大。

8. 总　结

财政分权和政治联邦制的确可能使宏观经济管理复杂化,但其效果取决于其他制度因素。实证分析表明,超越联邦体制与单一体制之间令人沮丧而又简单的二元区分是有用的。政府间财政制度和等级制度是对"各种联邦制"进行更细微处理的重要组成部分。

研究结果并不支持这样一个简单的观点,即更高水平的转移依赖与更大或更快的赤字增长相关(H1)。相反,很明显,更高级别的政府可以通过切断地方政府获得信贷的渠道来缓解政府间的道德风险问题。横截面模型表明,在纵向财政失衡程度较高的情况下,中央政府确实试图限制次国家借贷(H2)。横断面模型预测了次国家政府间相对较小的赤字,要么(1)面临相对严格的正式借款限制,或(2)相对独立,而较大的长期赤字(地方赤字和国家总赤字)是在次国家政府既依赖转移也可自由借款时才会出现的(H3)。同样,随着时间的推移,只有当地方政府可以自由借款时,才会出现更大的赤字。

联邦制的作用有点复杂。将联邦制和财政挥霍联系起来的一个非常简单的论点没有得到证实——在其他条件相同的情况下,联邦制单位的赤字规模既没有比单一制国家的地方政府更大,也没有以更快的速度增长(H5)。然而,他们的借款自主性(H4)确实显著提高了——以至于,事实上,很难区分借款自主性和联邦制的影响。虽然自由程度较低,但横截面分析确实表明,联邦单位和地方政府之间借贷自主权和转移依赖性之间的条件关系是成立的。此外,面板数据结果显示,在自由借贷的情况下,联邦单位和地方政府之间日益增长的赤字与日益增长的转移依赖有关。但是 H6 认为,在联邦单位之间,转移依赖的负面影响将更加明显。在这里,长期平均值和动态分析的结果是不一致的,但这在情理之中。长期次国家赤字最大的是垂直财政失衡水平相对较高的联邦单位,但地方政府对转移依赖的增加的边际效应更大。

9. 展望未来

本章指出了实现长期财政纪律的两条截然不同的道路。在表4.3的下半部分,按照汉密尔顿的建议,上级政府严格管理地方的信贷渠道。一个重要的发现是,这些禁令似乎达到了他们的目标:在这种体制中,长期的地方性赤字可以忽略不计,补助金的波动对赤字没有影响。然而,数据还表明,这种保持财政纪律的方法在大型联邦制的组成单位中很少出现。它主要出现在单一体制下的地方政府中,尽管我们将看到,一些陷入困境的大型联邦,如巴西,最近一直在考虑汉密尔顿的解决方案:试图实施全面的新立法,旨在加强对地方政府支出和借贷的中央控制。

在图4.3的左上角单元格中可以见到一条完全不同的保持财政纪律的路径。在这里,中央政府限制其共同融资义务,允许地方政府借款,将财政纪律的执行留给自利的选民和债权人。在选民和债权人眼中,地方政府基本上是微型主权国家。虽然汉密尔顿在本章的引言中提倡加强中央政府在财政方面的作用,但在图4.3的左上角单元格中,较低级别的政府却听从了汉密尔顿的格言:独立欠债与独立征税相伴相随。图4.3右上角的长期赤字最大,其中,高垂直财政失衡与广泛的地方借款自治共存。这种组合——让我们称之为"半主权"——意味着,当地方政府发行债券时,中央政府负责"救火手段"。这在联邦的组成单位中最常见(但不是唯一)。

因此,正式的联邦制最清楚地表明了权力下放的前景和危险。在这些体制中,权力下放的风险似乎更高。乐观的分权理论所需的广泛的地方自治在联邦国家中最为明显,但是在这些体制中,转向救助游戏后期的危险也是最明显的。鉴于此,本书的其余部分主要集中在对正式联邦的分析上。下一章将介绍并分析党派之争——本章分析中省略的一个重要变量,使用案例研究和国家内部的分类数据,通过对跨国数据的综合分析来剔除一些模糊的边界。

第 5 章　疾病还是治疗?

——政治党派与财政纪律

党派精神是人性不可分割的附属物。它自然地产生于人类相互竞争的激情中,因此在所有政府中都可以找到。但是,没有什么比这种最危险的精神更容易在人民政府中以极大的暴力肆虐,同时又是他们最常见和最致命的患疾,但这样的政治真理更多是靠经验来确立,本身也遭到抨击。

——亚历山大·汉密尔顿,《辩护集·第一篇》①

一个可以预期能够协调中央政府和联邦成员政府之间政策的机构是一个政党。如果两届政府的官员是同一意识形态的拥护者或同一领导人或领导人的追随者,那么他们可能被期望追求和谐的政策。

——威廉·里克和罗纳德·夏普斯,"联邦政府内部的不和谐"

权力下放的危险在于,随着地方官员责任的增加以及地方问责的可能增加,地方的自私行为也会增加,这会造成外部性,破坏国家集体产品的供应。前两章探讨了财政纪律和宏观经济稳定的重要意义:地方政府可能会操纵中央政府的共同融资义务,并做出财政决策,将负担转嫁给其他人,这可能会产生一个合作问题。如果每个人都能适应冲击,量入为出,那么所有省份的情况都可能会变得更好。但如果中央政府不能做出可信的不纾困承诺,那么一些

---

① 刊载于弗里希编著(1985:390)。

省份采取转移负担的策略，从个体角度讲可能是合理的，即便结果总体上是次优的。如果中央政府不能轻易地强迫较低层次的政府执行合作战略，就像在许多具有强大省级代表和制度保护的联邦制国家中那样，省级政府就可能会过度捕捞共同收入池，播下国家债务危机、恶性通胀或两者兼而有之的种子。

然而，迄今为止，有关这一结果背后的政治动机的解说过于含糊。首先，在次国家财政纪律和中央债务承担具有明显宏观经济影响的情况下，不完全清楚为什么中央政府——如果其重新当选的前景部分基于提供国家集体产品——会宁愿接受纾困。本章认为，事实上，如果预计救助会产生很高的宏观经济成本，那么中央政府的执政党在提供救助方面会有很大的损失。如果选民要求政党对国家集体产品的提供负责，那么属于执政党的议员们力推实施具有破坏性的救助，最终只会是搬起石头砸自己的脚。

其次，第 3 章的救助博弈中地方政府的偏好排序是基于这样一个简单的假设，即州和地方官员可以通过将财政负担转移到其他人来最大化其预期的选举效用，即使这显然会把成本强加在整个国家身上。然而，国家政党制度再一次可以使得救助的动机渐行渐远。如果选民们用国家政党的标签来惩罚宏观经济表现不佳的各级政府的政客，与中央执政党有着相同党派关系的地方政府官员或首席长官将面临意图实施破坏性救助的阻力。

亚历山大·汉密尔顿，就像詹姆斯·麦迪逊（James Madison）和他同时代的许多人一样，认为政党是阻碍了公共利益的危险的派系主义的根源。然而，这一章提出了相反的观点。政党不是破坏合作，而是鼓励政治家们为了追求政治权力而共同努力。在联邦制的背景下，缔约方可以提供激励措施和工具，帮助解决政府间的合作问题。本章所提出的论点试图澄清一个在政治学上有着悠久历史的主题。里克和夏普斯（Riker and Schaps，1957）认为联邦-州党派"不和谐"（联邦反对党对各州的控制）与较低的政府间合作水平有关。最近，迪林杰和韦伯（Dillinger and Webb，1999），加尔曼、哈格德和威利斯（Garman，Haggard and Willis，2001）以及菲利波夫、奥德舒克和希维佐娃（Filippov，Ordeshook and Shvetsova，2004）坚称，如果国家党派领导人有足够的能力在其他级别的政府中约束合作伙伴，那么中央政府就更容易实施一个连贯、统一且超越辖区分歧的政策议程。因此，在所有州都具有竞争力的、强大的、纪律严明的政党,可以解决联邦中潜在的集体产品问题。有动力响应全国选民的全国性政党领导人,在价格稳定和财政紧缩等全国性集体产品方面"囊括"了利益。

可以肯定的是,党派联盟的建立和竞选活动也能促使人们使用公共资源的效率低下。然而,本章的关键论点是,在适当的条件下,将国家行政和立法机构与地方政府联系起来的综合国家政治格局体系可以改变救助博弈的激励机制,从而限制其宏观经济损失。第一节通过将重点坚定地放在选举激励上,为第3章的救助博弈增加了细节。第二节研究党派、选举激励以及国家立法机关和行政机关之间的关系。第三节解释了国家政党在创造影响地方官员激励的"选举外部性"方面的作用。第四节将使用跨国家的联邦数据集来测试结果假设。倒数第二节通过讨论本章关键概念的替代措施,帮助在随后的案例研究中建立更精细的分析。最后一节得出结论。

1. 救助与政治激励

第3章考虑了中央政府和一个省份之间的救助博弈,尽管在实践中中央与几个省份同时进行着同样的博弈。救市游戏的关键在于,某些省份或省份群体面临着一场将给选民带来严重后果的财政灾难。第4章认为,当中央政府承担着为这些地方的支出提供资金的重任时,它无法逃避解雇公务员和削减地方项目所带来的政治痛苦。因此,中央政府必须在受影响地区保持当地公共产品稳定流动的选举价值,与避免救助的长期政治优势之间进行权衡。地方政府因提供地方集体产品而受到奖励或惩罚,而在转移依赖体制中,中央负责国家集体产品和地方支出。这使得地方政府可以操纵中央政府,试图在固定的资金转移池中获得更大份额——这种情况将被称为"零和"或"再分配"纾困。或者更糟糕的是,因为省级政府没有经历过与宏观经济稳定等国家集体产品供应不足相关的政治痛苦,地方政府可能会试图殚财竭力去榨取"负债"救助,这种救助超出了省际财政负担的重新分配,产生了诸如中央层面的过度通货膨胀、税收或债务等不利的集体后果。本章的关键论点是,一个统一的国家政党不一定会减少地方政府寻求零和救助的动机,也不一定会提高中央政府避免此类救助的承诺的可信度，但它会减少地方政府寻求负和救助的动机。

零和救助

救助不需要有集体性结果。各省可以在不增加国家税收、印钞票或破坏宏观经济稳定的情况下获得资金的救助。转移资金的分配只会使一些省份的支出增加，而其他省份的支出减少。因此，救助预期放大了民主国家分配政治常见的分配扭曲。现在，让我们设想此中央政府是只有一个总统，从一个全国选区选出，由三个同等规模的省份组成的联邦。想象一下，总统在两省的支持率很高，但在第三省的支持率很低。如果这样的总统有明确的途径通过支持她的两个省份重新当选，选民们会褒扬中央行政部门的地方支出，那么她就会倾向于在支出项目的分配上支持这些省份。此外，如果发生次国家债务危机，她的不救助承诺在政治友好省份将不那么可信。如果救助的成本可以转移到她在地理上集中的政敌身上，她就不能事先让她的支持者在当地公共服务领域遭受损失；或者，可以考虑通过美国选举团制度选出的总统，在这个制度中，每个省都是赢家通吃的地区。如果总统希望在一个省以较大优势获胜，在另一个省以类似优势落败的情况下，而第三个省的结果难以预测，那么在这个将决定下一次选举的"摇摆"省份，她的不救助承诺是最不可信的。在某种程度上，总统可以将资源从两个非竞争性省份转移到"摇摆"省份。

即使对中央政府的政治动机做出非常简单的假设，这些例子也清楚地表明，尽管为数不多，但少数省份也可能抱有理性的纾困预期。根据精确的制度安排和政治—地理情景，行政当局以牺牲其他省份为代价，对从 1 到 $n-1$ 的省份进行纾困在政治上是合理的。当引入立法谈判和财政外部性时，情况会复杂数倍。为了颁布一项立法议程，国家行政当局必须经常形成立法多数。在联邦制国家中，通常需要在两个议院中取得多数席位，其中至少有一个议院由非均匀分配的各省代表组成。一个总统的立法联盟的潜在成员可能会威胁在不相关的立法项目上保留必要的投票，以便获得救助。尽管由于宏观经济的外部性，最大的州可能能够获得重新分配的救助，但小州——如果它们在立法机构的代表人数过多，而且纾困成本相对较低——可能特别适合通过投票交易获得救助。

简而言之,对再分配纾困的预期以及由此而来的财政行为,在每个国家的地方政府之间,应以可预测的方式存在差异,但假说必须根据每个国家和时间段内制度激励的具体组合量身定制——这是后面章节的案例研究中的一项任务。

负和救助

救助博弈很有意思,因为它通常意味着整个国家的集体成本。无论是大型外部性引发的对首都的救助,还是对所有省份的全面债务承担,救助通常都无法通过将负担从一个省转移到另一个省来获得资金。中央政府必须诉诸以增加税收、借贷,或者要求中央银行提供宽松的货币政策,这意味着救助的代价最终将部分由受援省份的公民以高税收或通货膨胀的形式承担。这个问题可能会像 19 世纪中期的美国那样发端,少数省份试图寻求纯粹的再分配救助。当然,他们面临的挑战是说服财政上负责任的州在立法机构投票支持救助。正如早期美国的情况一样,一个共同的策略是通过制定一套立法方案,将财政福利赋予更大范围的多个州,试图组建一个更广泛的救助联盟。类似的举措将在巴西的案例中讨论。这样的一揽子救助计划,除削弱中央对这样的博弈将在未来得以实施的决心之外,还挤压了中央的财政。

因此,一个关键问题尚未得到充分回答:如果中央政府因提供国家集体产品而受到部分惩罚和奖励,那么它为什么会选择进行从集体来看是次优的救助呢? 部分答案与时间范围有关:随着大选的临近,地方政府违约的政治成本可能迫在眉睫,而联邦债务或通胀上升的成本增加的速度则要慢得多。然而,这个答案并不完整。最终,对于选民——甚至那些接受救助省份的选民——来说,重复救助的集体成本将是显而易见的,而总统或首相将是人民对联邦税收增加或通货膨胀的愤怒最有可能的政治牺牲品。

本章的其余部分认为,对国家集体产品的问责制,只能通过国家行政机构及其附属机构进行,确实可以为负和救助的集体宏观经济成本设定上限,但必须在适当的政治条件下进行。接下来的两个部分将探讨这些条件,首先是立法者,然后是地方执政者。

2. 政党与立法机关

麦迪逊强调的联邦制的优点之一也适用于行政和立法的权力分配：在相互竞争的政客之间划分主权有助于保护自由和防止权力滥用。然而，汉密尔顿所强调的一个关键缺点是，要求政府对国家集体产品负责的难度越来越大。更重要的是，如果两级政府的执政者、议员和参议员都能就债务、借贷成本和通货膨胀相互指责，选民则很难利用选举为政治家提供财政约束的激励。此外，个别立法者可以在其管辖范围内为当地集体商品申请信贷，而无需担负高税收或国债增加的政治成本。

国家政党制度为解决这些问题提供了一条途径。在评估集体产品的信用和责任时，中央行政长官（总统或总理）是一个自然的焦点。如果选民使用一个简单的经验法则就能实现集体责任：重点倒查联邦行政机构的政党标签，依据国家集体产品的供给奖励和惩罚在国家立法和地方选举中的政治家。当选民这样做时，议员和地方政客的连任机会在一定程度上受到了国家政党标签价值的驱动。通过这种方式，国家执政当局的合作党派可能由于采取某些行动——比如在立法机构推动负和救助——而减少了自己的连任机会，因为这些行动损害了国家集体利益，降低了政党标签的价值。

如果救助计划显然会产生集体成本，而不是纯粹的再分配效应，那么，当国家立法机构由行政长官的合作者主导时，中央政府的不救助承诺是最可信的。行政长官将无法将增税和通货膨胀的责任推卸给属于反对党的立法者。此外，因推动一项破坏国家集体产品的议程，党派合作者将破坏支撑他们的党派标签的价值。然而，目前尚不清楚多数党（尤其是直接代表各州的参议院）的个别议员是否会将政党标签的价值置于救助价值之上。政党标签受制于一个典型的"搭便车"问题——每一个立法者都希望借着对方的良好行为而让自己受益。如果救助的宏观经济成本不是灾难性的，那么个别议员可以自我确信他们所在的省特别值得救助，而他们的合作党派应该自做调整。

因此，当行政长官和（或）政党领导人——他们有最强烈的动机避免破坏性的救助——有额外的手段来迫使立法者守规时，立法机构和行政机构之间的合作最有可能提高中央政府的信誉。这类手段包含,如对提名、政党名单、委员会分配、背书和竞选资金分配等的控制。不幸的是,对于下面的跨国分析来说,这些很难以一种类似的方式衡量,但是它们将在后面几章的案例研究中讨论。

3. 选举外部性

类似的逻辑也适用于地方政府本身。到目前为止,所采用的假设——地方政府官员提供地方公共支出肯定会得到回报——太简单了。如果选民们利用国家行政部门的政党标签,对提供国家集体产品的省级政客进行事后奖励或惩罚,那么地方行政部门的合作伙伴显然不会有动机去采取明显具有集体宏观经济后果的救助措施。省政府官员面临与中央政府合作的激励,因为他们的选举命运在很大程度上取决于他们在联邦层面上同党派的命运。换言之,在一些国家,如果省级官员面临相应的选举外部性,那么他们将面临将财政外部性内部化的激励。与国家议员一样,地方政客的连任机会往往不仅取决于他们在当地做出的承诺和提供的服务,还取决于他们所在政党的标签价值。在一个层级上,一个杰出政治家的自私行为会产生正面或负面的外部性,这些外部性会影响具有相同政党标签的政客在另一个层级上竞争获得连任机会。在一些联邦系统中,这个标签的价值可能部分或几乎完全由联邦现任官员的评估决定。换句话说,选民可能会把州选举看作是对执政党或联合政府在中央一级表现的一次全民公决。事实上,选民这样做可能是一种理性的信息节约策略。考虑到大多数政府间财政制度的复杂性,选民很难跟踪了解收入和责任的流向。特别是当税收征集大部分是中央集权时,选民可以通过奖励和惩罚各级政府的联邦政党来节约信息。

在存在选举外部性的情况下,相对于快速调整和平衡中央政府合作者的预算的效用,迫切寻求救助的预期选举效用有所下降。然而,只有在救助计划预计会产生集体宏观经济成本、损害政党形象的情况下,这才是正确的。事实上,如果没有预期的宏观经济成本,那么中央行政部门的合作者可能会认为中央的承诺不如反对党控制的省份可信。如上所述,中央当政者可能需要重要省份的选民的支持才能重新选举，因此无法承诺在它们发生危机时允许出现财政痛苦。此外，中央的决策影响着各省党派标签的价值，使得当省级当政者是中央的党派合作者时，这种可信度效应更加强烈。如果解雇教师和警察的大部分责任将落在省级党羽身上，这将损害该党的形象，并助长反对派。同样，根据体制的具体情况和该国的政治地理特点，中央对反对派控制的省份不提供救助的承诺更加可信，因为如果持续服务提供的政治信用主要由省政府获得，它就不想提供救助。因此，中央的省级党羽可以更好地通过避免调整和重新分配救助来操纵中央。克希尼（Khemani，2003）的一项研究声称，由国家执政党控制的印度各州能够根据这种逻辑从德里榨取额外的资源。

然而，关于党派、救助预期和各国各省的财政行为，并没有明确的普遍假设。这种关系取决于国家具体的制度激励，最重要的是，取决于行动者是否相信救助将是再分配还是负和。如果所有参与者都认为，计划外的联邦援助将纯粹是重新分配的，那么在中央执政党的省级合作伙伴中，财政纪律的激励机制就会减弱，因为他们对救助的期望更高。然而，如果救助计划预计会带来足够的宏观经济成本，那么党派标签的降值将超过对合作党派省份的救助对地方选举的益处，进而导致相反的经验预测。这一假设与琼斯、桑吉内蒂和托马西（Jones，Sanguinetti and Tommasi，2000）的一项研究一致，即在阿根廷，在那些省长由总统所在的政党控制的省份，财政赤字明显较低。

这种逻辑推断还促成了要进一步完善第 3 章中介绍的“大到不能倒”的假设。或许，一个庞大的辖区——是一个关键的工业中心，其财政行为会给整个国家带来外部性——可以期望避免调整，并从周遭获得更多的再分配转移。但如果救助只是对国家税收、利率或通胀施加上行压力，这种策略很快就会弄巧成拙——尤其是如果该省省长与联邦行政部门同属一个政党，因此无法指望转移政治责任的话。同样，如果选举外部性很强，地方性决策对国家集体商品具有足够明确和直接的影响，省级官员就会面临将其决定产生的外部性内部化的激励。

这些假设最好是通过分析国家内部的分解数据来解释，但有一个清晰的假设可以通过跨国数据的汇总来验证。尽管再分配救助计划对总体财政纪律没有明显影响,但负和救助计划却有影响,而且此类救助的可能性应该与联邦行政长官控制的省份所占比例负相关。如果救助会产生集体成本,那么选举外部性和党派合作会增加省政府"提前调整"博弈结果的预期选举效用。相对于其他结果,所有这些结果都对中央或地方性赤字施加了上行压力。因此,与中央执政者同党的省份更多,就会降低省级违约、延迟调整或联邦救助的可能性。当联邦执政者的政党不控制任何一个省份时,中央政府处于岌岌可危的境地。由于中央行政部门对国家集体产品负有责任,因而省长就会定位于避免负和救助的选举影响。然而,当中央政府在为地方服务提供资金方面扮演主要角色时,州长也可以在违约的情况下将中断服务的责任推卸给中央。当中央政府的合作党派控制各省时,中央政府的处境就大不相同了,因为中央政府知道,如果共同合作的州长成功地获得了负和救助,那么两级现任官员的连任机会就会减少。

这个假设的优点在于它适用于跨国检验,但正如关于立法党派关系的假设一样,它回避了党内"搭便车"的问题。即使所有省份都是合作党派,一些州长可能会争辩——甚至可能坚信——由于独特的情况,他们的省份应该特殊考虑。因此,当政党领导人掌握了任命、初选、省级政党名单、竞选资金以及塑造省级政客职业发展的其他方式等工具时,党派合作最有可能限制救助博弈的损害。在许多选举外部性很强的国家,省级行政长官正在试图谋取在联邦政府的职业生涯,这可能为省级政客提供特别有力的激励,以避免引发具有集体宏观经济影响的救助。尽管未来可能会收集有关这些因素的系统性跨国数据,但在这里,它们仅在案例研究中得到解决。

4. 实证分析

已经创建了三个变量,以应对上面提到的 14 个联邦从 1978 年到 1996 年的论据:由行政长官所在党在联邦上议院和下议院分别控制的席位份额,以及行政长官在中央行政长官的党派事务中分享的省份份额。[1] 为了检验尽可能多的联邦,本章超越 GFS 的限制,使用国家来源补充前一章中关于政府间转移和次国家财政结果的数据。[2] 因此,这里考察的联邦群体比那里考察的稍微大一些——包括马来西亚、委内瑞拉、巴基斯坦和尼日利亚[3]——尽管为了一致性起见,同样的定义也适用于较小的联邦群体。本章所提出的概念不应只适用于联邦。然而,收集这些国家的时间序列党派性数据,从本质上讲是不可能的——仅法国就有数千个地方政府。因此,本章的其余部分主要关注 14 个联邦,因为数据收集是可行的,但也因为第 4 章所述的联邦是颇有意义的。与单一体系不同的是,救助博弈通常不会因为对次国家借款的严格控制而被排除。这种对联邦的分析还允许对上一章的一些关键结果进行稳健性检验。本章使用的数据集包含的国家数量较少,但时间序列更大,所有的财政数据都与国家来源进行了核对,减少了测量误差的可能性。上述假设中指定的因变量是中央—省级盈余合并占总支出的份额。与前一章类似,测算省级收入作为中央—省级联合收入的份额,可以得出财政分权的影响,而测算补助金作为地方政府收入份额的变量,可以得出作为补助金的收入日益增长的影响。该模型还包括与前一章中的横截面时间序列模型相同的控制变量以及国家虚拟变量矩阵:

---

① 这些数据是与埃里克·维贝尔斯 (Erik Wibbels)合作项目的一部分。参见罗登和维贝尔斯 (Rodden and Wibbels,2002)。该类中央联合政府使瑞士、巴西和奥地利的数据收集变得复杂。事实上,我们无法为瑞士计算出一个合理的衡量标准,瑞士联邦政府是一个代表(按惯例)所有主要政党合议的机构。在巴西,政党制度高度分化,国家执政者必须依靠经常动荡不定的立法联盟。这样的联盟成员可以期望他们的合作伙伴在国家层面上以符合上面所概述的理论主张的方式遵守纪律,这似乎是合理的。不过,回归分析中使用的变量只计算与行政长官同一政党管理的州。我们还构建了一个变量,将联邦联盟中由刚加入联盟的成员控制的州编码为由中央控制的州。这个变量只在巴西和奥地利的少数年份有所不同,并不影响下面报告的结果。对于地方联合政府(普遍存在于奥地利、德国和印度),我们基于占据首席部长、总理、总统等职位的联合政府的高级成员进行编码。

② 每个联邦的财政数据都参考了各国的统计数据。幸运的是,对于全球金融服务体系所涵盖的大多数联邦而言,政府间赠款的衡量标准与从国家来源获得的数据相符。当由于国际货币基金组织对收入分成的分类而出现差异时(见前一章),使用的是国家来源。由于党派数据仅在省级收集,因此该数据集不包括地方和市政府。

③ 这些国家没有包括在前一章的分析中,因为在分析横截面平均数时使用的一些关键的控制变量无法获取。

盈余/支出$_{it}$＝β_0＋β_1 盈余/支出$_{it-1}$＋β_2 立法党派合作＋β_3 纵向党派合作$_{it}$＋β_4 权力分散$_{it}$＋β_5 纵向财政失衡$_{it}$＋$\sum\beta_k$ 控制变量$_{it}$＋$\sum\beta_d$ 虚拟国家＋ε

(5.1)

由于该数据集包含相对较多的年度观测数据和较少的国家,具有面板修正标准误差的 OLS 总体上优于 GMM 和其他技术。表 5.1 所示的模型包含一个滞后因变量,尽管有几种替代估计技术产生了类似的结果。

首先,表 5.1 所示的结果不包括下议院的行政—立法合作党派变量,因为它在任何估计中从未接近统计显著性。然而,参议院的党派变量表现得非常好。[1] 这并不令人意外,因为救助要求可能会集中在参议院,而在那里,各省的利益是最直接的代表。无论采用何种估计方法,该系数都是非常显著的。实质上,10 名参议员中有 5 至 6 名与首席执行官的党派标签一致,这是与财政收支总额增长约 2% 联系在一起的。[2]

接下来,垂直合作党派变量也表现得很好,结果与上面的假设一致。同样,无论使用哪种估算技术,该系数都是非常显著的。实质上,10 个省份中有 5 个省份的执政者与联邦执政者同属一个党派,这些省份依靠近 1% 的总支出改善了总体财政平衡。[3]

---

① 请注意,表 5.1 中的结果只包括 12 个国家,因为参议院变量不适用于巴基斯坦和加拿大。如果去掉这个变量,并且包括巴基斯坦和加拿大,则所有其他变量的系数和标准误差都非常相似。

② 如果参议员是行政部门更广泛的立法联盟的成员,那么当参议员被编码为共同党派时,也会得到类似的结果——这一区别只与奥地利和巴西有关。

③ 其他财政变量的结果也很有趣。在这个联邦样本中,在其他条件相同的情况下,收入分权对整体财政平衡具有强烈的积极影响。当纵向财政失衡和党派关系保持不变时,将支出权力下放到联邦内的州和省似乎不会危及整体财政平衡。再一次,危险似乎在于权力下放,这是由政府间转移而非地方收入不稳定所推动的。增加转移依赖性与较大的总体赤字相关。本章的重点是党派关系,模型 5.1 有意非常简单,但这个联邦样本也可以用来支持前一章的发现。例如,借款自主性指数不包括在模型 5.1 中,因为它在某些情况下不可用,并且不会随时间变化。然而,使用该指数可用的子样本,一个交互式规范表明,与第 4 章的结果一致,在借款自主性较高的水平上,垂直财政失衡的负系数明显更大。此外,罗登和维贝尔斯(Rodden and Wibbels,2002)表明财政分权的效应取决于转移依赖。也就是说,由转移供资的权力下放与财政平衡的下降有关,而由地方税收供资的权力下放与改善总体财政平衡有关。

表 5.1　　　　中央—省级联合盈余估算：12 个联邦样本，1978－1996 年

模型 5.1		
因变量		
总盈余/总支出		
自变量		
总盈余/总支出$_{t-1}$	0.34	$(0.09)^{***}$
参议院合作党派	0.19	$(0.05)^{***}$
垂直合作党派	0.08	$(0.03)^{**}$
补助金/省级收入	－0.23	$(0.13)^{***}$
省级收入/总额	0.94	$(0.17)^{***}$
人口对数	0.51	$(0.13)^{***}$
人均 GDP 对数	－0.09	(0.07)
抚养比率	0.15	(0.16)
人口密度	0.000 2	(0.000 6)
政治凝聚力指数	0.01	(0.01)
常数	－11.49	(2.78)
观察数	177	
群体数	12	
R^2	0.76	

注：括号中为面板校正标准误差；

　　＊表示 10％水平上显著；＊＊表示 5％水平上显著；＊＊＊表示 1％水平上显著；

固定效应模型，单位效应未报告。

　　各种可选择的估计值得讨论。一方面，如果使用其他处理横截面时间序列数据的技术，结果非常相似。另一方面，如果从分析中剔除民主程度较低的联邦（马来西亚、尼日利亚、巴基斯坦和委内瑞拉），结果也相当相似。另一个值得关注的问题是，在分析期间，在州一级经常发生政府分裂的国家——特别是美国、巴西和阿根廷，或州级联合党派政府频繁出现的国家——奥地利、德国和印度，简单的垂直合作党派率是一个很差的衡量标准。值得注意的是，如果这一国家群体都删除掉，则该参数仍然是非常重要的，尽管它要大得多（为 0.23）。

5. 对估算的更详细审视

在联邦制国家中,如果执政党控制了上院的更大份额,并且与较大份额的省份有瓜葛,那么联邦的总赤字就会更小。虽然与上面的论点一致,但这些相当粗涩的结果需要使用更精确的度量进行进一步的分析。最重要的是,必须强调虽然密切相关,但垂直的党派合作和选举的外部性质是截然不同的概念。将垂直共同党派和财政纪律联系在一起的论点依赖于这样一种观念,即选民的选举命运部分是由选民对其国家层面合作党派的评价所驱动的。在后面的章节中,我们将进一步探讨党派和选举结构是如何塑造激励机制的,但在将粗涩的跨国分析与详细的案例研究进行交互之前,我们有必要对如何描述不同国家和不同时期的党派合作和选举外部性有一个更确切的概念。

为了做到这一点,需要比较在许多方面相似的联邦,而不仅仅是那些在联邦和省级选举与政党之间的关系相似的联邦。图 5.1 追溯了自 20 世纪 40 年代以来,3 个议会联邦制国家中的党派合作:德国、澳大利亚和加拿大。①

如果希望两党合作或垂直的选举外部性会影响激励机制,那么就要假定两级政党都有一定程度的横向纪律。如果党派对重新选举无关紧要,那么党派标签对促进政府间合作几乎没有作用。然而,党派合作和选举外部性的概念在分析上与立法机关中通常的党纪概念不同;一个联邦制国家可能在两级政府层面都有纪律严明的政党,但缺乏垂直的选举外部性。也就是说,各个政治家的选举命运可能由各个级别的政党标签联系起来,但是它们可能不是跨级别联系在一起的。这种区别构成了选择案例进行更深入分析的逻辑的一部分。澳大利亚、加拿大和德国在这方面具有可比性,因为它们的议会制度在联邦和州两级都具有很强的党纪。政党标签的强大程度是任何在任者选举成功的重要决定因素。鉴于澳大利亚和加拿大在英国殖民主义和制度方面有相对相似的经历,它们之间的比较尤其引人考究。

由于每个国家的州数量较少,因而党派合作指数每年都在大幅波动。澳

---

① 该指数是根据沙曼(Sharman,1994),费格特(Feigert,1989),《欧洲世界年鉴》(历年)和 http://www.jhu.edu/~aicgsdoc/wahlen 的数据计算得出的。

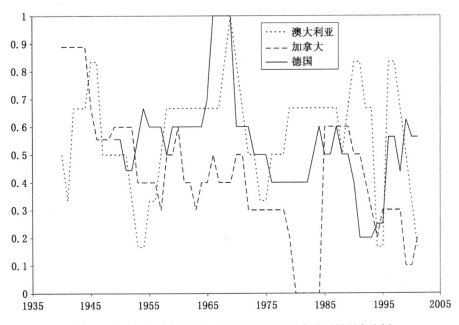

图 5.1　澳大利亚、加拿大和德国联邦政府政党控制州所占比例

大利亚和德国都曾在 20 世纪 60 年代末和 70 年代短暂经历过里克所说的党派和谐时期,澳大利亚还曾在 40 年代中期和 90 年代初经历过党派和谐时期,不过两国的这一指数都曾跌至 20%。20 世纪 40 年代初,加拿大的自由党于渥太华和各省享有强大的控制权,但自 1960 年以来,执政党很少控制半数以上的省份。值得注意的是,自由党于 20 世纪 80 年代初期在渥太华掌权时没有控制任何省份。

自第二次世界大战以来,在堪培拉执政的政党平均控制着 57% 的州,在波恩执政的政党控制着 54%,而在渥太华,这个数字是 36%。因此,从长远来看,加拿大的党派合作率低于澳大利亚或德国。近几十年来,德国和加拿大的党派合作率有所下降。

然而,这个指数不应该被误认为是衡量选举外部性的指标。由于在这些国家联邦和州选举通常不会同时举行,联邦政府可能会因为"中期惩罚"现象而在州选举中失去选票。在中期选举中,选民经常通过惩罚联邦政府其他分支机构的合作党派来表达对联邦行政当局的不满。这一现象将对图 5.1 所示的合作党派比率造成暂时的下行压力,尽管它实际上是印证了垂直的党派外部性的强度。

与上述直觉一致的一种垂直选举外部性度量,也将省级政客的选票份额在多大程度上是由他们在联邦一级的党派同僚所决定给予了量化。一个简单的方法是通过下述模型来估算战后每个联邦中最成功政党的省级选举份额[①]:

州级投票份额$_{it}$＝β_0＋β_1相应的联邦投票份额$_{it}$

X 1970 年之前的虚拟＋β_2相应的联邦投票份额$_{it}$

X 1969 年之后的虚拟＋β_3州级投票份额$_{it-1}$＋β_d虚拟州＋ε　　　　(5.2)

因变量为该政党在 i 省第 t 次选举中的选票份额,自变量为该政党在相应的联邦选举中的省级选票份额总和。[②] 为了比较省和联邦的投票趋势并处理序列相关性,该党在前一次州选举中的总投票份额也包括在内。为了控制长期的州内支持差异和州级特有的波动决定因素,本书纳入一组虚拟的州。此外,由于图 5.1 显示了自 1970 年以来党派合作比率的下降,因此将这段时期大致分成两半,并将联邦选举份额与 1970 年之前和之后的虚拟变量进行交互,这是很有用的。估算技术是结合面板校正标准误差的 OLS,结果如表 5.2 所示。[③]

---

① 澳大利亚工党(ALP)、加拿大自由党和德国的"联合党"(巴伐利亚的基督教社会联盟和另一拉德邦的基督教民主联盟)。

② 除了德国偶尔的例外,州一级的选举不会在联邦选举的同一天进行。最简单的搭配技巧是使用前一届联邦选举,但这将搭配,例如,在 3 年前举行的联邦选举,而不是在州选举后几天举行的联邦选举。因此,"相应的"联邦选举编码如下:A. 使用在州选举之前或之后的十二个月内举行的联邦选举;B. 如果在这两个期间举行联邦选举,则使用前一次选举;C. 如果在这两个期间内没有举行联邦选举,则使用上次在前一州选举之后举行的联邦选举;D. 如果没有联邦选举符合这些标准,则将案件从数据集中删除。(只有当州一级的少数派政府迅速下台并举行新的选举时,这种情况才会发生。)

③ 澳大利亚的数据由坎贝尔·沙曼(Campbell Sharman)友情提供。要注意,直到 1955 年,西澳大利亚(WA)都没有数据,因为 ALP 直到该年才在 WA 参加竞选。1988 年之前和之后加拿大选举的结果来自弗兰克·费格特(Frank Feigert)的《加拿大选举,1935—1980》(Durham, NC: Duke University Press, 1989)。1988 年以后举行的所有联邦和省级选举的结果由滑铁卢大学的约翰·威尔逊提供。德国数据是从"Statistiscbes Bundesamt"(http://www. Stasistk-bund. de)下载的。由于自统一以来举行的联邦选举数量较少,所以我只报告了来自"旧"领主的数据。

表 5.2　　　　　　　　3 个联邦国家主要政党的州级投票份额估计

	模型 5.2 澳大利亚（ALP）		模型 5.3 加拿大（自由党）		模型 5.4 德国（CDU）	
因变量						
州级投票份额						
自变量						
1970 年前联邦投票份额 X	0.48	(0.10)***	0.11	(0.09)	0.65	(0.14)***
1969 年后联邦投票份额 X	0.47	(0.11)***	0.07	(0.09)	0.71	(0.16)***
滞后的州级投票份额	0.42	(0.11)***	0.59	(0.11)***	0.38	(0.09)***
常数	4.08	(6.44)	5.58	(3.82)	−0.04	(0.06)
R^2	0.47	0.80	0.83			
观察数量	91		125		105	
州数量	6		10		10	
年份	1946—1992		1947—1993		1954—1994	

注：括号中为面板校正标准误差；

***表示在 1%水平上显著；

估计：带有校正标准误差的 OLS,固定效果；

虚拟州的参数没有显示。

　　虽然滞后的州选举变量的系数在 3 个联邦中的每一个都非常相似，但是联邦选举变量的系数指出了加拿大和其他两个联邦之间的重要差异。对于德国基督教民主联盟（CDU）和澳大利亚工党（ALP）来说，在整个战后时期，联邦一级的投票份额一直是州一级投票份额的良好预测，联邦投票份额系数比起滞后的州级投票份额更大。这些非常重要的结果有力地证明了联邦和州选举之间的紧密联系。另外，在加拿大，自由党在联邦一级的投票无助于预测省级自由党的投票。①

---

　　①　使用各种不同的实证方法可以得到类似的结果。例如,分析单位可以是州一级的执政党而不是某些政党,但这在加拿大甚至排除了取得有意义的结果的可能性,因为省级执政党有时在联邦选举中不会支持候选人。关键的自变量也可以被编码为联邦选举结果的移动平均值。此外,使用变化值而不是水平值、广义最小二乘和广义矩量法也可以得到类似的结果。

因此,在很长一段时间内,党派合作指数和选举外部性系数表现出相似的情况。联邦和州的选举政治世态在德国和澳大利亚高度交织,但在加拿大却截然不同。第 9 章将回到这三个案例,讨论政府间体制的改革,将这些结果与每个国家现有的文献联系起来,并表明这些差异对每个国家的联邦制运作方式有重要的影响。此外,第 7 章将更深入地探讨德国强大的选举外部性在限制救助博弈对宏观经济造成的损害方面的作用。

为了保持某些恒定要素,如立法联盟的建立和政党在总统制中所扮演的角色可能存在差异等,比较这些相对相似的议会制对国家是有用的。这一案例选择的进一步原因将在后面的章节中显现出来。然而,本章所确立的论据也应该为更广泛的联邦制国家群体提供参考。第 8 章认为,总体而言,巴西各政党为国家层面的政客们提供了较弱的激励,让他们考虑其财政决策造成的集体性破坏作用,第 9 章则探讨了党派外部性在促进政府间体制改革中的作用。

6. 结　论

本章表明,在联邦制国家中,总体财政赤字在有些时候和有的国家会较低,在这些国家中,参议员和省级行政长官都与联邦首脑属于同一个党派。在另一项使用相同数据集的研究中,罗登和维贝尔斯(Rodden and Wibbels,2002)发现垂直的党派合作和通货膨胀之间有着显著的负相关。这些结果背后的因果逻辑在于推动第 3 章救助博弈的选举激励。一方面,合作党派参议员不太可能推动那些会产生集体成本的救助,如果这样做,他们就会贬低党的标签,从而减少他们的连任机会。因此,当参议院由执政党主导时,省级政客会上调他们对中央政府决心的评估,并做出相应的财务决策。另一方面,如果他们的选举前景是由选民们对中央执政机构提供全国集体产品的能力的评估所决定的,那么合作党派的州长和省级长官们就会有动机避免让自己置身于会带来集体成本的救助。因此,高水平的垂直党派合作使得大规模破坏性的救助与政客的激励措施不相容,从而限制了救助博弈可能造成的宏观经济损害。

这些论点与实证结果相一致,但仍需进一步完善。如果救助的集体成本被清楚地理解,并且预计会对选举产生影响,那么紧密的党派关系只会降低推动救助的效用。有时候,救助的集体成本只会随着时间的推移而变得明显,而在短期内,合作党派的参议员和州长们都希望救助能让他们在一场正在进行的地域再分配博弈中,可以让资源有所倾斜。只要政客们相信救助是有重新分配性质的,集体选举惩罚可以避免,救助的效用就不会因中央行政机构的合作而改变。此外,中央政府对他们的不援助承诺将不那么可信,因为中央政府无法逃避与地方违约相关的选举成本。因此,只要地方政客们相信他们可以通过再分配的救助逃脱惩罚,中央的合作党派对财政纪律的激励就会减弱。另外,当救助计划的金额明显为负数时,中央政府的合作党派将面临更大的激励,促使他们量入为出,并为应对冲击做出调整。

虽然这些考虑不会影响支撑跨国研究结果的逻辑,但它们鼓励对随后的案例研究采取谨慎的方法。当重新分配的博弈占主导地位时,预计中央政府的合作党派将通过增加赤字从中央榨取额外资源。然而,众所周知当救助的宏观经济成本并开始转化为联邦首脑的选举成本时,其合作党派就面临着更强的合作策略激励。更一般地说,本章明确指出,关于财政行为中跨省差异的假设必须仔细地针对每个制度背景进行调整。特别是,这一章对"大到不能倒"的简单版假设提出了质疑。一个产生外部性的大型省份可能正确地推断中央政府的无救助承诺会受到损害,因为它的违约会带来集体成本;但在存在选举外部性的情况下,这些成本提供了一个不推动救助的充分理由。当选举外部性很强、选民因全国范围内的集体利益而奖励和惩罚中央行政机构时,一个强势辖区的行政长官——如果在选民心中与中央行政机构联系在一起——只会通过推动破坏性的救助行动伤害自己。如果强势辖区的领导人相信自己能够避免集体成本,那么他们最有可能利用自己的规模为自己谋利。接下来的章节认为,20 世纪 90 年代的巴西明显就是这样,但战后的德国却并非如此。

本章提出但通过案例研究得到了最好阐述的另一个重要因素是政党的内部组织——例如,国家政党领导人可以使用的工具,以形成对低层官员的激励以及党内职业运动的模式。在试图阻止其合作伙伴实施转移负担的战略时,中央行政部门面临着一种集体行动的两难境地,如果它控制对地方官员有价值的资源,这种两难局面则能得到最好的解决。下一章将通过案例研究来关注这些更微妙的论点。

第6章 比较案例研究方法

最后两章对财政和政治结构进行了广泛的论述,并以汇总的跨国数据来支持它们。这种方法首先是有其优势的,因为它提供了一种背景,用以指导选择一些国家进行更精细的案例研究,以及为更精炼的论点提供原始素材。面对大量的国家、数据和故事,但又有时间和可追溯性方面的限制,本章解释了上述论点和结果是如何为:(1)将现有的单个国家研究放在一个比较框架中,以及(2)选择国家进行更仔细的分析,提供了一套清晰的策略。第 4 章的核心是一个 2×2 的表格,描述了水平轴上的总转移依赖和垂直轴上的地方借款自主。对信用评级的分析表明,在对转移依赖程度较高的右翼国家,中央政府更有可能被视为次国家债务的隐性担保人。然而,只要这些国家还处于表底,并且这些国家的地方政府无法独立借款,由此产生的道德风险问题就会得到规避。实际上,经验模型估计了这些下属的地方政府的长期平衡预算。

因此,救助博弈最有趣的地方在于表中最上面的两个象限。在这两个象限中,地方政府相对自由地借款。表中所代表的绝大多数地方都有悠久的联邦制历史。第 4 章假设,在左上象限——应归属于美国、瑞士和加拿大等联邦国家,地方单位的资金主要来自独立的税收和借贷,而没有联邦的监督——地方政府是微型主权国家,各个省的信贷市场和政治竞争加强了地方财政纪律。另外,对于处于右上象限的国家——总体转移依赖和借贷自治都很高——半主权(地方)政府普遍存在救助预期,而救助博弈可能会产生最令人不安的宏观经济成本。

现有的关于次国家主权的三个最明显的例子——美国各州、瑞士各州和加拿大各省——的研究与上面关于信贷市场、选举竞争和财政纪律的论点是一致的。本章首先根据本书的理论框架,简要回顾和重新解释这些现有的研究。然而,正如第 2 章所指出的,近几十年来主流文献的一个问题是,这些案例更普遍的是权力分散型联邦制度的典型,这导致一个过于简单化的教训,即权力分散会增强竞争、责任能力和其他纪律。

因此,进一步研究最有希望的目标是占据右上象限的国家,其中包括世界上一些最大的和近几十年来财政问题最严重的国家。有关财政结构和政党的关键论点有待进一步利用分类数据加以完善和检验。此外,在第 3 章中产生的一些附加论点不适合定量分析,但很适合详细的个案研究。在接下来的章节中,我们将用近几十年来德国和巴西的案例研究来完成这些任务。这一简短章节的主要目的——在第二节中讨论——是解释这种比较案例研究方法的逻辑和结构。

1. 次国家主权和财政纪律

第 4 章的一个关键意思是,当所有地方政府的资金主要来自税收,而中央又不监督和监管地方财政时,官员们将面临一些避免或推迟财政调整的不利因素。他们认为获得救助的可能性很低,而且他们预期会因过度负债,在选举中受到惩罚。在本书所使用的数据集中,美国各州、瑞士各州和加拿大各省是这种独立的地方税收和借贷结合的三个主要例子。对这些实体近几十年来有关财政管理的丰富实证文献的重新审视,为关于信贷市场、选举政治和财政纪律的主张提供了支持。

在没有中央政府强加债务限制的情况下,美国各州和瑞士各州基本上都以主权国家的身份借款,并在 20 世纪的大部分时间里自行调整以应对负面冲击。在过去 50 年的大部分时间里,美国各州实际上一直处于盈余状态,自内战以来,没有一个州出现过违约。大多数州在经济景气时向所谓的应急基金捐款,以抵御经济衰退、成本意外增加或联邦拨款突然削减可能带来的未来不利冲击。在 20 世纪 80 年代末 90 年代初,各州不得不应对这三种情况。区域经济衰退、医疗保健成本大幅上升以及与里根政府的"新联邦主义"相关的联邦拨款削减,都给所有州带来了严重的财政挑战,一些州出现了巨额赤字。①尽管一些州的反应速度比其他州快(Poterba,1994),但所有州都能够在不要求中央政府帮助的情况下进行调整,而且大多数州在20世纪90年代中期之前已经恢复了相对较强的财政状况。2002年,各州经历了另一场严重的财政危机,收入增长远低于预期,医疗保健和教育及国土安全方面的任务也在不断增加。虽然一些州长和立法机构成员呼吁联邦出台一揽子债务减免方案,但各州并没有表现得好像这种减免即将到来。大多数州在支出和收入方面都采取了积极的调整措施。

瑞士各州的情况说起来也大同小异。截至20世纪下半叶,各州的预算总量保持等量均衡。与中央政府一样,各州在20世纪90年代初也面临着短暂的经济衰退和财政压力,导致巨额赤字和债务负担不断加重。与美国各州一样,联邦政府的补偿支出从未提上日程,而各州也进行了相当迅速的调整——主要是通过削减支出——到21世纪初,各州的预算又恢复到平衡状态。

加拿大的案例更具争议性。一个省在21世纪已经违约。在经历了萧条和干旱以及选择一个草原民粹主义、反银行的政府之后,阿尔伯塔省在1936年拖欠了1/3的债务。阿尔伯塔省在1945年联邦政府救助该省之前一直处于违约状态。在20世纪30年代,联邦政府实际上也救助了萨斯喀彻温省(Buck,1949)。对阿尔伯塔省的救助明确旨在恢复加拿大在国际市场上的信誉,这些市场受到阿尔伯塔省问题的不利影响(Boothe,1995),因此,市场似乎并未将阿尔伯塔省视为真正的主权国家。联邦政府和法院通过推翻或废除阿尔伯塔省政府的许多立法来打击草原民粹主义,这些活动可能进一步加深了这种印象。

此外,尽管第4章给出了信用评级,一些加拿大学者甚至在今天仍对这些省份的主权借款人地位提出质疑。自1957年以来,加拿大的财政制度包括一项联邦—省财政稳定协定,保证任何从某些特定来源的收入低于前一年的收入的省份将得到一笔稳定的补偿付款(Perry,1997)。② 有人可能会说,通过

---

① 根据爱德华·格拉姆利克(Edward Gramlich,1991)进行的一项研究,州和地方财政危机中最重要的因素是医疗保健成本的快速增长。

② 这项规定直到1987年才实际使用,并在20世纪90年代的经济衰退期间被几个省份使用。

明确地为省级财政收入设定下限,中央政府实际上是在向债权人发出"安慰信",向他们保证各省将有能力偿还债务。

　　然而,自从大萧条和第二次世界大战以来,加拿大联邦制度发生了很大的变化。最重要的是,对转移的依赖减少了,各省获得了所得税的控制权。如第5章所示,自第二次世界大战以来,加拿大的政党制度变得越来越分权和分散。无论是在政治上还是在财政上,加拿大各省都是当今世界上最独立的亚国家单位之一。加拿大各省没有任何救助上的讨价还价,经受住了严重的财政风暴,自阿尔伯塔事件以来,也没有出现过违约或临时减债。尼伯恩和麦肯齐(Kneebone and McKenzie,1999)描述了加拿大各省在 20 世纪 80 年代以及21 世纪之交对日益沉重的债务负担所作的痛苦调整。

　　事实上,在加拿大、美国和瑞士,可以给出一种合理的论点,即各组成单位面临的预算限制比联邦政府更严格。在上述的每一种调整方案中,各组成单位对持续的负面冲击的反应都比各自的联邦政府快。尽管每个联邦都有名声在外的独立的中央银行,中央政府仍然对中央银行最终被迫将其赤字货币化抱有希望。萨金特(Sargent,1986)对里根政府的赤字做出了这样的解释,而尼伯恩(Kneebone,1994)则认为这显然是加拿大联邦政府在 20 世纪 80 年代的策略。

　　多年来,救助博弈不断上演,与货币供应明显分离,强大的税收利益联系,相对不参与和明显有限制的中央政府,这些都向债权人尤其是选民发出了救市概率非常低的强烈信号。对美国各州债券收益率的一项有影响力的研究表明,在其他条件相同的情况下,负债较高的州会为类似债券支付更高的利率,对债务水平较低的州逐渐征收利率罚金,在低债务水平上逐步实施利率惩罚,而利率最终会以陡峭的非线性方式上升到更高的水平(Bayoumi et al.,1995)。实证研究还表明,地方选民在监督和约束联邦组成单位的财政决策方面发挥着重要作用。佩尔兹曼(Peltzman,1992)断言,美国各州的选民是财政保守主义者,因为在任州长主导了州政府开支的扩张,因此会失去选票。洛瑞、阿尔特和费里(Lowry,Alt and Ferree,1998)的一项研究表明,在任州长的政党在立法选举中因未能保持财政平衡而受到惩罚。描述性统计表明,加拿大选民惩罚了那些主导预算赤字和债务负担大幅增加的省级政府(Bird and Tassonyi,2003；Kneebone and McKenzie,1999)。

在美国和瑞士,选民通过民众的倡议和全民公投更直接地限制了他们的代表的支出决定。多年来,选民们越来越直接地控制着他们的代表们处理赤字并承担债务的能力。对各州和州政府的一些横断面研究表明,公民获得直接监督的程度对财政结果有很大的影响。例如,在美国有 23 个州,公民可以通过全民投票发起和批准法律,而在其他 27 个州,法律只能由民选代表提出。约翰·松阪(John Matsusaka,1995)指出,选民具有主动性的州的支出明显低于纯粹体现代表性的州。此外,基威特和绍卡伊(Kiewiet and Szakaly,1996)的研究表明,在公民有可能就发行担保债务进行全民投票的州,公共债务显著较低。主动倡议和公民投票在约束瑞士各州的财政行为方面发挥了特别重要的作用(Spahn,1997；Wagschal,1996)。在大多数州,增加支出和借贷需要强制性的全民公投。与美国各州一样,瑞士各州的宪法在允许直接民主要素的程度上存在差异①,这些差异与财政结果高度相关。沃纳·庞梅尔涅(Werner Pommerehne,1978、1990)的研究表明,使用直接民主机制的州的政府支出明显较低。菲尔德和松阪(Feld and Matsusaka,2003)的研究表明,对新支出的强制性全民公决使得中值州的预算规模缩减了 17%。

美国各州和瑞士各州选民试图控制公共开支的最好例子,可能是对借贷和债务实行宪法限制。与本书研究的大多数其他国家不同的是,美国各州和瑞士各州的此类限制并非由中央政府针对政府间道德风险问题实施的,而是由希望限制其代表的财政决策的当地公民实施的。在大多数情况下,这些宪法修正案和法律限制是通过直接从痛苦的财政危机中产生的民众运动而实施的。在美国,这些限制源于对在第 3 章中讨论过的 19 世纪危机的直接回应。根据拉奇福德(Latchford,1941:121),

许多纳税人对 19 世纪三四十年代和 19 世纪 40 年代的发展状况大失所望。他们看到滥用国家信贷是如何在最不适当的时候增加税收负担,导致过

---

① 庞梅尔涅和韦克—汉尼曼(Pommerehne and Weck-Hannemann,1996)确定了瑞士各州直接民主的四个方面:(1)税率是否必须由选民在强制性或选择性公投中批准,(2)赤字是否必须由选民批准,(3)预算草案是否也必须得到选民的批准,以及(4)预算决策是否有直接的民主。例如,在汝拉和伯尔尼,这些机制中的每一种都存在,而瓦莱州和纳沙泰尔州则没有。大多数州属于处在中间的某个状态。

度扩张、浪费、奢侈和欺诈的。自然而然,他们要求采取保障措施以防止此类事件再次发生。在 1840 年以前,没有州宪法限制立法机构可能承担的债务,但在此后的 15 年里,19 个州的宪法被修改,纳入了这些限制。

1842 年,罗得岛州率先通过了一项修正案,禁止未经人们同意的立法机构承担超过 5 万美元的债务。后来,新泽西州通过了一项类似的修正案,被大多数其他州效仿(Heins,1963:8)。这些限制不仅是为了安抚选民,也是为了安抚债权人。只有在引入宪法保障措施后,违约州才被允许在国际市场上再次借款。此外,波特巴和鲁本(Poterba and Rueben,1999)的一项研究表明,在现代,在其他条件相同的情况下,具有更严格和更容易执行的支出限制和反赤字条款的州,其债券的违约保费较低。

这些年来又增加了一些额外的规定,选民们现在在除佛蒙特州以外的所有州都对他们的代表实施了平衡预算要求和借贷限制。对于这些约束是否与较低的债务有关的问题,已经引起了学术界的广泛关注。① 大多数研究都证明这种限制确实影响了州预算编制决策,但是关于内生性和执行问题的争论却存在相当大的争议。拥有更多财政保守选民或更具竞争性选举的州,可能会更倾向于执行现有的限制或将其强加于人。各种规则和限制本身包含相当弱的执行机制,或者根本没有。在很大程度上,"选举问责制(或其威胁)是一种执行机制"(Alt and Lowry,1994:823)。宪法或法定的财政限制最容易被理解为基准或焦点,反对党政客可以利用这些基准或焦点,在那些限制被破坏或规避的时候能够让执政派难辞其咎。毕竟,这些限制措施是在痛苦的财政危机之后出台的,它们通过邀请选民在未来的选举中评估政府实现具体目标的能力,向选民和债权人发出削减债务承诺的信号。

为了应对 20 世纪 90 年代不断增长的债务负担,加拿大的几个省,从阿尔伯塔省开始,现在已经扩展到全联邦,最近首次引入平衡预算规则。然而,与美国各州相比,即使是最强大的州,财力也相当弱(Bird and Tassonyi,2002;Millar,1997)。大多数都关注预算而不是实际支出;有几个规定了"意外事

---

① 阿尔特和洛瑞(Alt and Lowry,1994);博恩和英曼(Bohn and Inman,1996);恩德斯比和陶勒(Endersby and Towle,1997);英曼(Inman,1997);基威特和萨卡利(Kiewiet and Szakaly,1996);波特巴(Poterba,1996);波特巴和鲁本(Poterba and Rueben,1999)。

件"和"不可预见的情况";大部分都没有具体规定执法机制[1];最重要的是,他们没有正式约束未来的政府。然而,就像在美国一样,这些赞成的观点是向选民和债权人保证,政府对削减债务是认真的,它们对财政结果的影响掌握在选民手中,选民可以选择是否惩罚违规者。

2. 半主权政治经济学:案例研究的逻辑

总而言之,现有文献表明,联邦制、独立税收和借款自治三者的结合与最低限度的救助预期、独立调整以及债权人和选民强制推行的长期财务纪律相关联。这与至少自哈耶克时代以来财政保守主义者所推崇的联邦制的观点是一致的,并且为它背书的是第2章中所述及的大量的乐观政策文献。然而,这些次国家主权的例子是相当独特的。这种影响深远的税收自治在联邦制国家中很少见,在单一制国家中更是少见。近几十年来,在世界大多数联邦制国家中,中央政府在为省级支出提供资金方面的作用要大得多,同时让各省相对独立地获得从债券到国有银行和企业等各种形式的信贷。

这些国家之间,在联邦制结构、党派激励和财政结果方面存在很大差异。此外,其中一些国家随着时间的推移经历了重大变化。巴西和阿根廷的宏观经济灾难是直接由失调的财政联邦制造成的。在这两个国家,尽管在卡多索政府统治下进行了彻底的改革,但是国家的地方政府似乎很少有动力去实施财政限制(Dillinger and Webb,1999)。地方赤字问题仅限于德国和西班牙的少数几个辖区,但随着这些国家竭力维持马斯特里赫特赤字标准,人们对此问题的担忧日益加剧。在印度,州级公共财政危机的严重程度成为最重要的公共政策问题(McCarten,2003)。尼日利亚(World Bank,2002)和南非(Ahmad,2002)也出现了严重问题。过去,墨西哥的州级赤字由革命制度党(PRI)重拳控制。革命制度党在20世纪80年代和90年代初主导了所有州的政府。然而,在后PRI的背景下,道德风险问题已经成为现实,墨西哥政府正在努力开发控制国家借贷的新方法。

---

[1] 一个有趣的例外是曼尼托巴省,如果不保持平衡预算承诺,那么内阁成员的工资将会减少。

要对联邦制的潜在宏观经济病理有更细致的了解,下一步是确定:(1)一些系统因素,这些因素解释了这些半主权地方政府的跨国差异,以及(2)联邦制内部跨省差异的来源。第 3 章为第一步提供了几种调查途径:历史经验、支出和借款责任的分配、中央的基本权利和义务、管辖区的结构、外部性的作用以及债权人的身份等。这些因素最好通过案例研究来分析。此外,很明显,本书分析的两个关键激励结构——财政和政治——在不同国家和省份之间表现出微妙的差异,而这些差异不容易用跨国量化指标来衡量。

例如,尽管转移支付和税收的整体组合很重要,但信用评级机构对每个国家的转移支付系统所创造的具体义务和激励机制给予了大量关注,这些机制为同一个系统中的不同省份创造了不同的激励措施。此外,第 5 章还给出了一个跨国研究结果,表明联邦中较高的党派合作率与较低赤字相关,但这需要通过国家内部更精细的分析来充实。那些地方行政长官与联邦行政首脑同属一个党派的省份,如果它们相信自己能够获得不会损害整体宏观经济稳定的纯粹的再分配性救助,那么它们应该会有更强的救助预期,从而对财政纪律的激励力度也会减弱。但是,如果救助计划可能会对宏观经济造成损害,而且地方政府的选举命运与联邦政府密切相关,那么党的关系就会阻碍省级官员将救助计划推进到后期阶段。

一些系统层面的解释——比如救助的历史经验和对中央政府责任的理解——最好是通过描述性的案例研究来解决。其他问题——比如转移、党派合作和管辖结构的影响——最好的解决办法是对省级数据进行分类分析。正如我们将看到的,财政联邦制的危险有时集中在某些辖区。正如美国案例所表明的,随着时间的推移,随着救助博弈的框架通过经验和学习而演变,有时最具启发性的变化是各国内部的变化。

时间、数据和可追踪性都会产生约束,因此必须谨慎选择案例。当试图分离一个变量的影响时,在比较政治中选择案例的一种常见方法是,选择在许多方面非常相似的国家——例如,加拿大和澳大利亚,巴西和阿根廷或斯堪的纳维亚国家——以控制语言、殖民经验、行政立法关系或经济发展水平等潜在的混淆因素。

这种方法确实可以给某些类型的调查带来好处。例如,在第 5 章中,对选举外部性进行合理的跨国比较是有用的,而在第9章中,在评估改革前景时,将再次采用加拿大、澳大利亚和德国的议会比较。当然,这种方法的缺点在于,人们会怀疑这种结果是否适用于发展中国家、总统制度、非英国殖民地等。当可以获得国家内的分类数据,并且可以在迥异的体制中建立类似的国家内关系时,那就应该会使人们对这种关系的普遍适用性产生更大的信心。这种比较调查方法,被普茨沃斯基和泰恩(Przewoski and Teune,1970)称为"体制差异最大化"方法,需要包含随着时间的推移或跨低级别单位(个人、省或地方政府)而出现的各种变化。例如,如果有人发现补助金和党派合作对完全不同类型的国家的省级财政结果产生类似的影响——比如,跨越总统/议会制分歧,使用不同类型的选举规则,以及在不同的经济发展水平上——对于这种关系的信心,比在两个相对相似的系统中找到类似的结果要强得多。

很难想象会有比德国和巴西差异更大的两种不同的联邦体制。几十年来,德国一直是一个富裕、稳定的民主国家,而与此同时,巴西一直在与持续的贫困作斗争,在威权主义与民主之间摇摆不定。至少在统一之前,德意志联邦共和国一直是一个比较单一性质的国家,区域间收入差距比较小,而巴西是一个庞大的联邦,包括一堆纷繁复杂的社会群体、地形和生活方式,并实际存在着世界上最明显的人际关系和地区间收入不平等现象。此外,这两个联邦有着完全不同的政治机构。巴西是一个总统制、分权制的国家,其行政立法关系并不和谐,且以党派分裂著称。德国是一个政党纪律相当严明的议会制国家。在描述巴西的党派转换频繁和毫无纪律性方面,一代的巴西专家归纳出巴西政党体制的特点就是一团混乱和互不相干(Mainwaring,1992)。另外,政党是德国政治进程的核心,德国专家长期以来将其称为"政党国家"(Schmidt,1992)。巴西中央政府对财政资源的辖区间分配被认为是高度政治化的,并受到巴西"政治分肥"逻辑的驱动(Ames,1995,2001),而德国的拨款一般被描述为基于规则和非自由裁量(Spahn and Fottinger,1997)。

然而,这两者都具有联邦制的关键特征,包括保护各州权利的宪法,以及权力强势且席位分配不均衡的上议院,它代表的是具有政治意义的州级政客的利益。在这两个国家,改革需要复杂的州际交易。这两个国家最近也经历过地方债务和中央政府救助的困境。通过对19世纪美国、德国和巴西等不同背景下国家层面债务危机的演变进行更深入的观察，可以对前面章节中介绍的一些系统层面的论点累积起更大的信心。每一个案例研究都将从对美国财政和政治联邦制体系最重要方面的简要描述开始，接着是对最近债务积累和救助的分析讨论，这些讨论借鉴了整本书的论点。

体制差异最大化方法的主要优点在于观察不同国家和时间序列在管辖区的规模大小、政治代表性、转移依赖和党派合作等因素上的变化。如果在这些不同的联邦中发现了类似的州级关系，这样的发现应该会激发信心，而不同的关系则需要从体制层面去寻找解释。

这些案例的另一个优势是，它们为上述关键假设提供了颇有难度的质疑。许多观察人士称，巴西是一个政党无关紧要的国家，因此，这是一个很好的例子，可以坐实政党塑造国家层面财政行为的主张。同样，人们常说，如果政府间转移支付是高度自由裁量的（IDB，1997），那么它只会为财产违纪行为创造激励，因此德国基于规则的转移制度是检验转移支付和财务纪律之间关系的良好背景。

缘于最近发生的救助事件以及第 7 章和第 8 章中描述的州政府财政问题的持续存在，与现有的德国和巴西联邦体制相关的成本不仅对政策专家来说变得清晰，而且对普通民众而言也是显而易见的事。在这两个国家，政府间体制的改革近年来一直是一个热门话题，但联邦制对改革造成了很大的障碍。也许这两个案例研究中强调的联邦制最重要的危险是倾向于维持现状，即使现状明显存在缺陷。巴西和德国的宪法都是第 2 章所描述的不完整联邦契约的例子，案例研究指出，现有的政府间契约已经产生了集体的不良后果，尤其是在巴西。然而，在联邦制国家中，基本契约的重新谈判往往需要政客们的同意，因为他们肯定会失去当前契约所带来的一些好处。

第 5 章提出，政党可以提供一种摆脱这种陷阱的方法。如果州一级官员的选举命运受到中央政府合作党派的强烈影响，那么他们就可能会有动机放弃一些私人利益，签署一项被视为对联邦整体有利的改革计划。第 9 章更详细地探讨了联邦政府间财政合同重新谈判的问题，特别关注了政党的作用。它讨论了政党在巴西和德国改革努力中所扮演的角色，并将分析范围扩大到第 5 章中 3 个相对相似的案例。

最后,在描述了激励的本质并从近几十年的经验结果中得出一些结论后,将当前的激励和预期内生化是有益的。为什么一些省份的债权人和选民对救助计划抱有期望?一直都是这样吗?或者,有可能确定财政联邦制的基本博弈从一套与竞争纪律相一致的制度和激励制度转向的历史时刻吗?从 19 世纪的统一到魏玛共和国(Weimar Republic)的没落,德国的财政联邦制与今天的完全不同。事实上,在旧制度下联邦各州在第一次世界大战之前都是主权借款人。这一制度在魏玛时期得到了发展,并在 20 世纪 30 年代发生了根本性的变化。在此之后,各州完全被纳入一个威权体制,从而破坏了它们的主权。巴西各州在 19 世纪晚期也有一段自主国际借贷时期,但任何对国家主权的理解都随着 20 世纪 30 年代对圣保罗的大规模救助而告终。虽然在威权主义时期各州从未无关紧要,但它们作为主权借款人的地位受到了破坏。从许多方面看,最近的救助行动重演了近百年历史的巴西剧本。

第 10 章建立在这些历史经验的基础上,并将分析扩展包含了另外的几个联邦国家,试图将前几章指出的一些关键制度的差异内生化。最重要的是,它提出了这样一个问题:为什么有些联邦制国家的地方政府——比如美国、加拿大和瑞士——在 20 世纪上半叶巩固了它们作为微型主权国家的地位,而其他国家——比如阿根廷、巴西、德国和墨西哥——本身就是作为半主权主体存在的。

第 7 章　战后德国的财政联邦制和救助

它[德国联邦]所依据的基本原则是,帝国是一个主权共同体,立法大会是主权的代表,而法律是致力于捍卫主权的,这一基本原则使帝国变得软弱无力,无法控管自己的成员,面对外界的危险也毫无安全感,并且在内部不断发酵着焦躁与纷争。

　　——亚历山大·汉密尔顿和詹姆斯·麦迪逊,《联邦党人文集》第 19 章

一个紧密结合的机构网络限制了任何一个行动者的单方面政治行动,并鼓励渐进式的政策变化。总而言之,它使西德的州处于半主权状态。

　　——彼得·卡赞斯坦,《西德的政策与政治》

亚历山大·汉密尔顿(Alexander Hamilton)在为统一、集中的主权取代《邦联条例》(Articles of Confederation)规定的体制辩护时,引用了 18 世纪松散的德意志联邦(German Confederation)作为省级主权走入歧途的案例。他主张建立一个中央集权的财政和决策系统,从而将地方各级政府的主要职责归化到中央构想和资助的政策管理上。200 年后,德国联邦更接近汉密尔顿关于集中立法和税收的构想,而不是"主权共同体"。然而,德国战后宪法在第 2 章所概述的各个方面都是极其联邦化的。最重要的是,这些联邦单位在联邦政策进程中是非常重要的参与者,宪法为它们提供了许多强有力的制度保障。虽然拥有非常有限的税收自主权,但是这些联邦单位已经能够保留对其支出和借款决策的广泛自治。因此,现代德国联邦就是前几章所认为的财政

半主权的一个例子。

本章解释了德国联邦体制中蕴含的激励问题如何导致联邦各州日益严重的债务问题,并给联邦政府带来沉重的负担。德国违反了《马斯特里赫特稳定与增长公约》(Maastricht Stability and Growth Pact)的标准,并通过藐视该公约,破坏了该公约的可信度。

图 7.1 显示了德国联邦政府、州政府和地方政府自 1950 年以来经通货膨胀调整后 1995 年德国马克的债务。战后不久,各州的借款速度超过了联邦政府。彼时公共债务较为温和,在这三个层次之间分布相当均匀。直到 20 世纪 70 年代和 80 年代,公共债务激增,其中大部分发生在联邦和成员国(州)层面。这些成员国(州)是欧洲最大的地方债务单位,中央政府无力限制其借款。

表 7.1 显示各成员州在 2000 年的累积债务。不莱梅和萨尔兰两国(州)自 20 世纪 70 年代以来积累了巨额债务,尽管从 1994 年开始由中央政府转移支付减少债务,但它们仍是人均债务负担最高的成员州之一。此外,在并入新德国仅仅 10 年之后,新的东部各成员州"得到"了"旧"国家的债务,萨克森是唯一的例外。问题不仅在于各州日益增加的债务负担,还在于对联邦政府财

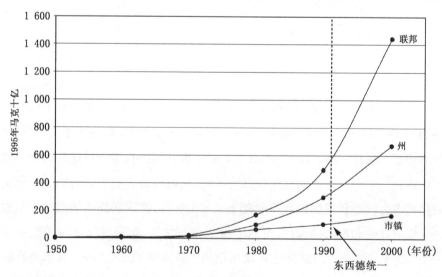

资料来源:联邦统计局 2002 年和作者的计算。

图 7.1　德国政府层面的实际累积债务

政的压力。图 7.1 显示了在多大程度上成员州利用其在德意志联邦议会的权力迫使联邦政府承担统一和救助萨尔兰和不莱梅的负担。

表 7.1　　　　　　　　州人均债务(截至 2000 年 12 月 31 日,德国马克)

巴登—符腾堡	5 497
巴伐利亚	2 884
黑森	6 967
下萨克森	8 424
北莱茵—威斯特法伦	8 333
莱茵兰—普法尔茨	8 907
萨尔兰	11 210
石勒苏益格—荷尔斯泰因	10 893
城邦	
柏林	19 338
不莱梅	25 193
汉堡	19 035
新东部成员州	
勃兰登堡	9 625
梅克伦堡—前波莫瑞	8 214
萨克森	4 432
萨克森—安哈尔特	10 079
图林根	8 723
平均	10 485

资料来源:联邦统计局 2002 年。

　　通过研究各国最近的财务纪律问题,本章以前几章中提出的论点为基础,再根据具体的制度背景进行调整。本章的一个目的是更仔细地研究一些一般性的论点。这些论点关涉的是,在强大的联邦制背景下,当地方政府拥有有限的税收自主权却又拥有无限的借贷自主权时会发生什么。但更重要的目标是利用表 7.1 和图 7.2 中显示的丰富的横截面和时间序列变化。事实上,至少在 20 世纪 90 年代早期,不可持续的借贷仅限于少数几个州,只有两个最小的州接受了救助。本章将基于之前提出的一些见解,以尽可能多地解释财务结果的时间序列和横截面变化。

最重要的是,本章解释了由宪法确立并由法院解释的财政联邦制的制度如何在均等制度中州的地位与中央的无救助承诺的可信度之间建立牢固的关系。对联邦资金转移的依赖越来越大的州对救助的预期是最理性的,而实证分析显示,它们的赤字规模最大。

本章还对政党的作用进行更详细的探讨。州(联邦成员国)级在职者的选举命运在很大程度上是由选民对联邦政府表现的评估决定的,而高级州级官员往往非常明确地试图为自己谋取联邦政府的职位。此外,联邦政党领导人控制着对州级政治家有价值的各种资源。因此,德国高度一体化的政党对州级部门为自身救助定位的动机设定了上限。与第 5 章的论点一致,这有助于解释为什么德国的救助问题与巴西的相比显得微不足道(在下一章中有描述),以及为什么德国最大的几个州——与巴西最大的几个州不同——表现出了财政纪律,尽管中央政府的无救助承诺并不是那么坚若磐石。然而,与联邦政府有相同党派背景的州——尤其是那些希望重新分配救助资金但又不会破坏国家宏观经济稳定的小州——比反对党控制的州支出更多,赤字略高。

第一部分更详细地描述和分析了德国财政和政治联邦制体系中所包含的激励因素,第二部分描述了救助博弈在萨尔兰和不莱梅进行的方式,第三部分将前几章中的概念转化为关于州级财政结果的可检验假设,第四部分提供1975－1995 年的实证分析,最后一节总结。

1. 德国的联邦体制

财政联邦制

德国的联邦制与汉密尔顿所担心而许多其他美国联邦制的效仿者所推崇的双重联邦制的概念大相径庭。然而,它也与汉密尔顿偏爱的中央集权迥然不同。德国并没有将联邦和州两个层级划分成两个独立的主权领域,也不坚持中央集权,而是在每一层级交织成一个紧密的网络,彼得·卡岑斯坦(Peter

Katzenstein)认为这是一个"半主权国家"。尽管国防等一些任务显然是单独委派给联邦政府的,但德国的立法和执行在大多数政策领域都是高度相互依赖的联邦和地方政府之间复杂的合作过程。德国各州在立法权限方面的空间很小,联邦法律通常凌驾于州法律之上。

但是,这些州或成员国是德国政策进程中的重要参与者。这不是因为他们在受宪法保护的责任范围内的立法中具备一定的自主权限,而是因为他们在联邦一级政策制定和州一级政策实施中所扮演的关键角色。与大多数其他联邦系统中的州不同,这些成员国(州)的政府在参议院有直接的议员代表。回想第 2 章,它把德国置于从人口到领土的政治代表模式连续体的终端位置。每个影响各州利益的法律都必须得到联邦议院的批准,这使各州在联邦决策过程中作为否决权参与者能够发挥非常重要的作用。此外,与大多数其他联邦相比,德国中央政府直接领导控制下的官僚机构非常有限,它依靠州和地方政府执行大多数联邦政策。鉴于联邦和州在构架上的相互依存性,两级政府都很难在不与对方讨价还价、劝诱或合作的情况下实现其目标。

相互依存的联邦和州之间的多边谈判也是收集和分配收入的手段。所有最重要的税收都是联邦政府和州政府共同征收。大多数关于税基和税率的决定都是由联邦政府做出(需要得到联邦参议院的批准)。虽然一些税收是由联邦征收的,但大部分是由作为联邦代理人的州税务局管理的。财政均等化体制力所能及地将收入从富裕的州向向贫穷的州重新转移分配,并且该分配体制的参数是会在州和中央政府之间定期重新协商的。

支出 各州负责在文化、教育、法律秩序、卫生、环境保护和区域经济政策等各个领域的公共开支。尽管宪法试图在政府部门之间划分权力,但是很难确定一个政策领域,其中只涉及一个层级的政府。由于州和地方政府负责执行联邦一级制定的绝大多数政策,因此宪法和政府层面的支出都不能非常准确地反映出权力或支出的实际分配。即使在以前是各州专属权限的政策领域,联邦和各州的活动和财政也逐渐交织在一起。脱离双重联邦主义最重要的一步是 1969 年重新谈判基本法,确立了所谓的联合任务。各州同意放弃它们在某些政策领域的独家权力,以换取在决策和资助方面形态复杂的多层次合作。虽然各州在支出方面的自由裁量权在大多数领域受到统一的联邦法律的限制,但他们在实践中享有相对广泛的预算自主权。在许多领域,他们可以对联邦法律要求的项目提供不同程度的支持,并且他们可以自由地补充联邦法规规定的服务。各州是德国最大的公共部门雇主。在这种能力下,他们也享有很大的自由裁量权,当然也会再次受到联邦法律的约束。

收入 宪法非常详细地规定了联邦和州的收入分配,联邦财政安排的重大改变只能通过修改宪法来完成,要求联邦(下)议院和联邦参议院都以 2/3 的多数通过。德国宪法中规定的收入流动与大多数联邦主义教科书中规定的原则相去甚远。德国宪法规定,所有最重要的收入来源都是共享的,而不是将特定的税收分配给各级政府,并将其与特定的支出责任相匹配。直接分配给特定政府层的税收极其有限。所得税、公司税和增值税,几乎占总税收的 3/4,都是共同征收的。① 有关每一种税基和税率的立法属于联邦政府的管辖范围,尽管这些税种由各州的税收当局管理。在共同征税的管理中,州当局作为联邦的代理人,受统一的联邦行政指导方针的约束。

随着时间的推移,联邦和各州之间的税收分成的垂直分布是非常稳定的,因为实际的百分比份额是在宪法中规定的,只有通过修改才能改变。为了确保各州能得到足够的资金,履行联邦授权的职责,以应对不断变化的财政环境,各州和德国联邦参议院经常就增值税的垂直分配问题进行重新谈判并获得批准。

到目前为止,各州最重要的资金来源是共享税。一方面,分税制的主要规则是将重要的共同所得税的收益分配给各州:收入所得税按衍生原则按州分摊,企业所得税按企业地址依公式计算划分,部分增值税按人均分配给各州。另一方面,收入均等化二级体系分三个阶段进行。前两个状态是水平发生的,而第三个则涉及联邦的垂直转移支付。

在第一阶段,大约 75% 的增值税是按人口分配的,在计算了主要的税收分成收入后,高达 25% 的增值税被重新分配给收入最低的州。在此阶段之后,计算每个州的“财政禀赋”并与其财务需求进行比较;在均等化的第二阶段,收入从禀赋超过其需求的州重新分配给相反的州。需求的概念基于整个

---

① 更多细节,请参见斯帕恩和弗廷格尔(Spahn and Fottinger,1997:229)以及塞茨(Seitz,1998)。

州的人均税收收入。[①] 在这一阶段之后,"弱"州达到了全国平均税收能力的95%。

在均等化体系的第三阶段,联邦政府采取措施,将受援州提高到平均财政能力的99.5%以上。这是通过联邦补助(补充联邦拨款)来实现的。在这一阶段,联邦还向一些州提供额外的补助,以补偿它们的"特殊负担"。较小的州也收到了特别补充补助金,以补偿它们较高的行政费用,最近一些旧(统一前)的州也收到了特别补充补助金,以补偿他们由于统一而必须承担的较高的财政负担。目前政府也正在向东德各州进行大规模的补充转移。正如下文将更详细讨论的那样,联邦补助金现在也用于向不莱梅和萨尔兰提供救助,因为他们有偿债义务。最后,如 1969 年《基本法》重新谈判所规定的,联邦还为共同任务提供专项活动资助和资本投资。

借款　中央政府无权对州的借贷活动进行数额限制。各州的借款决定也不能由联邦批准或审查。然而,与联邦政府一样,各州也有它们自己的宪法和法律规定,限制它们为投资目的借款超过预算中计划的支出。然而,这些所谓的"黄金规则"条款在州层面上存在一些众所周知的漏洞。首先,"投资目的"是一个非常难以捉摸的概念,将各种支出重新定义为投资支出并不难。其次,与外包地方公共基础设施项目相关的融资安排,为绕过黄金规则条款提供了另一种途径。私人投资者得到了担保,并被要求提前投资进行基础设施项目建设。工程完成后,政府会在一段时间内赎回建筑成本(Spahn and Fottinger,1997:237)。最后,自 1969 年以来,各州的法律允许他们在"一般经济平衡被破坏"的情况下打破黄金法则。除了钻漏洞的问题,不莱梅和萨尔兰州选择无视这些宪法条款。[②]

值得注意的是,尽管联邦政府的大部分债务是以债券的形式存在的,但联邦政府主要依靠直接的银行贷款来为赤字融资。各州间接控制着一个由商业银行组成的网络——州立银行——向市政当局和州提供贷款。州立银行的官

---

① 确定税收能力差异的基准大致是人均税收收入乘以每个州的人口。然而,权重的过程因为有些倾向于城邦而变得相对复杂。

② 根据中央政府收集的关于各州的财政数据和作者的计算,在过去 20 年里,不莱梅和萨尔兰的赤字经常超过资本支出,汉堡和下萨克森的赤字只是偶尔超过。

员通常与州政客有很强的政治关系,这些政客经常在州立银行的监事会接受有利可图的职位。一些人认为,州立银行被用来为有政治利益的企业提供廉价信贷。直到最近,国际债券市场上的借贷一直受到限制。[①] 各州偶尔会发行当地的货币债券,这些债券通常由该州的州立银行管理。然而,由于期票市场的吸引力,债券已成为州级借贷中不太重要的一部分。私募本票是用可转让期票记录的信用凭证,它们不在任何交易所流通,但可以通过书面转让的方式转让给第三方。在大多数情况下,这些是与州立银行协商而成。[②]

德国的均等化制度几乎没有理由让债权人区分各州的信誉。20世纪90年代中期,随着各州整体债务需求的增长以及国内与海外市场之间的壁垒降低,一些州开始使用更广泛的工具。最近,一些州构建了新的债务证券,以吸引国际投资者,这导致一些州申请要求信用评级。正如第4章所描述的,惠誉对中央政府对各州的隐性支持非常肯定,它给了所有州AAA评级,甚至更为谨慎的标准普尔基于联邦政府隐性支持的假设,也大幅高估了它们的信誉度。

政治联邦主义

德国独特的行政和财政联邦制是由高度整合但明确无误的联邦政治体系组成的。第5章对德国政治联邦主义的最核心特征进行了评判和讨论:联邦和州党派政治高度交织的本质。与澳大利亚的州选举一样,德国的州选举被普遍视为相当于联邦补选;它们似乎常常是对总理及其政府能力的全民公投(Fabritius,1978;Lohmann,Brady,and Rivers,1997)。在整个战后时期,德国政党的纵向一体化程度越来越高(Chandler,1987;Lehmbruch,1989)。这并不奇怪,因为联邦参议院有权否决、推迟或修订大部分联邦立法,而州选举决定联邦参议院的组成。因此,媒体、选民和州级政客们都把州选举解释为类似于非同步进行的中期联邦选举(Abromeit,1982)。

联邦和州选举之间关系密切的另一个原因是财政和行政系统之间复杂的相互依存关系。公民难以获得和解释有关州级代表的能力和表现的信息。由于他们无法自主控制地方税率,大多数政策决策都是通过政府间合作程序做

---

① "德国银行业:腊肠可以成为鞭子吗?"《经济学家》,1997年1月4日,第70页。
② 关于此体制更详细的讨论,特别是州立银行的角色演变,见罗登(Rodden,2003)。

出的,而且他们的大部分支出都用于执行联邦计划,所以州级官员总是可以信誓旦旦地宣称,当地政策的失败或收入不足是咎由他人,尽管这常常只能是疑信参半。因此,对于喜欢信息简要且成本低的选民来说,简单地评估波恩执政联盟的表现并奖励或惩罚各级政府中的那些政党是有意义的。与在澳大利亚一样,联邦和州政党协调其资金和竞选活动,州级领导人在联邦政府领导人的提名过程中发挥着重要作用,其仕途也往往是在联邦和州政坛之间循环往复。事实上,每位现任总理都在党的州级组织中担任过多年的职务,并担任过州级首席大臣。

然而,州与联邦选举之间的紧密联系绝不意味着各州都是同质的,也绝不意味着地方官员仅仅是他们在柏林的党派同僚所采取行动的傀儡。许多州级大臣已经获得了足够的独立支持率,足以承受由于选民对他们的中央合作伙伴不满而造成的短期选票损失。一些政党已经形成了区域主导地位,尽管他们的总票数可能随着对联邦政府评估的变化而波动,但他们不太可能失去对权力的掌控。巴伐利亚的基督教社会联盟(CSU),巴登—符腾堡州的基督教民主联盟(CDU)以及直到最近在不莱梅的社会民主党(SPD)都是如此。

2. 行动中的救助博弈:不莱梅和萨尔兰州

上述制度导致联邦主义和公共债务问题日益严重。在详细阐述和检验有关这一问题的体制、宏观经济和政治根源的一些假设之前,有必要更详细地描述最近的借款历史、政府间的伎俩以及涉及不莱梅和萨尔兰州的法庭裁决。[①]尽管萨尔兰州一直是均等化进程中的受援地,但不莱梅在 20 世纪 70 年代之前一直是一个贡献者。近几十年来,这两个州都面临严重的经济衰退,不得不应对令人头疼的失业问题。

因此,这些州的公共财政面临巨大压力也就不足为奇了。由于规模小,缺乏经济多样性,因此它们很难承担单独调整的费用。

事实上,它们并没有被迫单独承担调整的费用。在统一之前,它们是均等

---

① 有关救助事件的更详细描述见塞茨(Seitz,1998)。

化进程的最大受益者。近年来,萨尔兰州和不莱梅州在均等化后的人均财政能力(以联邦政府的标准衡量)排名第一和第二。尽管不断增加对均衡支付和转移补助的依赖,两州仍然继续增加开支,出现巨额赤字,并在整个 20 世纪 80 年代和 90 年代严重依赖债务,为经常性支出提供资金。图 7.2 显示了 1974 年至 1995 年各州的人均实际预算盈余(赤字)。

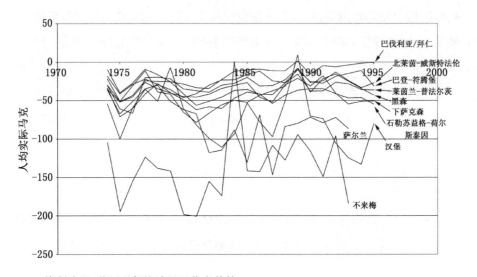

资料来源:德国联邦统计局及作者估算。

图 7.2 1974—1995 年州人均实际盈余

鉴于它们对其他州和联邦的高度财政依赖,不莱梅和萨尔兰政府的策略是告诉选民,它们不应对增加的赤字和债务负责,并认为是联邦的其他成员并未完全履行其义务,以确保有足够的资金。尽管债务水平令人担忧,萨尔兰和不莱梅两州政府却毫不费力地从地方银行获得了信贷。

萨尔兰州宪法中本有一条金科玉律,规定公共债务不得超过投资支出。萨尔兰州政府无视这一规定,即便该州最高法院宣布,预算与该州宪法相抵触。萨尔兰州政府没有遭受公众的尴尬,而是利用其赤字的“违宪”性质,进一步证明联邦其他成员没有履行其义务。在 20 世纪 80 年代中期,不莱梅和萨尔兰的累积债务水平显然是不可持续的,两个州都宣布它们面临财政紧急情况,呼吁联邦和其他州提供特别资金来偿还它们的一些债务。不莱梅最终要求联邦明确承担其义务。20 世纪 80 年代,各州向宪法法院提出了关于财政宪法细节的多种申诉,萨尔兰和不莱梅则向法院提请救助。

1986 年的一项裁决认为,补助金转移可用于援助陷入财务困境的州。回到第 3 章的博弈论陈述,这增强了不莱梅和萨尔兰州选民的信念,它们相信中央政府最终会犹豫不决,从而进一步削弱了它们单独承担调整成本的动机。在 20 世纪 80 年代余下的时间里,它们再没有做出任何调整;相反,它们在向宪法法院提出的申诉中继续明确提出救助要求。1992 年 5 月,法院宣布,作为 1993 年均衡制度重新谈判的一部分,"基本法"所载的团结义务开始使用,从而为不莱梅和萨尔兰州提供高达 170 亿德国马克的补助转移支付。[①]

不莱梅和萨尔兰 1994 年开始接受特别基金,不莱梅每年额外获得 18 亿德国马克,萨尔兰额外获得 16 亿德国马克。不莱梅和萨尔兰州没有偿还债务的责任,尽管州政府同意限制支出增长,并承诺将这些额外资金用于削减公共债务,将利息储蓄用于进一步削减债务或增加基础设施投资。这些紧急援助足以暂时平衡当前的预算。尽管如此,联邦仍然没有用胡萝卜或大棒来奖励或惩罚支出的变化或减少债务的进展,两州在减少债务方面的进展远远低于预期。塞茨(Seitz,1998)的实证分析表明,在救助协议达成后,不莱梅和萨尔兰州的主要支出增长继续超过其他一些州。事实上,两个州都认为救助计划是不够的,他们解释了自己无力减少债务的原因,指出自己遭遇了意想不到的收入短缺。[②]

3. 各州之间差异阐释

到目前为止,最关键的事实很容易总结。德国各州在预算和借款决策上有相当大的自由裁量权,但通过税收和收费增加收入的权力却微乎其微。因此,债权人甚至可能是选民并不总是把州级官员视为自己财政的主宰者,而是把他们视为一个错综复杂的系统的一部分。此外,均等化制度还包含中央政府对各州和各州之间强有力的承诺,这些承诺被债权人解释为隐性债务担保。最近不莱梅和萨尔兰州的法院判决和救助都符合这一解释。

---

① "联邦呼吁各州共同出资",《商报》,1998 年 3 月 3 日。
② "关于萨尔兰和不莱梅援助的争议",《法兰克福报》,1998 年 2 月 25 日。

这听起来像是会导致普遍财政不守纪律的"处方"。然而,战后德国实行分权财政管理的经验并不是一场灾难。事实上,图7.2显示许多州已从20世纪70年代中期和80年代初的困难中恢复过来,并避免了大量的持续赤字。本节基于前面的章节展开论述,下一节试图利用随时间和各州的变化来解释财政违纪的根源。

H1:从长期来看,更大的赤字与转移依赖有关。

鉴于补助金转移支付在救助博弈中的核心地位,显然就应该从这些地方着手去找寻对国家财政行为的解释。从一开始,这些填坑的转移支付提供了一种明显的机制,州级官员可能希望通过这种机制获得未来的债务减免转移,实际上,法院在20世纪80年代末坐实了这一点。在获得规模最大且增长最快的转移支付的州,救助预期更为合理。债权人和选民意识到,地方债务负担不太可能导致违约、学校停课或公职人员被解雇,财政决策者可以抱有希望,认为未来几年更慷慨的转移支付将弥补不断增加的债务负担。这些收入来自联邦政府共同筹集的收入,从富裕州到贫穷州的再分配转移不仅被视为合法,而且被视为德国联邦制的基石。

因此,受援州的决策者有理由相信,如果债务负担最终变得不可持续,或者甚至更早些时候,额外的支持将会到来。对于最依赖转移的州来说,在20世纪70年代和80年代,当它们面临收入紧张和支出负担不断增加——这是第3章纾困博弈的第一个决策节点——时,它们几乎没有动力采取痛苦的调整措施。如果地方政客选择通过增加借贷来避免或推迟财政调整,并维持当前的支出水平——希望在未来从较富裕的州增加再分配转移——地方选民或债权人就没有理由惩罚他们。他们可以相当可信地宣称,他们的财政负担最终不是他们的责任。到目前为止,只有两个州进入了救助计划的最后阶段。在这个阶段,违约迫在眉睫,一场事关重大的救助闹剧成为报纸头条。[1] 然而H1假设,其他依赖转移的州在财政纪律方面也只有着微弱的动机。

在另一个极端,那些付费进入均等化体制却没有得到补助金转移的州——只有一些特定的、用于共同任务的适度转移——在面临类似衰退时,无

---

[1] 在撰写本文时,柏林似乎正朝着同一个方向进发。

法令人信服地向选民和债权人提出此类要求。如果他们超支并遇到偿债困难,就没有理由相信联邦会提供额外的资助。这一制度的目的只是填补那些已经落后并经常接受补充资金的州的亏空。

注意 H1 指的是长期动态;转移支付的暂时波动不应产生这种影响。如果这一趋势超过 1 年,则可能会导致更大的盈余。因此,下面使用的估量技术可以区分短期波动和长期发展。

图 7.3 显示了人均实际政府间补助的趋势和州际差异。它表明,在 3 个最富裕的州——巴伐利亚、黑森和北莱茵—威斯特法伦,转移率相对较低,增长幅度微乎其微,其他州则表现出温和的上升趋势,不莱梅和萨尔兰州的增长更为明显。此外,图 7.3 显示了 1991 年以后统一所涉及的旧的州的转移率普遍下降。

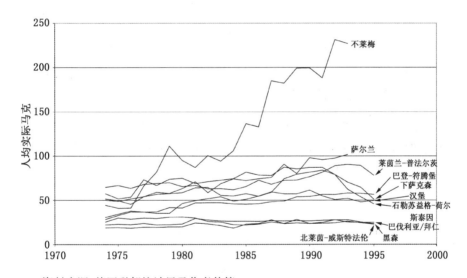

资料来源:德国联邦统计局及作者估算。

图 7.3　1974—1995 年州人均实际拨款

辖区规模和代表

H2:平均赤字在最小的州(代表份额过高)中最高。

政府间共同资源问题也可以由管辖范围的大小和结构决定。如前几章所述,一些辖区的规模可能大到足以使其财政活动和信用声誉产生足够的外部效应,以致联邦其他地区不能允许它们违约。如果事先知道这一点,这些管辖区可能在战略上采取宽松的财政政策。然而,德国也有理由期待一种抵消性的逻辑。最重要的是,政党创造了选举外部性,鼓励州级领导人关注联邦范围内的集体产品。如果像北莱茵—威斯特法伦这样的大州的政府通过战略上的过度支出来引发大规模的联邦救助,则它很可能会对宏观经济产生显著的影响,给该党带来难堪,并损害州级政客的职业发展。相比之下,产生最少的外部性的最小的州,救助成本相对较低,它们能够期望获得救助,并且把这种救助视为在进行再分配的政治分肥博弈中顺理成章的收益。

此外,小州可能会有更合理的救助预期,因为它们在联邦参议院的超额代表权增强了它们的议价能力(Seitz,1998)。当试图建立成本最低的联邦参议院联盟时,政府可能会倾向于"最便宜"的州——也是那些人均得票最多的州。原则上,我们可以区分规模(以人口或 GDP 衡量)和代表权(以人均立法席位衡量)的影响。然而,对于如此少量的横截面观察值,要做到这一点很难。分析中的另一个问题是,代表性与政府间补助金水平高度相关:在其他条件相同的情况下,代表性过高的州在吸引政府间转移资金方面更为成功。[1] 转让依赖性和议价能力可能会独立地产生救助预期,但议价能力对财政结果的影响也可能通过对转移的预期(和收益)起作用。下面的实证分析将尝试探讨这些可能性。[2]

党派合作

H3:当各州和联邦由同一政党控制时,效率会更高。

第 5 章认为,党派合作对财政纪律激励的影响在很大程度上取决于国家背景。一方面,在德国这样一个有着强烈的选举外部性的国家,如果救助计划预计会给联邦整体带来宏观经济成本,那么接受联邦政府的党派标签会降低

---

[1]　这种代表性和转移支付之间的关系是很常见的。参见罗登(Rodden,2002)就欧盟部长理事会,李(Lee,2000)针对美国参议院,安索拉贝雷(Ansolabehere,2003)等人讨论美国各州,和吉普森、卡尔沃和法莱蒂(Gibson,Calvo,and Falleti,2004)等人有关阿根廷和巴西的见解。

[2]　请注意,其他机制也可能是规模和财政管理之间关系的基础。最重要的是,小管辖区的经济多元化程度往往较低,因此更容易受到冲击(请注意图 7.2 中小州的波动情况),它们在生产某些公共产品时可能无法享受规模经济。

接受救助的预期收益。然而,直到 20 世纪 90 年代末,有关次国家财政违纪和
债务减免转移可能造成重大宏观经济集体成本的观点才成为公众讨论的一部
分。起初,关于债务减免转移的讨论把它们描绘成对现有的再分配制度的小
修小补。第 5 章认为,只要州一级的合作党派领导人认为债务减免转移只会
被视为有利于其选民的州际再分配,他们的救助预期就会比联邦反对党控制
的州更为合理。两党联合的州会比反对党在联邦层面控制的州花费更多、赤
字更大。我们再次遇到一个可能对支出和赤字产生直接影响的变量,或者一
个其影响可能通过补助金起作用的变量。下面将探讨这两种可能性。

一个虚拟变量得以建立,在联邦和州一级的高级联盟合作党派相同的情
况下,该变量为 1 年,否则为 0 年。一个更复杂的变量得以创建:当联邦和州
政府不属于同一个党派时,该变量得 0 分。当初级合作党派相同但高级合作
党派不同时,该变量得 1 分。① 当两个级别的高级联盟伙伴是相同的,但是每
个都有不同的初级联盟伙伴时,这种情况得 2 分。如果:(1)联盟是相同的,或
者(2)州党派单独执政,而联邦层次的政党是波恩政府的高级联盟伙伴,这种
情况得 3 分。同样,发生变化的选举年份是两个分数的加权平均值。

控制变量

商业周期　大多数关于政府预算的实证研究都是从一个基于巴罗
(Barro,1979)和卢卡斯与斯托基(Lucas and Stokey,1983)的基准假设开始
的。该假设认为,随着时间的推移,政府将试图使税率趋于平稳。然而,这种
模式在拥有有限税收权力的地方政府中是没有用的。对次国家政府的研究已
经审查了支出方面,找到了特定类型的资本支出跨时间平滑的证据(Holtz-
Eakin and Rosen,1993;Rattsø,1999,2000),但缺乏非持续性经常支出或总
支出方面的证据(Holtz-Eakin,Rosen and Tilly,1994;Rattsø,2004)。巴尤
米和艾肯格林(Bayoumi and Eichengreen,1994)检验了美国与其他地方的州
和地方政府执行凯恩斯主义反周期稳定政策的假设。最后,塞茨(Seitz,
2000)提出了一个适用于德国各州的地方财政决策理论模型。虽然税收平滑

① 这是相当罕见的。事实上,这种现象的唯一情形是,自民党(FDP)与基民盟(CDU)在一个层
面上联合,与社民党(SPD)在另一个层面上联合。

模型以政府支出为外生因素,并假设一个仁慈的政府会逐步平滑税率,以尽量减少累进税率对消费者造成的无谓损失,但塞茨模型假设收入是固定的,并为支出得出一个最优的政策规则。在这个模型中,排除了凯恩斯主义的财政稳定——支出和收入是适度的顺周期性,但预算赤字是反周期性的。为了解释这些可能性,该模型包括实际州级人均国内生产总值和失业水平。巴尤米和艾肯格林(Bayoumi and Eichengreen,1994)利用完整的州级部门的综合数据得出结论,州财政政策实际上是反周期的。通过使用分类的 GDP 和失业数据以及一个界定明确的模型,就有可能得出一个更坚定的结论。

选举预算周期 关于选举周期的文献太多,无法在此详细回顾(Alesina and Roubini,1997),但基本观点是众所周知的。从诺德豪斯(Nordhaus,1975)和塔夫特(Tufte,1978)开始,政治经济学家就提出,机会主义的在任政客有动机在选举前使用财政和货币政策工具为经济加热,一些学者试图收集选举前宏观经济波动的经验证据。最近,第二代政治商业周期模型认为,选举前的宏观经济大幅波动是不可持续的,而是在货币和财政政策工具中寻找选举周期的证据(Cukierman and Meltzer,1986;Rogoff,1990;Rogoff and Sibert,1988)。

后一种关于选举周期的观点最适合德国州层面的财政政策。州政府当然不能在州选举前操纵宏观经济环境,也不能控制货币政策工具,但它们确实可以控制支出和借贷决策。即使税率不是它们设定的,但税收征管是由它们负责的。在任的州政府可能会面临激励,增加在公共产品或重要选民的特殊项目上的支出,或在竞选期间减少税收(Wagschal,1996)。

竞选期的定义是任何州选举之前的 6 个月。如果选举在 7 月或以后举行(整个 6 个月的竞选周期与选举在同一日历年),则州年度选举预算周期变量为 1。如果选举是在 3 月至 6 月进行,则选举年份与前一年一样,将获得 0.5分。如果选举在 1 月或 2 月举行,赤字效应则将主要出现在前一年,因此选举年得分为 0,而前一年得分为 1。[1]

党派预算周期 有关党派经济周期的文献也很丰富。自道格拉斯·希布

---

[1] 另一种策略是根据每年的选举活动月份来衡量。这个结果与下面的结果非常相似。

斯(Douglas Hibbs,1987)以来,政治经济学家一直认为,左派和右派政党代表不同选派选民的利益,在执政期间,会颁布有利于他们的政策。尤其是,希布斯认为左翼政党更关心失业问题,而右翼政党更关心通胀问题。这就意味着,不同政党在失业/通胀组合中的系统性、永久性差异应该就会显示出党派差异。虽然州肯定没有选择这些组合的权力,但是最新的关于财政政策的文献可能在各州有直接的应用。首先,左翼政府的财政管理可能会对失业率更加敏感。具体来说,由于在制定税率方面,州几乎没有自主权,但在借贷和支出方面却拥有相当大的自主权,因此,在经济低迷时期,致力于解决失业问题的左翼政府除通过借贷来增加支出外,可能别无选择。换句话说,赤字对于失业的短期反周期效应可能会因左翼党派的偏见而增强。

党派之争不仅会影响商业周期的短期管理,也会影响长期支出和借贷模式。在对美国各州的研究中,阿尔特和洛里(Alt and Lowry,1994)认为,民主党人显然比共和党人偏向更高的支出水平,由民主党控制的州人均支出(和税收)高于共和党控制的州。曼弗雷德·施密特(Manfred Schmidt,1992:58)的调查数据显示,德国的社民党(SPD)支持者比基民盟(CDU)的支持者更倾向于更高的支出水平。由于缺乏收入自主权,左翼政府实现期望的唯一途径是靠赤字开支(Wagschalm,1996)。通过这种方式,州一级的政客可能会利用财政政策向选民展示他们的意识形态资历。即使这种转移制度可能降低收入不足或支出过度的成本,基民盟的政界人士也可能试图通过展示对小政府和平衡预算的承诺,将自己与竞争对手区别开来。获得财政保守主义者的声誉,或许也是基民盟占主导的州财政部部长或行政首脑的一个不错的仕途上升职业战略。

衡量党派属性有几种可能的方法。估计失业对左翼和右翼政府债务影响的最简单方法是创建一个虚拟变量。该变量的取值是:当社民党单独管理或者是高级联盟合作伙伴的时候为1,当基民盟和基社盟单独控制或是高级联盟合作伙伴的时候为0。为了检验更长期的观点,我创建了一个连续变量,该变量考虑了这样一种可能性,即在社民党/自由民主党(FDP)联合政府中,支出需求可能低于社民党单独执政时的需求。当然,政党意识形态很难衡量,但是胡贝尔和英格哈特(Huber and Inglehart,1995)开发了一种有用的技术,他们使用了对专家型政治学家、政治社会学家和实证调查研究员的调查,这些人被要求将政党从左翼到右翼划分为 10 个等级。胡贝尔和英格哈特报告了德国政党的平均位置:绿党 2.91,社民党 3.83,自民党 5.64,基民盟 6.42,基社盟 7.3。[①] 对于联盟,我只是取联盟成员得分的平均值。对于选举年,我使用选举前和选举后联盟得分的加权平均数,用每个联盟任期的月数加权。整个周期的平均值如表 7.2 所示。最左倾的州是不莱梅,平均得分 3.86 分;最保守的州是巴伐利亚。

政治碎片化 一些理论认为,碎片化或两极分化的联盟会造成更大的赤字,并累积更高水平的公共债务。鲁比尼和萨克斯(Roubini and Sachs,1989)以及阿莱辛娜和德拉赞(Alesina and Drazen,1991)认为,当持续的赤字成为问题时,政府各党派可能对谁应该承担调整成本产生分歧。在统一的一党政府的情况下,将这些成本外部化到一些不属于执政党选区的群体应该相对容易。然而,当两个或两个以上党派必须达成一致时,或者由于是联合政府,或者由于是分支机构之间形成的碎片化政府,对调整成本的分配会阻止或延迟对税收或支出的必要调整。同样,这里使用的经验方法并没有区分预期冲击和意外冲击,以便明确审查调整,但其逻辑应该导致拥有更多否决权的州出现更大的赤字。

虽然在比较国家时,这种变量的测量相当复杂,但在联邦州的背景中却相对简单。依照特瑟伯利斯(Tsebelis,1995)的做法,我假设每个联盟成员都是潜在的否决者,因此为每个联盟成员分配 1 分。一党政府得 1 分,两党联盟得 2 分(在此期间没有三党联盟)。同样,在必要的时候,选举年是用加权平均数来编码的。或许,一个更好的替代衡量方法,不仅要考虑否决票的数量,还要考虑它们的意识形态传播。一个意识形态分歧很大的联盟,其成员之间的距离可能会加大调整成本的分配难度。对于一党政府,这个变量的值为 0;对于两党联盟,这个变量取值于胡贝尔—英格哈特得分之间的距离。最大的意识形态传播当然是由基民盟和社民党组成的大联盟(2.59);最小的是基民盟和自民党(0.78)。表 7.2 显示,巴伐利亚和石勒苏益格—荷尔斯泰因州的平均

---

① 奥尔特(Alter,2002)进行了多次质量检查和报告,调查受访者彼此非常一致,他们的回答与其他研究也非常一致。

意识形态传播为 0。在整个过程中,巴伐利亚一直由基社盟控制,而石勒苏益格—荷尔斯泰因州在 1988 年直接从基民盟转向社民党。黑森州一直是最分裂的州,在所分析的时期内有三种不同类型的联盟。

选举竞争力

阿莱辛那和塔贝利尼(Alesina and Tabellini,1990)以及佩尔松和塔贝利尼(Persson and Tabellini,2000)探讨了一种可能性,即有些政客可能会策略性地使用债务,那些预计会输掉选举的政客,就会试图迫使其继任者承担债务偿付的责任,相应地就会挤出其他形式的支出,从而束缚其继任者的手脚。这导致一种假设,即在竞争极其激烈的政治体系中,赤字会更大,因为现任总统连任的预期往往较低。笔者使用一个政治竞争指数,计算方式为 1 减去赫芬代尔(Herfindahl)"政治集中指数":$1-\sum \alpha_i^2$,其中,α_i 是 i 党(作为高级联盟伙伴)在任期内的时间比例。随着竞争的加剧,竞争指数从 0 上升到 1。这个指标对于横断面分析是有用的,但它不随时间变化。对于时间序列横断面分析,很难提出"在任者感知连任概率"的指标。最合理的指标是现任联合政府高级合作党派在最近一次选举中的投票份额。

4. 实证分析

实证研究方法

该数据集包括 1974 年至 1995 年每一年对每一个原德国各州的观测数据。非常短的时间序列和截然不同的预算环境使得没法纳入新的州和柏林。[①] 此外,1994 年和 1995 年对不莱梅和萨尔兰的救助被剔出,因为那些年收到的大量救助导致补助金急剧膨胀,预算被联邦干预"人为地"平衡。

---

① 有关政府组成、选举时机和投票份额的数据取自美国当代德国研究所(http://www.jhu.edu/~aicgsdoc/wahlen)。财政、失业和人口数据是从《联邦统计报告》下载。国内生产总值数据由巴登—符腾堡州的统计数据提供(http://www.statistik-bund.de)。这些数据还被用来计算根据通货膨胀调整所有财政数据的州级平减指数。

　　一些潜在的计量经济策略也出现了。上面提出的一些假设主要是关于跨州差异的,而其他一些假设则需要分析州内随时间产生的变化——有些是短期的,有些是长期的。为了解决这些问题,实证分析分三个阶段进行。第一组时间序列横截面模型使用误差校正设置来区分关键变量的短期和长期影响。在这些模型中,因变量是一阶微分的,并纳入州虚拟变量来控制未观察到的截面效应。[①] 纳入固定效应的缺点在于它抑制了变量的影响,这些变量在各州之间不同,但随着时间推移而相当稳定,例如,德国联邦议院的代表和意识形态。因此,为了考虑一些横截面效应,还估计了一个随机效应模型。最后,虽然自由度很低,但估计一个简单的横截面平均效应间模型,以说明结果在多大程度上是由持续的跨州差异驱动的,是有指导意义的。

　　对于时间序列截面模型,有几个原因支持误差校正设置。在这种设置中,内生变量是一阶差,而随时间变化的回归量是既作为一阶差也作为滞后水平输入。这种设置使得人们可以区分短期效应和长期效应。人均实际补助金滞后水平系数衡量的是财政结果的长期持久影响,而一阶差异系数衡量的是短期的暂时性影响。类似地,GDP滞后水平和失业率系数估计了经济变化的长期影响,而变化变量系数使得人们可以检验商业周期的短期反应。对因变量进行一阶差分的另一个原因是,要将支出和收入等财政变量中可能存在的非平稳性所造成的偏差最小化。

　　也许最严重的计量经济学挑战是补助金的可能内生性。过去的赤字可能会导致补助增加,或者——即使模型控制了GDP和失业率——补助和赤字可能是由一些未被观察到的因素共同造成的,比如,某个行业的衰落或人口结构的变化。此外,如上所述,补助金水平可能是由一些其他外生变量"引起"的,如代表性、党派合作或宏观经济控制等。理想情况下,经验主义的建构将为补助金提供工具。然而,很难找到一个好的工具,因为与补助金相关的变量——首先是联邦参议院的代表——也将与财政业绩方程的误差项相关。[②] 另一种

---

　　① 为了控制像20世纪70年代早期的石油危机和90年代早期的统一这样的事件的影响,评估模型也包含了一个年度虚拟变量矩阵,尽管这并不影响结果。

　　② 有意思的是,无论采用什么滞后结构,补助金都不会由失业率或GDP来预测。它不会随着选举周期而移动,党派变量也表现不好。补助金显然不是针对党派联合的州,也不是针对犹豫不定的州。在预测拨款水平方面,唯一表现良好的变量是德国联邦参议院的人均席位。

可能是使用补助金的过去值作为工具，或者使用第 4 章中的阿雷拉诺—邦德（Arrelano-Bond）GMM 技术。在该技术中，滞后结构用于测量所有时变外生变量。所有这些方法的结果都与下面介绍的简单模型相似。[①]

模型的误差修正版本如下：

Δ 盈余$(t) = \beta_0 + \beta_1$ 盈余$(t-1) + \beta_2 \Delta$ 补助$(t) + \beta_3$ 补助$(t-1) + \beta_4$ 联邦参议员人均席位$(t) + \beta_5$ 合作党派关系$(t) + \beta_6 \Delta GDP(t) + \beta_7 GDP(t-1) + \beta_8 \Delta$ 失业率 $+ \beta_9$ 失业率 $t(t-1) + \beta_{10}$ 选举年$(t) + \beta_{11}$ 意识形态$(t) + \beta_{12}$ 否决者$(t) + \beta_{13}$ 最近的投票份额$(t) +$ 土地和年份虚拟 $+ \varepsilon$　　　　(7.1)

该模型的结果如表 7.2 所示。除了盈余模型外，表 7.2 还报告了使用实际人均支出和实际人均收入作为因变量的相同模型的结果。对于某些假设，检验影响财政平衡的变量是通过支出方面、收入方面或两者兼而有之，是有帮助的。使用其他估算技术也得到了类似的结果，通过分析出现衰退的州的实验表明，结果不是由异常值（如不莱梅或萨尔兰州）驱动的。

表 7.2　　　　　　　　　　　联邦州层面财政成果估计（固定效应）

	因变量		
	Δ 实际人均盈余	Δ 实际人均支出	Δ 实际人均收益
因变量$_{t-1}$	-0.80^{***} (0.11)	-0.70^{***} (0.10)	-0.44^{***} (0.10)
Δ 补助金	0.70^{**} (0.33)	0.03 (0.28)	0.70^{***} (0.15)
补助金$_{t-1}$	-0.19 (0.17)	0.98^{***} (0.18)	0.46^{***} (0.15)
党派合作	-73.92^{**} (35.99)	53.42^{*} (28.84)	-13.79 (23.60)
Δ 人均 GDP	0.01 (0.04)	0.06^{*} (0.03)	0.07^{***} (0.02)
人均 GDP$_{t-1}$	-0.02^{**} (0.01)	0.04^{***} (0.01)	0.01 (0.01)
Δ 失业率	-7.42 (52.80)	-1.1 (44.77)	3.12 (32.13)

[①]　Arrelano-Bond 技术在这里不太合适，因为横截面观察数量很少。

	因变量		
	△ 实际人均盈余	△ 实际人均支出	△ 实际人均收益
失业率 t_{-1}	6.61 (20.27)	18.95 (19.29)	20.02 (12.44)
选举年	−74.26* (38.06)	48.56 (31.98)	−21.44 (24.61)
意识形态	50.37** (24.50)	−22.16 (20.02)	13.78 (13.88)
政治分裂/碎片化	40.3 (27.94)	−40.16* (23.35)	−8.26 (14.12)
政府党派的投票份额	−362.1 (603.71)	−416.51 (499.32)	−730.24** (322.90)
常数	466.96 (707.72)	4 137.41*** (790.61)	3 132.23*** (731.67)
观察样本数	206	206	206
州数量	10	10	10
R^2	0.63	0.58	0.72

注:* 表示 10%水平上显著;** 表示 5%水平上显著;*** 表示 1%水平上显著。

括号中为经过面板校正的标准误差。

盈余、补助、支出、收入和国内生产总值按实际人均计算,没有报告虚拟国家变量的系数。

必须更加谨慎地对待表 7.3 中提出的结果,但它们提供了有价值的信息。这些模型删除了联邦州虚拟变量,以便允许跨州的变化影响结果。不出所料,这些结果对各州的包含和排除更加敏感。注意,因为包含了固定效应,表 7.2 中的回归没有纳入不随时间变化的联邦参议院代表变量,但是在随机效应模型中纳入了这个变量。

表 7.3　　　　　　　**联邦州层面财政结果估计(随机效应)**

	因变量		
	△ 实际人均盈余	△ 实际人均支出	△ 实际人均收益
因变量 t_{-1}	−0.62*** (0.12)	−0.19*** (0.05)	−0.04 (0.04)

续表

	因变量		
	△ 实际人均盈余	△ 实际人均支出	△ 实际人均收益
△ 补助金	0.54 (0.36)	0.11 (0.34)	0.76*** (0.16)
补助金$_{t-1}$	−0.24** (0.12)	0.54*** (0.17)	0.09 (0.09)
人均联邦参议院席位的对数	−115.36* (41.80)	69.95* (40.09)	11.95 (16.89)
党派合作	−127.25*** (39.82)	117.13*** (34.85)	13.34 (27.15)
△ 人均 GDP	0.01 (0.04)	0.08** (0.03)	0.08*** (0.03)
人均 GDP$_{t-1}$	−0.003 (0.003)	0.03*** (0.01)	0.01 (0.01)
△ 失业率	−67.09 (54.20)	63.13 (52.32)	25.45 (36.27)
失业率$_{t-1}$	−19.66** (8.59)	29.5** (12.30)	6.66 (8.06)
选举年	−79.48* (43.22)	49.18 (40.90)	−21.9 (27.90)
意识形态	69.93*** (20.43)	−40.56** (17.89)	−5.76 (11.59)
政治分裂/碎片化	38.8 (26.65)	−20.6 (24.35)	−10.56 (16.09)
政府党派投票份额	−708.44 (499.82)	935.85* (511.54)	88.7 (285.28)
常数	−1 766.62*** (652.95)	283 (585.67)	−101.93 (311.72)
观察数量	206	206	206
州数量	10	10	10
R^2	0.56	0.36	0.62

注：＊表示在 10％水平上显著；＊＊表示在 5％水平上显著；＊＊＊表示在 1％水平上显著。

括号中为经过面板校正的标准误差。

盈余、补助、支出、收入和国内生产总值按实际人均计算。

最后,表7.4给出了最直接也是最钝的模型结果:截面平均值上的OLS回归。除政治竞争指数(political competition index)以外,所有变量都是相同的。政治竞争指数取代执政党的选票份额,成为衡量选举竞争力的指标。当然,人们应该对只有10个观察值的回归持怀疑态度,但有几个变量确实在完整的模型中接近统计显著性。

表7.4　　平均联邦州财政成果估计(截面平均数)

	因变量		
	平均实际人均盈余	平均实际人均支出	平均实际人均收益
补助	−0.41** (0.10)	3.00** (0.33)	2.59** (0.30)
人均联邦参议院席位的对数	−151.00* (41.78)	−85.24 (138.83)	−236.24 (124.71)
党派合作	−450.99* (158.11)	153.04 (525.42)	−297.94 (471.95)
人均GDP	0.0002 (0.002)	0.21*** (0.010)	0.21*** (0.010)
失业率	−63.89** (15.36)	301.83** (51.05)	237.94** (45.86)
意识形态	73.28** (16.72)	134.45 (55.55)	207.73* (49.90)
政治竞争力指数	351.4** (78.55)	−123.94 (261.04)	227.46 (234.48)
常数	−2 150.97* (645.14)	−8 021.93* (2 143.85)	−10 172.90** (1 925.71)
州数量	10	10	10
R^2	0.99	0.99	0.99

注:*表示在10%水平上显著;**表示在5%水平上显著;***表示在1%水平上显著。

括号中为经过面板校正的标准误差。

盈余、补助、支出、收入和国内生产总值按实际人均计算。

估计:OLS(效应之间)。

结果

补助金　这些结果讲述了一个关于德国政府间拨款的有趣故事。拨款的短期增加对财政收支平衡有很大的积极影响(见表 7.2 第一栏),符合人们的预期。在其他条件相同的情况下,补助金的短期增加对收入有很大的积极影响(见表 7.2 第三栏),但对短期支出(见表 7.2 第二栏)没有明显的影响。

然而,在审查了滞后的补助水平的系数后,H1 似乎得到了支持。固定效应模型中滞后补助金的系数为−0.19,没有获得统计显著性,而随机效应模型中滞后补助金的系数为−0.24,具有高度显著性。经过仔细研究,如果 20 世纪 70 年代从固定效应模型中删除,那么系数也是显著的(并且实质上更大)。回顾上文,直到 20 世纪 80 年代才正式讨论使用补充转移以减免债务的可能性。此外,更复杂的模型,如阿雷拉诺—邦德(Arrelano-Bond)GMM 方法,使用进一步的补助金滞后作为工具,导致该变量具有非常显著的负面系数。同样,允许补助对于党派合作和联邦参议院代表等变量具有内生性的模型也是如此。此外,出于对反向因果关系的考虑,我还将人均补助金变量替换为另一个(高度相关的)变量。该变量在最后阶段抓取了各州在均等化系统中的相对位置,这是一个州过去的财政行为完全自动且外生而成的变量。这个变量是预期的信号,并且在每个估计中都非常重要。

这意味着什么? 这些系数表明,如果控制国内总产值和失业的发展,则政府间补助拨款长期每人增加 100 马克,财政结余就会人均减少 19 至 24 马克。收入和支出方程也很有趣。表 7.2 中的系数主要由时间序列变化驱动,说明存在较大的长期"蝇纸效应"。从长期来看,补助增加的每一分钱几乎都要用掉(支出系数为 0.98)。[①] 很简单,似乎随着各州越来越依赖转移支付,它们更倾向于增加开支并通过借贷为这些增长提供部分资金。从长期来看(见表 7.4),我们看到越依赖转移支付的州人均支出更多、赤字更大。

虽然这些结果对于不同的规范是稳健的,包括允许内源性补助的模型,但是对于因果关系的谨慎是有必要的。如果没有一种良好的手段,就不能排除补助、支出和赤字增加是由一些未观察到的现象共同造成的可能性。人们只能说,这是一种有趣的相关性——但如果不借助纾困预期的概念,则很难解释这种相关性。

---

① 这些结果与另一篇明确检验是否采取调整的文章是一致的。罗登(Rodden,2003b)表明,国家越依赖转移,当面临负收入冲击时,调整支出的可能性就越小。

辖区规模　由于表7.2模型对固定效应的控制,联邦参议院人均席位变量只包括在随机效应模型和效应间模型中。虽然与补助的相关性较高,但在表7.3的赤字模型中,甚至在表7.4的效应间估计中,该变量都有显著的负系数。人均拥有更多联邦参议院席位的州不仅获得更多的补助,而且支出更高,人均赤字更大。不幸的是,无法区分管辖区规模大小和代表性的效应。用联邦州的人口或实际国内生产总值(GDP)代替代表变量,表述的就是一个相当类似的意思。无论如何,与上述关于政党制度在缓解"大到不能倒"的问题中的作用的论点相一致,德国最大的州是最不容易出现财政赤字的。

党派合作　虽然党派动机可能会阻碍富裕的大州利用自己的规模获得救助,但分析支持了将党派合作与增强救助预期联系起来的假设。在其他条件相同的情况下,每一个模型都表明,由领导联邦政府的政党控制的联邦州政府支出更多,赤字也略高于由反对党控制的州。对于上述更为复杂的党派合作度量,也得到了类似的结果,还估计了各种相互作用的特定情况(未报告)。最重要的是,他们揭示出,党派合作与财政结果之间的这种关系主要是由相对较小的州推动的,在这些州,如果上述逻辑是正确的,则寻求再分配纾困的潜在政治成本是最低的。[①] 没有发现政府间政党裙带与补助或总收入之间有任何关系。也就是说,在分配政治游戏中,联邦政府的合作党派似乎没有得到体制性的支持。然而,在其他条件相同的情况下,至少在相对较小的州中,党派合作支出更多,赤字更大。最合理的解释似乎是,这些州的合作党派认为,联邦政府不提供救助的承诺不太可信。

控制变量　人们有可能相当坚决地反对"州实施反周期财政政策"的观点。事实上,证据给出了良性的顺经济周期效应。表7.2中"国内生产总值变动"一栏显示收入和支出随商业周期变动——收入会大于支出——但国内生产总值的波动对赤字没有明显影响。[②] 收入和支出的系数实际上与塞茨(Seitz,2000)最近使用不同估计技术的研究相同。[③] "失业率的变化"系数几

[①] 进一步的互动分析显示,无论是社民党还是基民盟执政,这种关系都是相似的。

[②] 滞后 GDP 的系数表明,从长远来看,随着国家变得更富裕,它们的支出和借贷也会更多。

[③] 唯一不同的是,塞茨的证据支持适度的反周期赤字。

乎接近于 0。当这个变量与党派偏见模型相互作用时也是如此。[1] 连同塞茨（Seitz,2000）的结论一起,与巴尤米和艾肯格林（Bayoumi and Eichengreen, 1994）的总体结果相反,这些结果证实了在联邦州层面上不存在凯恩斯反周期的财政管理。

然而,分析结果显示选举预算周期假说得到了强有力的支持。表 7.2 和表 7.3 中选举年变量系数的统计显著性通过加入年份虚拟变量得到抑制。当删除年份虚拟变量时,这些系数在 0.01 水平上是显著的。结果表明,在选举年,各州的财政赤字会以人均 75 马克的速度增长。

虽然没有证据表明左翼和右翼党派影响政府对商业周期的反应,但执政联盟的意识形态得分与财政结果相关。具体来说,右翼政府比左翼政府花费更少,借贷更少。这种关系在随机效应和效应间的估计中最强,表明它主要是由长期的跨州变化驱动的。对此有几种可能的解释。首先,基民盟和基社盟的联邦州官员可能对小政府和低债务抱有个人信念。其次,它们可能代表选民的偏好。最后,他们可能希望给联邦合作伙伴留下深刻的印象。

人们普遍认为,联合政府的存在或联盟伙伴之间意识形态的传播与预算赤字有关,但这一观点没有得到支持。在最近的选举中,高层联合政府合作党派的选票份额———一种不完美但公认的连任预期表征———在时间序列横截面模型中表现不佳,政治竞争指数在简单的横截面模型中相当敏感。

调查结果总述 显然,在各州内部和各州之间,对政府间转移的日益依赖与更大的开支和更高的赤字有关。人均开支最高和赤字最大的州也是人数最少、代表最多的州。尽管在缺乏有效工具的情况下,有关因果关系的说法必须保持低调,但这些结果可能反映出,在规模相对较小、依赖转移的地区或州,纾困预期更为理性。此外,在规模较小、可能在不引发宏观经济危机的情况下获得纾困的地方政府中,与反对党控制的州相比,党派合作的地方政府支出更多,赤字也更大。最后,在选举年,在由左翼控制的州或地区,赤字会系统性地扩大。

---

[1] 只有在非常长期的情况下,高失业率才会与高收入和高支出相关联(见表 7.4)。

5. 结 论

正如在第 2 章中所讨论的,美国政治科学著述——从《联邦党人文集》到威廉·里克(William Riker)再到巴里·温加斯特(Barry Weingast)——已经发展出一种规范的观点,认为联邦要么过于权力分散(比如,汉密尔顿对德意志帝国的描述),要么过于中央集权(比如,纳粹德国),因此意图寻求一些"平衡"的制度来源。然而,战后德国的问题可能不是中央过于强大或太弱,而是两者兼而有之。中央政府财力雄厚,在税收立法中占据主导地位,其权利和义务引发了人们希望在日益多元化的联邦的每一个角落都能获得非常相似的公共服务的期待。然而,中央政府的立法和管理政策的能力受到各州作为联邦参议院否决权的角色以及它们在官僚管理中的主导地位的严重限制。尽管中央政府的财政义务削弱了其不提供救助的承诺,但其宪法和政治上的限制却阻止了它从上而下强化纪律。

均等化体系为抵御收入冲击提供了有限的保障——它不允许州收入远低于全国平均水平。但它没有为完全补偿收入或失业冲击提供保险,也决不会确保各州的支出可以保持不变的增长轨迹。换言之,各州并没有免除进行政治上痛苦调整的义务。然而,越来越多的可自由支配的补助款项似乎给受助人留下了这种印象。本章认为,这些补助金——加上维持同等生活条件的宪法义务——为政治家提供了理性的信念,即通过增加转移支付,将来可以将当前的赤字转移到其他辖区的居民身上。即使不确定是否会提供这些援助,以及这些援助将采取何种形式,最依赖转移的州的政客也没有理由担心,如果他们的偿债负担增加,则选民和债权人会勃然大怒。

转移制度不是唯一的重要激励架构,本章还指出了党派政治和选举的作用。由左翼政党控制的州有更多的债务,而支出和债务在选举年份更为显著。此外,在由联邦政府合作党派控制的小州,支出和赤字更高。最具吸引力的解释是,这些州最有能力将自己定位于再分配救助,而不会被指责为破坏国家集体利益。德国并没有被"大到不能倒"的问题所困扰,这个问题将在下一章有关巴西的内容中凸显出来。在最小的州,与要求救助相关的政治尴尬状况有所缓解,这些州可以更可信地宣称,它们的财政困境——通常是由明显的外生冲击造成的——不是它们自己造成的。相比之下,如果一个大州的行政首脑或财政部部长的政治生涯面临不可持续的赤字,并获得了巨额的联邦救助,他的政治生涯很可能会受到损害。

在德国,救助的整体宏观经济成本有待商榷。相对于德国的 GDP,不莱梅和萨尔兰的实际救助计划成本并不高。然而,可能存在的示范效应以及所有州对救助预期的上升有些令人担忧。法院的判决已经清楚地表明,《基本法》意味着联邦政府对地方/州的债务提供担保。接受财政平衡计划的州对救助抱有很高的期望。然而,随着不莱梅和萨尔兰救助计划尘埃落定,现在也很清楚,救助既不会一蹴而就,也不会在政治上毫无痛苦。这些政府必须将救助博弈推进到最后阶段,并忍受公众监督和最终的尴尬。虽然救助预期增加了,但寻求救助的政治成本也有所上升。在媒体上,财政违纪行为的成本和各州的债务负担越来越吸引眼球,选民们越来越倾向于将该州的救助请求视为对宏观经济稳定的威胁。

第 5 章对再分配救助和负和救助的区分是有意义的。从某种程度上说,德国各州的政客们已经将自己定位于要获得救助,他们的理解是,这些救助将被视为再分配——来自相对贫穷、受补贴各州的政客们利用债务负担来说明,自己获得更大规模的拨款是公平合理的。然而,如果选民认为这些调整会带来集体的宏观经济成本,那么强大的、一体化的政党体系会抑制地方政治家顽固地拒绝调整并申请救助。尽管德国的转移制度及其法院的解释无疑创造了一个耐人寻味、可能带来灾难性后果的道德风险问题,但破坏国家宏观经济稳定的政治代价(由政党制度促成)又让其严重性有所降低。

然而,不莱梅和萨尔兰、柏林以及大部分新州的债务水平正在迅速上升。与救助相关的政治尴尬和联邦干预是否会阻止他们寻求救助还有待观察。联邦政府无力控制州政府债务,这在德国无法遵守《稳定与增长公约》(Stability and Growth Pact)中扮演了重要角色。在当前的政治话语中,各州之间的不负责任被描述为对德国宏观经济成功和国际竞争力造成威胁的几个主要原因之一。许多观察人士——尤其是富裕州的观察人士——一致认为,政府间财政体系的基本改革早就应该进行。但是,成功的改革需要当事者的同意,在这种情况下,是相对贫穷的地方政府的同意,这些当事人可能会有所损失。重新谈判德国财政宪法的困难过程是近年来德国公共政策议程中最棘手的问题之一。因此,关于德国的讨论还没有完成。第 9 章讨论联邦制改革的政治经济学,它将回到德国的案例,讨论重新谈判德国财政合同的问题和前景。

第8章　巴西的财政联邦制危机

没有出现亚历山大·汉密尔顿(Alexander Hamilton)这样的人……迫使所有党派为了(巴西)联邦的福祉抛开他们小气的嫉妒并牺牲他们的私利。

——《哈格德月报》,1907年6月[1]

与20世纪90年代的巴西相比,战后的德国,在存在有联邦政府担保的情况下,各州无限制举债的问题只不过是件麻烦的小事。虽然在德国不可持续的借贷和救助仅限于最小的几个州,但本案例研究讨论了一种财政违纪和救助的模式,它可以扩展至巴西大多数的州。此外,巴西的财政联邦制危机对宏观经济稳定有直接影响。

巴西是发展中国家中权力最分散的国家。它在联邦制和分权方面有着悠久的历史,在过去二十年中变得更加分权。20世纪90年代,各州和市政府平均承担了逾1/3的收入筹集、近一半的公共消费以及近40%的公共部门净债务存量。政治和财政分权是20世纪80年代巴西向民主过渡的关键组成部分。对巴西自那时以来的经验的考证表明,在不平等、政治分裂和强大的联邦主义的背景下,财政分权给宏观经济管理带来了严峻的挑战。最重要的是,巴西不得不应对的次国家债务可算是世界上最严重和最持久的问题之一。巴西在20世纪80年代末到2000年之间经历了三次主要的州级债务危机。每次在紧急关头,各州——已经面临着人员和利息支出高昂的不稳定财政状

---

① 沃思(Wirth,1977:219)。

况——被推入外来冲击引发的偿债危机。在这三次危机中,他们的第一反应都是要求中央政府提供救助,而每一次,联邦政府的反应都是采取措施承担州债务。

本案例研究的任务是 20 世纪 80 年代和 90 年代巴西各州之间的财政违纪行为的政治和经济基础。尽管德国和巴西之间存在相当大的差异,但本章揭示了半主权的州借贷风险的一些惊人相似之处。最重要的是,基本的财政契约清楚地在州长、选民和债权人中产生了这样一种看法,即各州对自己的义务不负最终责任。尽管嘴上嚷嚷,但中央政府无法令人信服地承诺在危机期间不救助陷入困境的各州。最重要的是,由于各州在立法机构中有强有力的代表权,因而它们能够影响中央政府关于地方财政的有关决定,从而破坏了这一承诺。但与德国不同的是,巴西在 20 世纪 80 年代和 90 年代实行的政党制度,既没有给立法者也没有给州长提供关注国家宏观经济稳定的理由。

与前一章一样,本研究使用跨州的时间序列数据来更准确地理解这个问题。虽然数据质量并不理想,而且数据可靠性也不太高,但看起来,与德国一样,转移依赖的增加与支出和赤字的增加相关。此外,在立法机构中人均票数最多的州不仅获得更多的转移支付,而且支出更多,赤字也更高。还有令人信服的证据表明,与联邦行政长官有相同政治立场的州长,赤字更大。此外,巴西各州也表现出明显的选举赤字周期。

然而,分析也强调了两国之间有趣的差异。在德国,只有最小和最依赖转移的州才有理性的救助预期;当它们发生时,是通过高等法院强制执行,而不是通过政治讨价还价经由谈判而得以成行。与此形成鲜明对比的是,巴西的制度有一个由来已久的先例,那就是地方政府债务的重新谈判,就像自由裁量的转移支付一样,是在立法机构上演的分配政治游戏中的战利品,这为所有州提供了合理的纾困预期。此外,与德国的情况形成鲜明对比的是,巴西最大、最富裕的几个州有最多的债务,接受了规模最大的救助。

第一部分描述和分析巴西政府间体制创建的激励结构,第二部分更详细地分析了危机事件,第三部分提出并考证了巴西各州财政行为跨州差异的几种可能解释,最后一部分将再次回到巴西与德国的比较。

1. 巴西联邦制

巴西 1988 年的《宪法》规定了联邦制度的结构,即包括联邦、26 个州加上联邦区(巴西利亚)和不断增加的城市。与德国不同,巴西是一个总统民主制国家。下议院(众议院)由 513 名议员组成,他们是通过以各州为选区、名单公开的比例代表制选举产生。参议院由来自每个州的 3 名参议员组成,任期 8 年,没有任何限制。虽然小州在上层立法机构的代表权过多是大多数联邦民主国家的核心特征,但这种不对称在巴西尤其严重,上议院和下议院两院都是如此(Samuels and Snyder,2001;Stepan,1999)。

巴西的联邦制度与德国的相似,联邦和州一级的活动高度交织在一起,中央政府大量参与资助和监管各州。与德国一样,各州有广泛的借款渠道——尤其是从国有银行借款——而在联邦政治机构中各州的强大代表权阻碍了联邦政府监管的努力。然而,本章强调的一个关键差异在于,巴西的总统制和选举制度形成了一个比德国弱得多的政党制度。

财政联邦制

支出　当然,没有一部联邦宪法能够完美地指导各级政府之间的支出分配和政府权力,但巴西 1988 年的宪法远没有大多数宪法有帮助。制定宪法的全国制宪会议通过移交税收权力和保证转移支付让渡了大量的收入,并确保各州高度的财政和预算自主权。但是,它很少具体说明支出责任。宪法确实仔细地概述了联邦政府权限的一些专属领域,其中包括规范财政联邦制理论中通常分配给中央政府的大部分职责:国防、共同货币、州际商务和国家高速公路。宪法还明确规定了一些市政府的支出活动,但并没有明确规定各州的任何专属责任;相反,它列出了联邦政府和州政府的各种并行或联合责任。这份清单涵盖各种主要支出领域,包括卫生、教育、环境保护、农业、住房、福利和警察。在这些并行的政策领域,宪法规定联邦政府要制定标准,州政府要提供服务。宪法还规定,各州有权在所有未列举的政策领域进行立法。

在实践中,大多数政策领域是由两级有时是三级政府共同占据的。自

1988 年以来,权力下放一直是一个无序的过程。在这个过程中,联邦政府由于财政收入的下放而面临财政压力,逐渐停止了一些项目。在教育、卫生、城市交通、娱乐、文化、儿童养老、社会救助等领域,这三个层面的工作不协调,有时会导致"服务提供混乱无序"(Shah,1991:5)。宪法几乎没有对各州的支出活动作出具体限制。各州根据自己的议事日程安排支出的优先次序,甚至试图在共同责任领域通过谈判获得转移支付,诱使中央政府为他们中意的项目提供资金。然而,在整个 20 世纪 80 年代和 90 年代,宪法大大限制了州在公共部门人事管理领域的自治。根据 1988 年的宪法,各州不能解雇多余的公务员,也不能名义上降低工资。在 20 世纪 90 年代,退休的州雇员有权领取与其离职工资相等的养恤金,以及随后给予他们以前职位的任何加薪。这些宪法规定严重限制了州控制人事费用的能力。考虑到这些成本在州收入中的重要性,当财政状况要求削减开支时,各州很难进行调整。

收益　与南美邻国相比,巴西联邦制度最显著的特点之一是一些州在提高自身收入方面所起的作用相对更重要。在整个 20 世纪,巴西各州通过税收为其开支提供了相当大的一部分资金——首先是出口税,然后自 20 世纪 30 年代以来又收取流转税。这在 20 世纪 60 年代被增值税取代,现在被称为商品及服务流通税(ICMS)。此外,他们还可以获得机动车税、遗产税和赠礼税。联邦政府允许各州对个人和公司收入征收高达 5％的联邦附加税。联邦政府对个人所得税(IRPF)、公司所得税(IRPJ)、工资、财富、外贸、银行、金融和保险、农村地产、水电和矿产产品的税收承担全部责任。联邦政府还管理一种增值税——工业产品税(IPI)。联邦政府来自所得税、农村地产和 IPI 的收入必须与州和地方政府共享。①

ICMS 占税收总负担的 23％,占各州税收的 84％(Mora and Varsano,2001:5)。ICMS 的征收基于原产地而非目的地,这使得贫穷的州(其消费通常超过生产)难以增加收入,并使这些州能够将其税收负担转嫁给其他州(World Bank,2002a)。此外,虽然从技术上讲是非法的,但各州以较低的税率和对生产商的豁免大力争夺移动投资者,导致一些批评人士抱怨,州与州之

---

① 巴西税收体制的一个关键问题是,由于联邦政府有责任让各州分享这些税收的大部分,因而它就试图过度扩大一些不受分摊影响的低效、层叠的税收(Mora and Varsano,2000)。

间的"财政战争"缩小了各州的税基,加重了州与州之间的商业负担,使税收管理复杂化,并加剧了州与州之间的收入差距。① 与支出权一样,税收权分配的重叠与财政联邦制的基本原则相矛盾,导致混乱和效率低下。特别是联邦政府的 IPI、各州的 ICMS 和一些地方政府的税收重叠,管理极其复杂。

表 8.1　　巴西各州 1990—2000 年主要的财政和人口统计数据平均值

项目\地区	人口	贫穷指数	人均实际GDP(1995 年巴西元)	人均实际州支出(1995 年巴西元)	州财政赤字占收入的比例	州收入的转移支付份额
阿克雷(Acre)	468 867	30.66	2 066.34	890.76	—0.098	0.753
阿拉戈斯(Alagoas)	2 636 603	51.40	1 680.58	277.73	0.030	0.463
阿马帕(Amapá)	355 923	37.19	3 206.24	1 229.55	—0.017	0.706
亚马孙(Amazonas)	2 337 339	32.83	4 849.87	565.16	0.009	0.249
巴伊亚(Bahia)	12 480 193	51.12	2 252.30	332.57	—0.018	0.273
塞阿拉(Ceará)	6 731 876	54.11	1 832.65	307.42	0.022	0.311
联邦直辖区(Distrito Federal)	1 774 824	12.98	7 836.46	1 714.53	—0.007	0.551
圣埃斯皮里图(Espírito Santo)	2 773 477	28.24	4 234.46	645.81	—0.088	0.198
戈亚斯(Goiás)	4 405 601	24.45	2 740.13	456.99	—0.139	0.139
马拉尼昂(Maranhão)	5 187 500	64.20	1 024.06	207.57	0.056	0.557
马托格罗索(Mato Grosso)	2 227 149	25.83	2 994.60	600.56	—0.125	0.239
南马托格罗索(Mato Grosso do Sul)	1 905 740	23.48	3 542.96	573.29	—0.131	0.188

---

①　1996 年所谓的《坎迪尔法》通过免除出口和投资货物的责任,并允许纳税人用以前为其所有投入支付的税款来补偿其债务,大大改变了 ICMS。

续表

项目 地区	人口	贫穷 指数	人均实际 GDP(1995年 巴西元)	人均实际州 支出(1995年 巴西元)	州财政 赤字占收入 的比例	州收入的 转移支付 份额
米纳斯吉拉斯 (Minas Gerais)	16 517 107	27.64	3 824.05	504.97	−0.043	0.158
帕拉(Pará)	5 425 679	38.34	2 367.17	276.29	0.004	0.385
巴拉那 (Paraná)	8 867 247	21.59	4 417.68	450.72	−0.011	0.147
帕拉伊巴 (Paraíba)	3 300 224	47.48	1 589.76	288.81	−0.086	0.536
伯南布哥 (Pernambuco)	7 375 282	46.84	2 373.88	311.16	0.002	0.280
皮奥伊 (Piauí)	2 673 439	60.59	1 137.13	271.97	−0.038	0.555
里约热内卢 (Rio de Janei- ro)	13 305 537	14.40	5 580.57	642.50	−0.070	0.125
北里约格兰德 (Rio Grande do Norte)	2 545 940	44.32	1 924.42	365.71	−0.086	0.482
南里约格兰德 (Rio Grande do Sul)	9 560 723	18.65	5 604.92	675.65	−0.032	0.118
隆多尼亚 (Rondô nia)	1 243 090	22.90	2 469.33	530.27	−0.140	0.452
罗来马 (Roraima)	246 824	10.65	2 212.90	1 334.00	−0.070	0.703
圣卡塔琳娜 (Santa Catari- na)	4 824 261	15.27	4 951.90	552.24	−0.070	0.151
塞尔希培 (Sergipe)	1 603 101	46.24	2 395.81	506.83	−0.013	0.437
圣保罗 (Saão Paulo)	33 704 209	9.89	6 850.41	893.38	−0.080	0.069
托坎廷斯 (Tocantins)	1 023 999	51.57	1 192.50	588.80	−0.135	0.630

资料来源:IBGE,各年;财政部,各年;以及作者的计算。

虽然巴西各州确实可以征收一种基础广泛的重要税种,而且一些较富裕的州通过当地增加的收入为其大部分支出活动提供资金,但政府间转移支付是巴西联邦制度极为重要的一个方面。虽然与拉丁美洲其他联邦相比,整个国家部门的垂直财政不平衡总体水平较低,但各州的转移依赖程度差别很大。

表8.1的最右侧一栏显示所有州的20世纪90年代平均转移依赖水平。在此期间,圣保罗平均仅7％的收入依靠联邦政府,而对于阿克雷而言,这一数字为75％。收入通过以下方式转移到州和市:(1)宪法规定的税收分享安排,以及(2)非宪法规定的、特定目的的转移。

收入分享安排在巴西宪法中有详细的规定。宪法为州和市政府的收入分配规定了严格的标准,但除要求州和市政当局必须将所有税收的至少25％用于教育之外,几乎没有规定资金的最终用途。对各州来说,最重要的基金是州参与基金(FPE)。FPE的资金来自三种主要联邦税的净收入的21.5％:个人(IRPF)和公司(IRPJ)所得税及工业产品税(IPI)。各州之间的资金分配遵循每个州的参与系数,该系数主要根据区域再分配标准制定。巴伊亚州的系数为9.4％,圣保罗州的系数为1％(Ter-Minassian,1997:449)。该基金将总资金的85％预留用于贫困地区:北部、东北部和中西部。

然而,需要注意的是,该基金在打击私人收入或公共支出方面的州际不平等方面并没有取得成功。图8.1用横轴表示平均实际人均国内总产值,纵轴表示平均实际人均支出,说明了这些不平等现象。最富裕州的人均收入是最贫穷州的5倍,在公共支出上也存在着相应的州际差异。在过去的10年中,这些关系一直相当稳定。[①] 图8.1显示了世界上任何国家最大的地区收入不平等现象,而收入分享几乎没有影响(Shankar and Shah,2001)。相比之下,德国最富裕州的收入并不是最贫穷州的两倍,而且德国各州的人均GDP和人均支出之间没有相关性。

除了一般用途的收入分享安排外,联邦政府还针对各种特定目的向州和市拨款。拨款计划是为了遵守宪法以外的法律而设立的。州和地方政府还代表联邦政府进行投资项目,联邦政府通过一般收入基金和社会投资基金资助这些

---

① 　1986年至1998年期间,州际人均实际国内生产总值基尼系数(由作者计算)一直稳定在0.30左右,而同期人均实际支出的系数则从0.36下降到0.30。

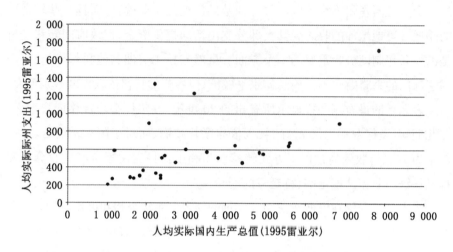

资料来源：财政部，各年；IBGE，各年；以及作者的计算。

图 8.1　1990－2000 年巴西各州人均国内生产总值和人均州支出

项目，此外，还通过具体的中央政府机构向州和地方政府进行各种转移支付。

在收入分享安排以外转移给各州的资金中，很大一部分传统上是通过"自愿"或"谈判"转移支付的。它们不是通过法律所规制，完全是联邦政府和州（或市）政府单独谈判的结果。这些项目为区域发展、农业、教育、卫生和住房等各种活动提供资金支持。在大多数情况下，资金转移到州和地方政府，用于在宪法规定属于联邦政府的领域进行支出。总统和他的政府在这些拨款的分配方面享有广泛的自由裁量权。埃姆斯（Ames，2001）证明，每个巴西总统都使用这些转移补助款来支持其政治盟友的州。更具体地说，尽管近年来转移变得不那么随意，阿雷奇和罗登（Arretche and Rodden，2003）的研究表明，卡多索政府统治下的自愿转移支付支持了总统在众议院立法联盟的成员州。这些转移支付往往不成比例地归于政治上最强大往往是最富裕的州。这些转移通常与税收分享机制的再分配目标有交叉目的，并有助于解释图 8.1 中显示的关系。

借款　20 世纪 90 年代，巴西各州从各种来源借款，包括国内私营部门、外部私营部门、联邦金融机构和各种非正式机制。首先，各州从国内私人银行借款，主要是为了短期现金管理和中期筹资。短期借款的一种重要形式是收益预期贷款(ARO),它被用作管理现金流的一种手段。各州还在国内资本市场上发行债券。在最近一波私有化之前,有 20 个州拥有至少 1 家公共银行,所有这些银行都通过承销州发行的债券为各州借贷提供便利。与公共企业一样,这些银行也有预算外负债。他们的贷款活动高度政治化:董事是短期的政治任命者,银行人员是为政治目的雇用的,贷款是提供给政治盟友的(Werlang and Fraga Neto,1992)。到 20 世纪 90 年代中期,许多银行已经破产。圣保罗州直接从其州属商业银行 BANESPA 借款。各州还向国际私营部门机构借款,最经常的形式是中期合同债务。20 世纪 90 年代,一些州及其企业成功地发行了欧洲债券(Dillinger,1997:3)。

其次,各州从联邦金融机构借款。自 20 世纪 60 年代以来,联邦住房和储蓄银行(CEF)与联邦经济和社会发展银行(BNDES)向各州提供了长期资金。此外,联邦政府通过其吸收存款的商业银行——首先是巴西银行——调动了储蓄,这些银行借款给各州(Dillinger,1997:3)。正如下面更详细的讨论,由于最近的救助协议,联邦财政部和中央银行也成为各州的重要债权人。次国家债务的演变分布见表 8.2。

表 8.2　　　　　　　　　　次国家净负债(占 GDP 的百分比)

年份 项目	1987	1988	1989	1990	1991	1992	1993	1994	1995	1996	1997	1998
净债务总额*	6.82	5.57	6.15	8.87	7.50	9.50	9.30	9.50	10.40	11.90	13.00	14.30
国内债务	5.23	4.18	5.18	7.67	6.40	8.40	8.30	9.20	10.10	11.50	12.50	13.70
债券担保国内净债务	1.81	1.53	2.49	2.46	2.30	3.10	3.60	4.60	5.40	6.40	4.30	2.40
银行	3.41	2.65	2.69	4.45	3.20	4.30	3.90	3.30	3.60	4.10	2.60	1.80
联邦政府协定								1.10	1.10	1.10	5.50	9.50
其他	0.01	0.00	0.00	0.76	0.90	1.00	0.80	0.20	0.00	−0.10	0.10	0.00
外债	1.60	1.40	0.97	1.20	1.20	1.10	1.00	0.30	0.30	0.40	0.50	0.70

注:* 不包括公共企业。

资料来源:Bevilaqua (2000)。

最后,各州通过各种非正式机制借款。州短期赤字的资金源头往往是拖欠供应商和州雇员的款项。此外,一些州有时利用司法程序中的时间滞后来促进一种独特的借贷形式:采取成本削减措施,比如土地征收。这些措施可能会被法院推翻;但在判决达成之前,各州可以逃避支付。即使在作出不利判决时,各州有时也可以通过一种称为"预备券"(precatorios)的特殊债券为支出提供资金(Dillinger,1997:3)。

20 世纪 90 年代,联邦政府采取了各种措施来控制各州的借贷。乍一看,它似乎通过宪法、附加的联邦立法和中央银行构建了一系列令人印象深刻的多层次控制机制。① 然而,大多数机制都受到了阻碍充分执法的漏洞或不良激励措施的破坏。本节描述了 20 世纪 90 年代的制度,而下一章将讨论最近(1997 年后)的改革。宪法规定参议院有权管理所有州的借款。参议院基于两个因素对新借款实施了数额限制:偿债覆盖率和债务总额的增长。然而,这些解决思路仅仅是指导方针,参议院可以自由地批准例外情况,它也经常这样做(Dillinger and Webb,1999)。考虑到参议院是由各州利益主导的,它是一个非常糟糕的州借贷监督者。

除了参议院,宪法条款和联邦法规在理论上也限制了国内借贷。联邦法律规定,收入预期贷款(AROs)必须在合同所订预算年度结束后 30 天内偿还。国内债券的发行受到宪法的控制,自 1993 年以来,宪法禁止发行新的州债券。不过,各州获准发行预备券,以便为法院的判决提供资金,并对现有债券的本金和资本化利息进行展期。虽然大多数国际贷款机构(包括世界银行)需要联邦担保,联邦财政部可能批准或拒绝提供联邦担保,但各州的对外借款不受这些联邦法规的约束。各州向出资机构的借款由一个多部委理事会(COFIEX)控制。联邦财政部的一个办公室也监测次国家实体的财政情况,并向参议院和中央银行提出建议。

中央银行还以国内银行部门借款监督员的身份参与了对州借款的监督。根据数项央行规定,私人银行被禁止增持债券以外的州债,但"这些规定及其后续调整的复杂性"(Dillinger and Webb,1999:12)削弱了它们的效力。中央

---

① 要全面回顾中央政府早在 20 世纪 70 年代就开始对次国家借贷进行监管的尝试,可参见贝维拉夸(Bevilaqua,2000)。

银行的规定还禁止各州从自己的商业银行借款。但这种监管被成功地规避，有时是巧妙的，有时是公然的。最常见的伎俩是允许州项目的承包商从州银行借款，然后在事先同意的情况下违约，使银行背负一笔不良贷款的坏账，然后由州政府埋单(Dillinger,1997)。

上述制度使 20 世纪 90 年代州借款的分层控制难以进行，原因有二：第一，宪法严重限制了中央政府影响各州财政决策的能力；第二，中央政府未能充分利用它所拥有的权力，因为它自身有时不过是一个松散的地区利益联盟。宪法中现有的等级控制机制只以适得其反的方式限制了各州的支出活动。最重要的是，各州直到最近才能够将宪法解释为阻止它们改变公共就业水平以应对财政紧急情况。传统上，附加在特定用途转移上的条件，在鼓励财政纪律方面收效甚微。相反，这些补助款是根据一种政治逻辑谈判得来的意外之财。在很大程度上由于下面讨论的联邦体制政治环境，巴西联邦政府在 20 世纪 80 年代和 90 年代在遏制各州借贷活动方面的工具表现得力量薄弱或不足。也许最严重的障碍是中央政府——直到卡多索政府之前——无力监管州商业银行。

正是因为中央政府如此积极地参与对各州的融资、贷款以及试图对各州进行监管，它才在选民和债权人中产生了这样一种期望：州债务得到了中央政府的隐性支持。这种预期不仅削弱了选民的积极性，破坏了选举监督机制，也破坏了信贷市场的纪律。尽管巴西各州已经从私人银行获得了大量借款，但它们的支出和借贷活动并未受到吸引私人市场投资资金的需求的约束。虽然国际投资者需要明确的联邦担保，但国内银行似乎已经设定了一种隐性担保。这种假设在 20 世纪 80 年代和 90 年代一再被证明是正确的。

15 个州和 2 个市已经发行了债券，而所有州都在 20 世纪 90 年代通过收入预期贷款(AROs)借款。与德国一样，债券传统上由州商业银行承销，然后出售给私人银行和投资者。这些债券虽然期限为 5 年，但通常在到期时再展期(Dillinger,1997:6)。20 世纪 80 年代末，随着国家财政变得不稳定，信贷市场开始对各州施加压力：私人银行要求利率上升，到期日缩短。最终，私人投资者拒绝以任何价格持有州级国债。这种信贷市场压力很快转化为对联邦政府的政治压力，最终迫使联邦政府在各州违约时承担起债务。1989 年，联邦政府与各州达成协议,将联邦政府担保的外债余额转换为联邦财政部的长期债务。这一举动证实了联邦政府对州债务负有最终责任的隐含设想,后来这一设想又多次得到了证实。

总而言之,巴西各州的选民和债权人几乎看不到任何迹象,可以表明州政府应该为自己的财政健康负责。20世纪80年代和90年代选民有这样一种看法——一种有几分道理的看法——州级赤字和债务不是州长或其他州级官员的错。媒体甚至国会议员也强化了这种看法(Souza,1996:340)。这可能源于民主宪法之前各州的作用,当时它们代表中央政府借入了大量资金。因此,从20世纪80年代末开始,各州民选州长可以言之有理地宣称,他们继承下来的债务负担实际上是联邦的债务负担(回想一下汉密尔顿在独立战争后关于债务承担的论点)。此外,尽管工资支出占大多数州支出的60%以上,但宪法几乎没有赋予各州对人事决策的控制权。此外,三级政府之间支出责任重叠,使得选举对提供服务的问责制很难发挥作用。在收益方面,商品及服务流通税(ICMS)不鼓励选民组成大联盟,以游说政府提高税收和公共服务的惠民水平,或提高州公共部门的整体效率;相反,它鼓励利益攸关的小型、特定部门的选民团体游说政府给予特殊照顾。[1]

在一些最贫穷的州,大部分收入来自一般用途的转移支付。就依赖转移资金的州而言,大多数地方开支是由其他辖区资助的,这一事实使得审慎的监督没法实施。根据阿丰苏德和梅洛(Afonsode and Mello)的观点,"收入分配安排的僵化导致地方财政调整的滞后,因为联邦政府增加收入的努力也通过收入分配导致地方总收入的增加"(2000:4)。即便是在那些规模庞大、相对富裕且财政"自治"的州,选民也不会因为支出和赤字不断上升、债务水平不可持续而受到惩罚。虽然这些政治强大的州在宪法规定的转移资金分配方面得不到偏袒,但它们特别善于去争取获得自觉自愿的转移补助。这些州的选民自然要褒扬他们的州长,主要是因为他们有能力引入那些实际上得到联邦其他州补贴的支出项目。

---

[1] 更多关于这个问题的一般性讨论,请参见罗登和罗斯－阿克曼(Rodden and Rose-Ackerman,1997)。

政治联邦制

20 世纪 80 年代和 90 年代,中央政府无法控制州政府借贷,最重要的原因是,参众两院都对州政府的利益有所回应。鉴于党的纪律水平不高和两院议员更换政党的频率,大多数代表不能通过专注于处理国家或哪怕全州的问题来推进他们的职业生涯,而只能为州内的选定市镇谋求"分肥拨款"公共工程项目和其他好处(Ames,1995)——在政党纪律较弱的总统制下,这是普遍的看法。为了在任何政策问题上建立一个成功的联盟,总统有必要做出一系列复杂的地区性回报。巴西的开放式比例代表选举制度使得极端的政治个人主义长盛不衰,进而必定使政党在动员各级政府的选举和立法联盟方面发挥的作用有限。[①] 每个州有 2 到 4 名州长候选人参加竞选,这些候选人试图吸引尽可能多的政界人士加入他们的阵营,而不管他们属于哪个政党。这些联盟中的每一个都就内阁利益的分配以及州和联邦副职选举名单达成了协议(Samuels,2000)。

因此,即使是州长候选人也没有什么动力去全州范围内吸引大批选民。"在每个州,这些过程少不了个性化谈判,并淡化党派或政策差异"(Samuels,2000:243)。

20 世纪 90 年代初,任期限制也只为当选官员提供了较短的时间范围。在没有连任激励的情况下,大多数政客都在努力建立支持网络,使他们能够进入不同级别的政府——市议员力求成为州议员,州议员力求成为联邦议员,联邦议员力求成为州长,州长力求成为参议员。行政职位比立法职位更受欢迎,因为它们有提供预算和补助的权力(Dillinger and Webb,1999)。

图 8.2 显示了属于总统派政党的州长和参议员的比例,显示在整个 90 年代,只有一小部分人与总统有相同的党派关系。然而,一批新的文献(例如,Figueiredo and Limongi,2000)表明,关于巴西政党分权的传统认识忽略了每

---

① 选民可以直接投票给一个候选人,也可以投票给一个政党中有该党派标签的全部代表。从候选人的角度来看,这创造了一种强大的动机,通过赞助和政治恩宠或分肥项目来吸引选民。这个政党的全部选票等于这个政党的候选人的选票加上这个政党的标签选票的总和。个人票数最多的候选人在分配政党席位方面具有最高的优先权,因此每个候选人都更喜欢为自己投票,而不是政党标签投票(Samuels,1999:495)。

一位总统煞费苦心建立的党派立法联盟的重要性,这使得他们能够在两院获得相对稳定的多数席位。图8.2还显示了更宽泛的总统派立法联盟的参议员(和州长)的比例。报告显示,近年来,参议院联盟囊括了超过半数的参议员,部分原因是卡多索政府需要确保宪法改革获得绝对多数的支持。

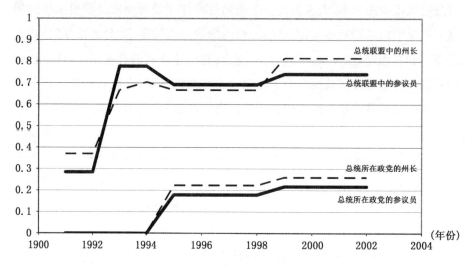

资料来源:Arretche and Rodden(2004)。

图8.2 总统所属政党与立法联盟的参议员和州长份额

第5章提出的关键问题是,这些立法联盟的成员,即使不是合作党派,是否会倾向于将国家的集体产品安排置于本州的救助要求之上,以保护与他们结盟的总统的声望。这似乎值得怀疑,因为总统显然必须继续为联盟成员的立法支持买单,而救助是一种有吸引力的支付方式。联邦的慷慨相助似乎是将巴西立法联盟凝聚在一起的黏合剂(Arretche and Rodden,2004)。此外,以下提供的证据表明,1993年的纾困有利于总统的立法盟友。

整个20世纪90年代,参议院都拥有以多种方式限制借款的正式权力,而且一直是最近债务谈判的主要监督者。然而,当参议员的利益与州长的利益如此接近时,很难指望参议院会对各州持反对态度。平均而言,3/4的参议员是前任或未来的州长(Dillinger and Webb,1999)。梅因沃林和萨缪尔斯(Mainwaring and Samuels,2003)提供了大量的例子——从何塞·萨尼到费尔南多·恩里克·卡多索政府——总统试图通过各种方式来限制州支出或债务,却遭到了强势州长们的反对。在每种情况下,州长在参议院或众议院中都有重要的盟友,总统需要这些盟友的选票,而且每次总统都被迫弱化或放弃提案。

第 5 章提出的另一个问题是,党派合作的州长,或者至少是属于总统联盟某一党派的州长,会不会因为担心由此造成的宏观经济损失对总统不利,进而损害他们的政治生涯,然后对救助与否三思而后行呢? 当然,与澳大利亚、加拿大和德国相比,这个数据集非常小——因为这些国家自 20 世纪 40 年代以来就可以对选举外部性进行检验——但是在巴西回归民主以来的四次选举中,很难有系统证据表明州长选举的结果与国家行政机构的评估紧密相关。[①]然而,在许多方面,州和联邦选举之间的关系仍在演变,这种可能性不应该被忽视。正如下一章将更详细讨论的,卡多索组建了一个改革联盟,其合法性基于国家集体产品的安排。他们成功地对抗了通货膨胀,也许确实创造了一个短暂的时期。其间,卡多索政府的立法机构,尤其是州长同盟能够借助他的支持。在 2002 年的选举中,工人党(PT)在州长选举中取得了胜利,要是他们的候选人没有在总统选举中获胜,就很难解释这些胜利了。

然而,与澳大利亚和德国相比,可以肯定地说,巴西的选举外部性相当弱,虽然不可避免地受到同时举行的总统选举的影响,但州长选举并没有对总统的表现进行全面的公投。

2. 州级财政危机与救助

巴西各州在过去十年中经历了三次债务危机。本节简要讨论前两次危

---

① 第 5 章以包含固定效应的模型,对滞后的州选举表决权和相应的州联邦表决权进行回归分析。很难将这种方法推广到巴西,因为在州长选举中取得成功的政党往往不是在前一年没有在该州竞争,就是没有联邦级别的候选人。当这种方法应用于巴西民主运动党(PMDB)和巴西社会民主党(PSDB)时,联邦和州的投票份额之间没有关系,但这并不奇怪,因为观察到的数据很少。值得注意的是,应用这种方法,工党在联邦和州的选票份额之间有显著的相关关系,这使得其在州选举中保持了小规模但稳定的表现。鉴于联盟的重要性,也许更好的办法是根据一个政党与前政权关系的性质,在每次州长选举中指定一个政党为"现任者"。大卫·萨缪尔斯好心地提供了有关这种关系的资料。这些现任者的投票份额根据上次州长选举中该党(或其追随者)的投票份额和同期举行的总统选举中现任者所追随的总统候选人的投票份额而递减。再一次,没有证据表明州和联邦的投票份额之间存在关系。

机,然后提供最近一次危机的更深入的分析年表。[①]在 20 世纪 60 年代中期,所有地方政府的债务占 GDP 的近 1％,而到 1998 年它达到了 14％以上(见表 8.2)。以下的历史记录表明,州一级债务的迅速增长是通过一系列危机产生的,每一次危机都是由某种程度上超出各州控制的事件促成的。然而,由于上述道德风险问题,每个事件最终都加速并转变为系统性危机。在每一种情况下,当面临不断增长的、不可持续的债务水平时,各州都拒绝承担调整的成本,并要求联邦政府以某种方式承担它们的债务。在每种情况下,由于这些州宣称(在很多情况下是真实的)无法单独对危机作出充分反应,它们对纾困要求的可信度都得到了增强。此外,在每一个案例中,联邦政府不承担次国家债务的承诺的可信度,都因其纾困历史以及各州在国会和行政机构中的强大代表权而受损。

背景

第一次危机发生在 20 世纪 80 年代的国际债务危机期间。这场危机起源于私营部门的贷款。州债券和预期收入贷款(AROs)由私人银行持有。由于无法展期外债,又面临外汇限制,因而各州无法偿还外债。在整个 20 世纪 80 年代,联邦政府履行了州政府向各自的债权人提供的联邦担保义务。1989年,经过漫长的谈判,联邦政府同意将累积的州欠款和剩余本金转换为联邦财政部的单一债务。第二次危机涉及各州欠联邦金融中介机构的债务,主要是联邦住房和储蓄银行(CEF)。1993 年,这些债务也转移到联邦财政部。在这两笔交易中,再次筹资的债务都按照原合同规定的利率重新安排了 20 年的还本付息期。联邦政府很难确保各州履行第二笔交易的协议。为了完成协议,联邦政府承认了一个例外条款:如果州债务还本付息债务与收入的比例高于参议院设定的门槛,那么超额债务可以推迟。各州被允许将递延偿债资本化成债务存量,而债务存量只有在偿债低于阈值时才需要偿还。

联邦政府的这种对州利益的退让产生了一套新的不正当的激励措施。这

---

① 本节提供的历史信息是根据采访、报纸报道和以下间接来源改编的:贝维拉夸(Bevilaqua,2000);迪林格(Dillinger,1997);迪林格和韦布(Dillinger and Webb,1999);奥利维埃拉(Oliviera,1998);里戈隆和吉安巴吉(Rigolon and Giambiagi,1998);世界银行(World Bank,2001)。

些协议大大减少了各州在现金方面的即时偿债义务,但促使各州债务存量大幅增加。根据新的偿债上限,各州能够将现有的偿债责任资本化为债务存量,然后以每当实际利率增加时就会加快的速度上升。对于负债最多的州来说,偿债上限大大降低了目前借款和利息资本化的预期未来成本。此外,新的激励结构使财政决策者有可能减少偿债负担,继续借款,并将财政后果留给未来的政府。这些协议强化了一种看法,即州债务最终得到了联邦政府的支持。

最近的危机

这些新的不正当的激励措施,会同巴西政府间体系固有的激励措施,在20 世纪 90 年代中期引发另一场债务危机。债务负担在 20 世纪 90 年代继续增长,主要不是因为新借款,而是因为现有债务的利息资本化。尽管之前有过危机和救助,或许正是因为这些危机和救助,各州仍在继续增加开支,特别是在竞选期间和竞选结束后。图 8.3 是巴西各州在整个期间的平均人均支出总额,显示 1986 年、1990 年、1994 年和 1998 年选举年支出的激增,以及 1993年——联邦紧急援助年——至 1998 年期间的快速增长。

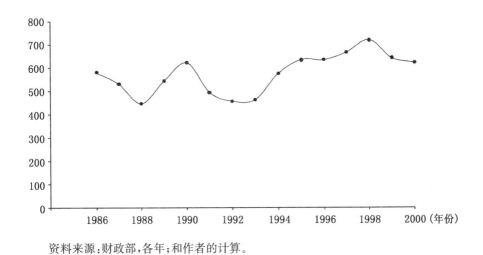

资料来源:财政部,各年;和作者的计算。

图 8.3　巴西各州实际人均平均支出(1995 年巴西元)

只要通货膨胀率保持高位,这种开支增长是可持续的。在高通货膨胀率的情况下,各州可以通过保持名义工资不变来降低实际工资成本。然而,随着

20 世纪 90 年代中期普莱诺—里尔计划的成功,通货膨胀率的急剧下降降低了各州通过通货膨胀来避免实际工资和养老金增加的能力。回想一下,各州的权力在一定程度上受到了宪法的束缚,它们可以宣称自己无法解雇工人或降低工资。

结果,房地产业薪水飙升。因为利率,各州也面临外生性挑战;它们的大部分债务都容易受到短期利率波动的影响。普莱诺—里尔计划的紧缩货币政策导致利率持续走高。面对不断上升的人事成本和压倒性的偿债义务,各州的反应是违约。各州以各种方式违约:(1)债券利息的进一步资本化,(2)州属国有银行的崩溃,(3)收入预期贷款和欠款的违约(Dillinger,1997)。最严重的问题是各州发行国债,特别是在四个州:圣保罗、里约热内卢、米纳斯·吉拉斯州和南里约格兰德州。如前所述,在 20 世纪 80 年代末,各州很难发行债券。由于无法清偿债券债务,各州向联邦政府寻求救济。很明显,如果联邦政府拒绝采取行动,各州则将被迫违约。联邦政府担心这种违约会破坏整个国内资本市场的稳定。因此,它的回应是向他们提供所谓的"置换方案",根据这项安排,联邦政府授权各州将其债券兑换成联邦债券。根据协议条款,各州发行的债券将由中央银行持有,中央银行将发行相应数量的中央银行债券,并将这些债券转让给各州。参议院有权确定在到期时必须清算的债券比例。

毫不奇怪,在最初的几年里,负债最多的州能够在参议院取得他们期望的结果——100%的展期。此外,参议院允许各州在每次展期时将到期的债券累计利息资本化为未偿债务。因此,参议院允许各州在技术上避免违约,即让它们在偿还债券时避免承担任何现金义务。交换债券的利率是根据联邦债券的利率计算的,联邦债券的利率仍然很高。随着利息资本化,州债务总额以爆炸性的速度增长。

一些州还拖欠国有银行的债务。到目前为止,最大的问题是圣保罗及其对州属银行(BANESPA)的债务。在整个 20 世纪 80 年代,圣保罗的政府能够绕开中央监管,并欠下州属银行的巨额债务。它通过州属银行直接与外国银行签订的贷款,短期收入预期债券转换为长期债务以及向州属国有企业提供贷款来实现这一目标。圣保罗在 20 世纪 90 年代初开始违约拖欠这些债务,到 1994 年,它已完全停止偿还债务。到 1996 年底,该州对州属银行的债务已达到 210 亿美元,是该银行的主要"资产"(Dillinger,1997:8)。到 20 世纪 90 年代中期,州属银行不得不通过向央行借款来偿还现金债务。在此期间,其他几家州属银行也遭受了严重的经营损失,并通过向中央银行借款而得以继续营业。

由于州属银行和圣保罗对国家经济的重要性,中央政府认为它们太大而不能倒闭。财政部担心州属银行的溃败将引发流动性危机和存款挤兑,从而削弱人们对整个银行体系的信心。1995 年,巴西央行接管了州属银行和里约热内卢的州属银行,目标是将它们私有化,但最终还是向它们注入了现金,并在一年后将其归还,也未做任何改革。根据阿布西奥和科斯塔(Abrucio and Costa,1998)的说法,这是对圣保罗州长及其国会代表团的压力的直接回应。通过接管这两家国有银行并继续向他们和其他州立国有银行提供流动性支持,中央银行不仅允许他们继续运营并继续将借款人所欠的未付利息资本化,而且还支持了银行负债带有隐含的联邦担保这一说法。

20 世纪 90 年代,各州还拖欠短期现金管理债务。随着州财政危机的加深,各州缺乏资金来清偿短期债务,并呼吁债权人将其展期。各州也开始拖欠供应商和人员的款项。州行政当局指责中央政府未能向承包商和雇员支付款项,中央政府面临的政治压力加大。1995 年 11 月,联邦政府作出反应,制定了各州结构改革和财政调整方案。这个项目向各州提供了两笔信贷额度:一笔用于偿还拖欠雇员和承包商的款项,另一笔用于偿还他们的预期收入贷款。根据贷款条款,各州在理论上同意一系列改革措施,涉及人事管理、国有企业、税收管理、债务减免和总体支出控制(Bevilaqua,2000;Dillenger,1997)。然而,联邦政府几乎没有权力执行这些条件,而且在实际实施任何条件之前就支付了资金(Dillinger,1997:7)。

联邦政府针对各州每一种形式的事实违约采取的行动有效地使州债务联邦化。以前由私人银行持有的债券现在由中央银行持有。对州属银行的债务以前是股东和储户的担忧,但它是由中央银行隐含承担的。收入预期贷款和欠款是欠私人银行和个人的,而重组后的债务现在欠联邦财政部。

政府间债务谈判

中央政府和各州现在面临着巨大的经济和政治挑战,因为它们试图制定长期的安排,以减少这种债务。正如长期以来在印度和最近在阿根廷的情况一样,州债务现在主要是州政府和中央政府之间的问题,而不是州政府和它们的私人部门债权人之间的问题。截至 2001 年 9 月,84％的州级国债由财政部持有。因此,减少州债务和改善州财政健康状况,现在是中央政府代表——国会和行政部门——与州长之间进行政治谈判的问题。20 世纪 90 年代末,巴西联邦体制的结构为成功的改革设置了一些障碍。像财政部这样的执行机构——唯一需要面对全国选区的行动者——不愿给予明确的债务削减,担心道德风险困境的加剧。

主要债务人州——里约热内卢、南里奥格兰德州、米纳斯·吉拉斯州和圣保罗(见图 8.4)——在谈判中几乎没有做出让步的动机。

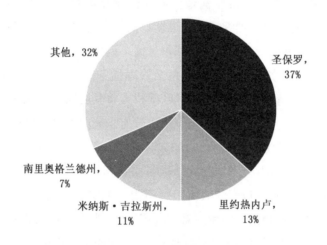

资料来源:巴西中央银行 2001 年和作者的计算。

图 8.4　地方债务的分配(2001 年 9 月)

由于上述交易,他们的偿债负担相当低,而州长们也没有动力签署任何会增加这些负担的协议,尤其是他们还在位的时候。主要债务州是财政上最自治的州——它们的资金主要来自增值税收入,而联邦政府对此几乎没有控制。因此,联邦政府威胁停止政府间转移,虽然很重要,但也只能到此为止。

参议院是债务谈判和改革顺利进行的最重要的关卡。州长们一致努力推动所有州债务谈判都应在参议院进行的原则。每个州有 3 个参议院席位,这意味着主要的几个债务人州只控制了 81 个席位中的 12 个。然而,来自其他州的参议员并没有联合起来反对作为少数的债务人州,而是利用这种情况,为自己的州要求相应的利益,然后换取他们的选票,以保护最大债务人的利益。这是参议院"普遍主义"准则的一个例子,即所有参议员都同意不妨碍彼此的支出项目和债务减免。由于巴西的政党纪律薄弱,总统无法利用国家党派关系说服代表们支持国家事项,而不是地区利益。[①] 所有参议员都面临延长债务偿还进程的激励(Gomez,2000)。协议的最后期限前后反复,而债务存量从1995 年到 1997 年继续增长。

最终,卡多索成功地完成了他的计划,与各州达成独立协议。1997 年 12 月,联邦政府与主要债务人州圣保罗签署了第一份协议。根据这项安排,联邦政府同意承担圣保罗所有的债券债务和州属银行的债务。其中很大一部分(约占总额的 80%)被用作向州政府提供的贷款,期限为 30 年,实际利率为6%,远低于当前的国内利率;另一部分(12.5%)将通过国有企业股权转让进行摊销。其余的都被联邦政府赦免了。该协议还设定了一个债务偿还上限,不仅涵盖新融资的债务,还涵盖先前两次重新安排下的债务偿还。对于圣保罗来说,这实际上没有增加实际的现金债务偿还,并且允许大部分债务偿还被无限期地推迟。

在圣保罗之后,米纳斯·吉拉斯州和南里奥格兰德州签署了类似的协议。在立法辩论过程中,国会选择向巴西所有其他州提供再融资的协定。尽管这些协议将减少各州支付的利率,但联邦政府将继续是各州的债权人,并继续支付隔夜利率作为借贷资金的边际成本,此外,不会阻止各州继续将欠联邦政府债务的利息资本化,各州债务将继续增长。因此,公共部门的总利息成本不会下降。成本仅仅明确转移到联邦财政部。

此外,对多数参议员来说,获得有利的债务重组仍是一项优先任务,进一步推迟还款的要求可能只会越来越强烈。在 1999 年一次广为人知的事件中,米纳斯·吉拉斯州州长——前总统伊塔玛尔·弗朗哥(Itamar Franco)——尖锐地批评了达成一致的财政目标和债务偿还时间表,威胁要停止向联邦政府偿还所有债务。事实上,州长和参议员在处理涉及他们自己的事项时,往往

---

① 关于联邦制和立法机构中的普遍主义规范,见英曼和鲁宾菲尔德(Inman and Rubinfeld,1997)。关于巴西参议院,见梅因沃林和萨缪尔斯(Mainwarin and Samus,2001)。

表现出相当的理性而坚定的立场。例如,一些州长认为,由于最近商品及服务流通税(ICMS)的改革,他们除了面临较高的实际利率和社会保障支出外,还面临收入方面的限制,这使得债务偿还协议的负担过重。不过,事实上,ICMS近年来的收入增长相当强劲。对于潜在的债权人、投资者或选民(甚至学者和记者)来说,要区分各州的自愿性财政问题和外源性财政问题,可能比以往任何时候都更加困难。

谁从救助中受益?

在德国的案例中,只有两个州得到了正式的救助,而这些援助由于得到了法院的授权,在某种程度上被非政治化了。但在巴西,20世纪90年代的纾困几乎被分配到每个州,而讨价还价是极端政治化的。阿方索·贝维拉夸(Afonso Bevilaqua,2000)计算了1993年和1997年救助中重新协商和免除的债务金额。只有两个州在1993年没有重新谈判部分债务,而5个州在1997年没有重新谈判。自1989年债务承担以来,债务重新谈判一直是分配政治博弈中的一个常规事件。每一次债务重新谈判都发生在总统和州长竞选的激烈时期,这并非巧合。因此,在继续研究州财政行为之前,我们有必要确定一些关于政治和救助分配的既定事实。

表8.3所示的一系列OLS回归分析检验了1993年和1997年每个州人均接受的救助。[①] 考虑到参议院在监督和重新谈判州债务方面的核心作用,以及小州由于席位分配不当而在谈判中可能具有的重要性,将每百万居民中有3名参议员的人数纳入其中是合适的。当然,这个变量也反映了任何其他可能与州规模有关的因素对救助的影响。任何由于立法谈判而产生的小州偏见,都可能被总统为了迎合在总统选举中得票最多的大州的意向所压倒。有人可能会认为,在1997年卡多索竞选连任时,这一因素在救助计划中尤为重要。此外,由于大州违约所带来的负外部性的存在,这些大州或许能够获得救助。

---

① 在1993年,这是重新谈判的债务数额;在1997年,这是重新谈判的数额和被免除的数额的总和。两者均以1998年人均价格表示。自然对数用于回归。数据来源为贝维拉夸(Bevilaqua,2000)。

表 8.3 救助的决定要素

	因变量:人均救助额的对数		
	1993 年	1997 年	1991 年
参议院席位/百万人口对数	−2.94***	−0.19	
	(1.17)	(0.95)	
总统联盟中的参议员数的对数	1.24**	−0.23	
交互作用	1.10**	−0.26	
	(0.52)	(0.48)	
总统联盟中的州长	0.97	2.01***	2.10**
	(0.69)	(0.79)	(0.75)
人均 GDP 对数	−0.88	1.42**	1.45**
	(0.55)	(0.72)	(0.67)
人口对数			0.65*
			0.33
常数	8.53*	−8.37	−18.74***
	(4.94)	(6.25)	(5.41)
样本观察数	27	27	27.00
R^2	0.40	0.56	0.55

注:括号中为标准误。

*表示在 10% 水平上显著;** 表示在 5% 水平上显著;*** 表示在 1% 水平上显著。

如果总统试图利用其党派立法联盟来促成交易,那么人们可能还会看到,更慷慨的救助资金将流向在联盟中拥有更强代表权的州。这是用总统联盟中州参议院代表团的人数来衡量的。人均席位和联盟代表权也可能产生相互作用。如果总统在构建立法联盟时首先偏向小州,那么人们可能会认为,小州偏见只存在于总统立法联盟中的州。除了直接的立法谈判外,总统们似乎还会努力促成有利于其联盟内州长的交易。这是用一个虚拟变量捕获的。最后,回归控制人均收入。[1]

在 1993 年救助的回归分析中,只有代表性变量具有显著性。在加入交互项后,模型的表现要好得多,这表明过度代表性和联盟成员关系的影响是有条件的。条件系数表明,联盟成员州资格对救助的影响在大多数样本范围内都是积极且显著的,但在较小的州中影响更大。至于过度代表的影响,在总统联盟中只有一个或没有一个参议员的情况下,条件系数的影响是消极的,但不显著,在总统联盟中有 2 或 3 个参议员的情况下则是积极且显著的。简而言之,小州偏见只适用于总统联盟中地位稳固的州。州长的党派偏见和人均收入对1993 年的紧急援助的分配没有影响。

1997 年救助计划的情况有所不同。第二列估计了 1997 年的一个相同模型,但参议院代表变量没有达到显著水平;第三列给出了一个更简单的模型,该模型删除这些变量,并用州的总体替换它们。简而言之,1997 年的救助计划显然让更大、更富裕的州以及卡多索盟友控制的州受益。[2]

这些结果与上面的讨论非常一致。回想一下,1993 年的救助计划是总统和参议院之间的谈判,其结果标志着总统和他所在的党派参议院联盟之间达成了一项协议。然而,在 1997 年,卡多索坚持绕开参议院,直接与州长打交道,从他的盟友控制的大州开始,然后转移到其他州。

3. 各州之间差异的解释

既然有关联邦救助的一些事实已经确立,那么审视 1986 年宪法下各州的财政行为就很有用了,可以根据前一章的假设进行调整,并使用巴西的面板数据对其进行重新验证。在德国,最小、最依赖转移的各州,支出和赤字增长更为强劲,并且令人惊讶的是,在中央政府的合作党派中也是如此。

在德国的案例中,有显著迹象表明,依赖政府间转移支付是救助预期的合

---

[1] 其他各种控制变量没有达到统计显著性,包括工作年龄以上和以下人口的百分比、收入不平等、党派偏见、立法分权,以及在众议院中总统联盟各州获取的代表数量。

[2] 1993 年和 1997 年救助计划的不同之处在于,前者旨在减轻联邦金融中介机构的债务,后者主要针对债券债务。目前还没有可靠的方法来衡量联邦机构的债务,但 1997 年的救助回归包括对1996 年债券债务总额的控制。参数估计是正的,但(令人惊讶的)不显著,它没有影响其他结果。

理体现。最终,这些期望得到了证实,救助以特殊债务减免转移的形式进行了分配。然而,在巴西,宪法规定的或自由裁量的转移均未用于事后填补缺口或免除债务;相反,救助采取了联邦债务让渡、宽免和以非常有利的条件重新谈判的形式。然而,转移依赖性至少有可能对财政行为产生影响。首先,更多依赖转移的州在财政管理方面的灵活性更低。其次,与前几章讨论的飞蝇纸效应一致,增加的转移支付可能会刺激新的支出承诺、新的公共雇员等,这些在经济低迷时期很难削减。最后,如第 4 章所述,转移依赖性可能只是向债权人和选民发出一个比向相对依赖税收的州作出的更不可信的联邦不救助承诺的信号。

　　然而,正如前一章所述,很难将补助金视为外生的。事实上,阿雷奇和罗登(Arretche and Rodden,2004)对巴西的转移支付进行了一项经济计量研究,结果表明,与上述的救助计划一样,救助拨款的分配具有高度的政治性。最重要的是,具有立法谈判优势的小州受到恩惠,总统立法联盟的成员以及在上次选举中为总统提供更多选票的州也是如此。回想一下,在德国,转移支付不受政党政治的影响,只有一定的小州偏袒。巴西模式提供了一个有利条件,下面将进一步讨论:其中一些党派变量可能是获得补助拨款的合理利用工具。

　　正如第 7 章所述,我们有理由怀疑辖区的大小和过度代表权可能会影响财政结果,但存在相互矛盾的可能性。如果小州相信自己在未来的政府间谈判中会受到优待,则它们可能会增加支出和借贷。因为在参众两院中都有代表性过高的情况存在,而且它们都很重要,所以最好的衡量标准是每百万人口拥有两院的平均席位。但正如上文讨论中明确指出的那样,任何小州偏袒都可能被“大到不能倒”的问题压倒;最大的几个州明白,如果允许它们违约,联邦的其他州将遭受巨大损失。与德国的情况不同,政党制度并没有对要求负和救助的大州提供抑制措施。此外,由于 20 世纪 90 年代的大部分贷款是由国有银行撮合或直接从国有银行获得的,银行规模较大的州可能只是能够借到更多的钱。

　　接下来,回归分析检验了党派合作。巴西政党体系的碎片分裂化必然使得不大可能出现合作党派的州长。伊塔玛·佛朗哥(Itamar Franco)没有党派属性,费尔南多·科洛尔·德·梅洛(Fernando Collor de Mello)政府也没有合作党派州长。平均而言,在卡多索执政的两届政府中,只有 1/4 的州长是他的党派合作者。但是,检验总统任下更大联盟中的党派资格的影响也是有意义的。下面的回归包括一个虚拟变量,当州长是总统立法联盟成员时,每个观测值等于 1,否则为 0。[①]

为了在不同的情况下进行比较,本节提出的计量经济学模型与第 7 章中的模型非常相似。与以前一样,因变量是盈余、支出和收入,以实际人均计算。控制变量包括实际人均 GDP(失业数据无法获得)、一个用"左—右"维度对州长所在政党进行编码的指数、一个选举年份的虚拟变量,以及一个反映州法律体系中党派分化程度的赫芬达尔指数(Herfindahl index)。再次,在时间序列横截面模型中,对误差修正模型进行了估计,并对模型进行了包含年份虚拟变量和不包含年份虚拟变量的估计。表 8.4 给出了一个模型的结果,因为它首先估计了差异并包含固定效应,所以主要是由州内的时间序列变化驱动的。表 8.5 给出了一个随机效应模型,并包含了代表性变量。该模型还包括一个额外的虚拟变量,用于新宪法之前不存在的新州,因此不必为先前存在的债务负担提供服务。这些回归还包括一组区域性的虚拟变量。[②] 表 8.6 中列出的中间效应模型也包括"新状态"和区域虚拟变量,但放弃了意识形态变量,因为它从未达到统计显著性。由于人均补助金与人均席位之间的高度相关性,回归分析中也没有补助金变量。

在讨论结果之前,有几点需要注意。最重要的是,数据质量明显低于德国的情况。在恶性通货膨胀时期,各州存在严重的会计问题。

---

① 其他衡量一个州在总统立法联盟中代表力量的变量也被包括在内,但这些变量对财政行为没有显著影响,下文未作报道。

② 这些地区有北部、东北部、中部、东部、东南部和南部。

表 8.4　　　　　　　　州级财政结果的决定要素(修正效应)

	因变量		
	Δ 人均实际盈余	Δ 人均实际支出	Δ 人均实际收益数
因变量$_{t-1}$	−0.97*** (0.13)	−0.75*** (0.11)	−0.85*** (0.14)
Δ 补助金	−0.02 (0.03)	0.37*** (0.09)	0.37*** (0.09)
补助金$_{t-1}$	−0.07* (0.04)	0.38*** (0.12)	0.38*** (0.12)
总统联盟中的州长	7.88 (15.66)	37.95 (24.34)	53.13* (28.17)
Δ 人均 GDP	−0.03** (0.01)	0.07** (0.03)	0.04 (0.04)
人均 GDP$_{t-1}$	−0.01 (0.01)	0.04 (0.03)	0.04 (0.03)
意识形态	14.19 (13.00)	14.47 (16.99)	34.61 (21.28)
总统/州长选举年	−16.52 (14.62)	170.18*** (12.15)	134.41*** (21.63)
州立法机构分裂化水平	−98.70 (99.01)	−14.06 (143.77)	−69.98 (142.02)
常数	612.79*** (106.72)	−18.59 (126.88)	471.19*** (176.85)
观察数	362	362	362
州数量	27	27	27
R^2	0.58	0.57	0.56

　　注：* 表示在 10％ 水平上显著；** 表示在 5％ 水平上显著；*** 表示在 1％ 水平上显著。

　　括号中为面板数据修正标准误。

　　盈余、补助、支出、收入和国内生产总值以 1995 年的实际人均货币计算。

　　未报告州虚拟变量系数。

表 8.5 　　　　　　　　　　州级财政结果的决定要素(随机效应)

	因变量		
	△ 人均实际盈余	△ 人均实际支出	△ 人均实际收益数
因变量$_{t-1}$	−0.56*** (0.11)	−0.66*** (0.10)	−0.77*** (0.13)
△ 补助金	−0.01 (0.04)	0.36*** (0.08)	0.39*** (0.08)
补助金$_{t-1}$	−0.09** (0.05)	0.33*** (0.09)	0.38*** (0.10)
每百万人口参议员席位的对数(two-chamber average)	−44.11* (21.23)	92.06*** (31.13)	85.08*** (29.72)
总统联盟中的州长	−16.53 (17.31)	29.31 (20.95)	36.81 (24.11)
△ 人均GDP	−0.03** (0.02)	0.09*** (0.03)	0.07** (0.03)
人均GDP$_{t-1}$	−0.01* (0.01)	0.07* (0.01)	0.08* (0.02)
意识形态	−2.98 (13.55)	10.96 (14.50)	23.09 (17.74)
总统/州长选举年	−32.06* (12.72)	130.45* (19.14)	103.86* (28.75)
州立法机构分裂化水平	−221.36* (82.08)	−43.40 (112.51)	−18.27 (110.66)
新州	178.129* (40.19)	88.862* (44.19)	134.802* (42.26)
常数	281.567* (86.21)	−93.375 (85.44)	−129.745 (83.40)
观察数量	362	362	362
州数量	27	27	27
R^2	0.40	0.54	0.53

注:＊表示在10%水平上显著;＊＊表示在5%水平上显著;＊＊＊表示在1%水平上显著。

括号中为面板数据修正标准误。

盈余、补助、支出、收入和国内生产总值以1995年的实际人均货币计算。

未报告州虚拟变量系数。

此外，如上所述，各州可以使用预算外账户并面临或许会有的债务，这表明在解释年度盈余数据时应采取谨慎态度。此外，盈余的逐年间变化可能相当剧烈，尤其是在 20 世纪 90 年代后期，因为各州在抛售银行和公共企业。

也许其中一些因素，加上相对较短的时间序列(1986－2000 年)，导致相对不稳定的结果。虽然在各种估计中，系数的符号是相当稳定的，但某些系数的大小及其标准误差对估计技术和排除个别状态是敏感的。

首先，考虑政府间转移的影响。尽管两种制度存在差异，但转移依赖于盈余的长期负面影响，与德国的情况相当相似。

表 8.6　　　　　　　平均州级财务结果的决定要素(横截面平均值)

	因变量					
	人均实际盈余		人均实际支出		人均实际收益	
补助金	-0.38^{***}	0.90^{***}	0.95^{***}			
	(0.13)	(0.16)	(0.14)			
每百万人口席位(两院平均数)的对数	-33.01	-142.46^{***}	-28.44	232.49^{***}	-73.15	202.58^{***}
	(46.62)	(34.59)	(57.52)	(59.95)	(52.13)	(60.55)
总统联盟中的州长	-198.94^{**}	-146.19^{*}	122.79	-2.98	99.68	-33.22
	(69.80)	(81.61)	(86.12)	(141.43)	(78.05)	(142.85)
人均 GDP	-60.32	-137.34^{**}	264.24^{***}	447.85^{***}	248.40^{***}	442.42^{***}
	(50.67)	(52.65)	(62.52)	(91.24)	(56.66)	(92.16)
州立法机构分裂化	-624.92^{*}	-616.49	-203.95	-224.05	-18.46	-39.70
	(348.29)	(421.01)	(429.71)	(729.63)	(389.45)	(736.98)
新州	367.11^{***}	260.65^{***}	220.66^{**}	474.46^{***}	215.68^{***}	483.87^{***}
	(62.80)	(62.38)	(77.49)	(108.10)	(70.23)	(109.19)
常数	$1\ 158.399^{***}$	$1\ 843.47^{***}$	$-1\ 726.28^{***}$	$-3\ 222.3^{***}$	$-1\ 700^{***}$	$-3\ 286.8^{***}$
	(354.80)	(378.03)	(437.74)	(655.13)	(396.73)	(661.73)
州数量	27	27	27	27	27	27
R^2	0.83	0.74	0.97	0.92	0.98 0.91	

注：* 表示在 10% 水平上显著；** 表示在 5% 水平上显著；*** 表示在 1% 水平上显著。

括号中为面板数据修正标准误；

盈余、补助、支出、收入和国内生产总值以 1995 年的实际人均货币计算；

估计：OLS(相互间效应)；

未报告州虚拟变量系数。

然而,巴西的结果却更为脆弱。在各盈余模型中,滞后人均补助金系数均为负。在固定效应模型中,该系数仅为边际显著性,当有影响力的案例被剔除时,统计显著性实际上很容易消失。在随机效应模型中,负系数(大小相似)在5%水平下显著,但当一些有影响的案例从分析中删除时,负系数再次低于标准显著性水平。在表 8.6 的效应间盈余模型中,对于补助金的负系数也是如此。

如第 7 章所述,政府间补助的内生性值得关注。虽然在第 7 章中寻找一种工具是徒劳的,但是来自阿雷奇和罗登(Arretche and Rodden,2004)的一些政治变量是有用的。特别是,总统联盟中的一个州在立法机构中的实力与拨款高度相关,但与州财政结果无关。当使用这一工具估计盈余回归数时,人均补助系数总是负的,而且远大于表中所报告的系数,但统计意义仍然是敏感的。[1]

再来看看辖区范围的大小和过度代表性,其结果与德国的分析相当相似。在其他条件相同的情况下,在表 8.5 的随机效应模型中,人均拥有较多立法席位的州人均支出较高,人均赤字较大。当人均补助从表 8.6 的中间效应模型中删除时,情况也是如此。根据表 8.5 第一列的系数,从每百万居民在两院平均有 1.6 个席位的米纳斯·吉拉斯州迁至 4.13 个席位的隆多尼亚州(Rondonia)实质性影响是,支出增加 92 卢比和赤字增加 44 卢比。

最后,在时间序列横截面模型中,具有总统执政联盟党派属性的州长对支出或赤字没有影响。[2] 然而,表 8.6 中的参数估计值只关注截面效应,表明总统联盟政党控制时间较长的州赤字较大。同样,这个结果对于删除有影响力的案例有些敏感。无论如何,几乎没有人支持总统的合作伙伴表现出财政克制的观点。

控制变量也很有趣。与德国一样,国家财政政策也是顺周期的:支出和收

---

① 由于经常项目与资本项目之间的界限模糊,且与第 7 章的目标一致,本文采用了总体盈余的分析方法。然而,当使用当前盈余(净资本账户)时,这些结果更加稳健。另一类模型(篇幅所致不再赘述)试图检验政府间补助对未观察到的共同冲击的反应的影响。滞后转移依赖与滞后因变量相互作用的模型显示,在更依赖转移的国家,支出和赤字具有"粘性"。换句话说,如果一种未观察的共同冲击导致人均支出增加,则这种增加在更依赖转让的国家州是更持久的。

② 将联盟成员变量替换为直接的党派合作变量不会产生任何显著的结果。

入随商业周期而变动。选举预算周期也很明显;在选举年,收入、支出和赤字都要大一些。根据表 8.4,选举年期间人均支出增加 170 卢比。[1] 立法分裂化变量虽然相当敏感,但并不总是显著的,而随机和中间效应的估计表明,分裂化的州立法机构与更大的赤字相关。最后,新州的人均支出高于其他州,但收入和盈余也要高得多。

由于上述原因,赤字数据可能有些不可靠,因此检验债务数据也很有用。虽然没有时间序列的债务数据,但表 8.7 列出了截至 2000 年各国债务总额的简单横断面回归结果。当然,因为救助事件包含了重大的债务减免,这不是一种评估长期的州财政行为的理想方式,但它确实能在恶性通货膨胀、财政危机和救助等事件混乱交错的情况尘埃落定时,让我们了解到哪个州的债务负担最大。表 8.7 未包含党派合作、意识形态或立法分裂化变量,这些变量在任何估算中均未达到显著水平。研究结果还对债务与转移依赖之间的关系提出了质疑。这种回归分析不同于其他回归分析的地方在于,它试图区分一个州创造的经济外部性的影响——由加总的实际国内生产总值来衡量——和过度代表性的影响。GDP 变量与代表性变量的相关性为 -0.84,与人均 GDP 的相关性为 0.61。在表 8.6(人均国内总产值下降)的横断面盈余回归中,对国内总产值的参数估计略有显著性,表明在控制代表性的情况下,规模越大的州赤字也越大。

表 8.7　　　　　　　　　　　　　州债务总额决定要素,2000

	因变量:人均债务,2000
补助金	0.36 (0.63)
每百万人口席位的对数(两院席位平均)	808.84** (393.26)
GDP 的对数	483.13*** (153.53)
新的州	−1 011.93* (578.77)

[1]　虽然盈余方程的系数在表 8.4 中不显著,但在剔除年份虚拟变量后,系数为 -0.45,具有显著性。

	因变量:人均债务,2000
常数	$-1\,0815.14^{**}$ （3 820.63）
州的数量	27
R^2	0.42

注:括号中为标准误。

＊表示在10％水平上显著;＊＊表示在5％水平上显著;＊＊＊表示在1％水平上显著。

估算:OSL。

在表 8.7 中的简单债务回归中,这一点表现得更为明显。在控制 GDP 的情况下,人均拥有更多立法权的州负债更多。但是在控制代表权方面,到目前为止,2000 年人均负债率最高的是巴西的经济巨头——尤其是里约热内卢(de Janeiro)、南里约·格兰德(Grande do Sul)和圣保罗——尽管这些州在1997 年也获得了最高的人均救助。

4. 结论:德国和巴西

巴西的实证结果可以总结如下:虽然转移与财政激励之间的因果关系不如德国那么明显,但从长期来看,巴西增加的支出和赤字似乎与增加的转移依赖有关。然而,这些结果并不是无懈可击,对 2000 年债务的单年简介显示,转移依赖与债务之间没有显著关系。

在其他条件相同的情况下,代表过多的州接受更多的转移支付、支出更多、运行更大的赤字,并积累更多的债务。这与这样一种假设是一致的,即这些州在立法谈判中处于有利地位,从而增强了救助预期。尽管在德国的案例中也发现了类似的相关性,但在巴西,代表权与纾困预期之间的联系似乎比在德国更可信。在巴西,大家都知道,拨款、贷款以及最终纾困的分配是一个政治谈判的问题,尤其是在总统和议会两院之间。在两院,小的、代表过多的州是有吸引力的联盟伙伴。在德国,救助资金完全是通过现有的补助体制提供的,而补助体制一开始就相对没有政治色彩。在萨尔兰和不莱梅削减债务的过程中,整个联邦政府的角色都是由法院裁决而非州际谈判塑造的。此外,联邦政府中的政党纪律减少了巴西参议院所看到的那种纯粹的区域间关于救助的谈判的可能性。纯粹的州际谈判在德国立法过程中不那么明显,因为它有强大的、纪律严明的议会党派。在巴西,总统制与公开名单制相结合,总统必须组建复杂的州际联盟,以推进其立法议程。

在德国的案例研究中,由于州的数量较少以及小规模、过度代表和赤字之间的紧密多重共线性,无法区分过度代表的影响和州规模大小的其他相关性。然而,在巴西,由于控制了人均立法代表权,占巴西国内生产总值(GDP)比例较大的州的赤字也更大,债务也更多。这些州也从 1997 年的救助计划中获益最多。与德国的情况相反,这些结果符合"大到不能倒"的假设。

德国和巴西之间这种明显差异的最佳解释是政党制度。纵向党派外部性在德国很强,但在巴西却很弱。德国州级政治家的选举成功与选民对与其政党标签相关的宏观经济表现的评估密切相关,这限制了州政府寻求救助的动机。在巴西,如果有的话,这种沾亲带故通常会朝相反方向运行。因此,没有选举激励措施阻止像圣保罗或米纳斯·吉拉斯州这样的大型和相对富裕的州避免调整和积极寻求救助,即使这种行为具有越来越明显的集体宏观经济后果。在北莱茵-威斯特法伦或巴伐利亚,类似的行为无异于在政治上自寻死路。

更普遍的是,巴西立法者和州长对国家集体利益缺乏关注,这有助于解释与德国更为受限的纾困问题的对比。此外,德国的转移制度及其法院的解释主要是在最贫穷和最小的州提高了救助预期。最后,德国体制将救助决策部分地置于司法部门手中,从而将其与立法谈判和分配政治领域隔离开来,这是有益的。而在巴西,救助一直是立法谈判和分配政治领域的事情。

尽管巴西的问题迄今更为普遍,代价也更为高昂,但这两个财政违纪的例子有着相似的基本结构。案例研究为前几章的论证增添了鲜活的实际内容。在这两个案例中,中央政府在相互关联、相互重叠的权力范围内,为地方政府的收入分配、拨款和贷款发挥了重要作用,削弱了其不救助承诺的可信度。德国和巴西各州都有重大的支出责任,其领导人的政治命运很大程度上取决于他们是否有能力维持和增加由国家税收共同池提供资金的支出。当面临需要调整的负面冲击时,州级政客承受削减人员或福利支出的政治痛苦的动机很弱。在这两个案例中,选民和债权人都认为,当地方支出受到威胁时,中央政府能够也应该被迫介入,提供额外援助。在此之前,这削弱了州政府遵守财政纪律的动机。在德国,动机问题被构建成一个高度基于规则的再分配转移体系。在巴西,中央政府对州财政的政治干预由来已久,不仅以补助拨款的形式,而且还通过金融中介机构发放贷款,并向国有商业银行提供资源。

然而,尽管存在这些明显的动机问题,宪法给予各州的保护——最重要的是,它们在联邦政策过程中的代表性——使它们能够谨小慎微地保护自己的借贷自由,而不受联邦干预。在两个案例中,中央政府都发现,要关闭最令人不安的赤字融资渠道——国有银行——极其困难。

到 20 世纪 90 年代末,两国的经济学家和政策分析人士越来越清楚地认识到,财政联邦制的基本结构需要改革。在债务危机和高通胀之后,这种看法在巴西公众中也变得普遍起来,或许在德国没那么普遍了,因为在德国,救助的潜在集体成本不那么显露无遗。然而近几十年来,这两个国家都深受联邦制现状偏好的困扰。虽然像对州债务的强制限制和州级国有银行的私有化这样的改革可能会带来集体利益,但在每个国家,这些改革都需要州政府的同意,而州政府也会有所损失。

既然案例研究提供了对财政联邦制的一些顽疾的更深入研究,下一步就是确定改革有可能得以实施的条件。这一章有意忽略了巴西联邦制度在 20 世纪 90 年代末实施的一些彻底变革,这些变革是卡多索更广泛的新自由主义改革议程的一部分。上述动机的结构在一些重要方面发生了变化,或许最明显的病态——几乎不受监管的国有银行贷款——已经得到纠正。因此,巴西故事的关键部分仍有待下一章讲述。

第9章　联邦国家改革的挑战

当宪法规定任何国家行为都必须得到多数人的同意时，我们很容易对一切都是那么安稳感到满意，因为不可能做任何不当的事；但是，我们忘记了，如果通过强权阻止可能是需要做的事情，以及使事情维持在特定时期可能发生的同样一种不利的状态，那么它可以阻止多少好事，也就会产生多少坏事。

——亚历山大·汉密尔顿，《联邦党人文集》，第22章

联邦制的一个基本问题现在已经非常清楚。在经过大量的讨价还价之后，各州代表签署了一份宪法契约，就像战后的德国或后威权主义的巴西那样，为未来的互动制定游戏规则。讨价还价的一个关键组成部分是这些规则难以改变。在最初的缔约阶段，各州（尤其小州）出于对其他州或联邦政府未来的巧取豪夺和机会主义的担忧，坚持要求强有力的制度保护。除法院支持的宪法保护之外，这些合同通常直接包括各州在关键立法问题上的否决权，并且要求在重新谈判基本合同时获得绝对多数甚至全体一致通过。

但是，正如我们所看到的，最初的契约并不是由蒙昧无知的仁慈规划者谈判达成的。它们是政治上的讨价还价，往往与财政联邦制教科书中规定的最优权力分配相去甚远。此外，这些契约并不是完美无缺的：重要的问题依然悬而未决，政府之间的责任分配必须通过正在进行的政府间谈判过程不断进行重新谈判。但是，政治动机阻止联邦政府和各州就向它们提供集体产品的政府间合同进行谈判。

最终，各方可能会清楚地认识到，原始契约规定的权力或财政分割给整个

联邦带来了巨大的成本。然而,现有的安排为联邦政府或全部或部分州带来了私人利益。即使替代的契约可能保证联邦作为一个整体的长期利益,一些州还是会否决它,以保护其私人利益,或试图谈判一项次优的合同,充分补偿他们失去这些利益的损失。按照亚历山大·汉密尔顿青睐的那种单一性体制,通过将一些必定会从改革中获益的行政辖区组成立法联盟,如此效率低下的安排可能更容易被推翻。因此,虽然联邦制往往是为了追求集体利益而形成的,但它们可能成为"共同决策陷阱"(Scharpf, 1988)的牺牲品,这种陷阱造成现状偏好,破坏集体利益的持续提供。

具体地说,我们已经看到,联邦讨价还价的一个常见失败是建立了一种财政架构,使各州能够通过借贷和救助的周期,将其财政负担转嫁给其他州。原始契约中对各州的保护,使得那些破坏整体财政纪律的漏洞难以弥补。在德国,这一问题使该国面临触发《稳定与增长公约》(Stability and Growth Pact)相关的"过度赤字"条款而被罚款的风险。在巴西,代价是巨额债务和宏观经济不稳定。虽然本书没有详细论述,但错误的联邦契约也常常使汉密尔顿的另一个担忧难以避免:破坏性的地方保护主义和跨省贸易战。

简而言之,联邦契约通常效率低下,但具有黏性。这只是一个普遍问题的具体例子。不幸的是,制度的演变并不总是为了提高整个社会福利;相反,它们反映了创造它们的当事人的权力和利益,即使在这些当事人早已消失之后,这些体制仍然有动机造就获益者从而阻碍改革。然而,制度确实在演变,有时甚至会发生根本的变化,而跨越社会科学和历史的一个重要事项就是要弄清楚什么推动了制度的变化。

本章以一种适当的方式在该事项上做了些努力,解释了在何种条件下政府间契约——当它们被普遍视为集体次优——最有可能在民主的范围内进行改革。虽然在接下来的章节中,我们将探究什么推动了联邦制和财政主权的长期深入发展趋势,以及暴力和威权主义的作用,但在这里,我们暂且驻足于本书始终假设的稳定的民主范围,并检验道格拉斯·诺斯(Douglass North)提出的可能性:"渐进式变革来自政治和经济组织中的实业家的看法,他们认为,通过在一定程度上改变现有的制度框架,他们可以做得更好。"(North, 1990:8)

考虑到集体低效的政府间契约可能带来的成本,本章将提供许多政治实业家的例子,他们相信推动改革可能会带来丰厚的政治回报。但是,是什么塑造了这些实业家突破联邦制共同决策陷阱的可能性呢?也就是说,他们如何确保立法者或地方官员的合作,而这些立法者或官员还是从那些即将失去当前政府间契约所造就的私利的地区中选出来的?例如,如何说服巴西和德国的州政府放弃它们的州属国有银行?更普遍地说,为什么州长们会同意限制他们获得赤字财政和预算外账户的改革?如果联邦上议院的一名议员代表的是一个从当前的转移支付体系中获益不成比例的省份,为什么要投票支持一项可能会减少该省支出的改革呢?

第 5 章介绍了选举外部性的概念。在一些国家,如巴西和加拿大,选民范围仅限于一个省的官员,其选举动机似乎主要是由选民对省内承诺和提供的东西的评价所决定的,而省选举与全国选举有很大的不同。然而,在德国和澳大利亚等其他国家,省级选举与联邦选举的联系更为紧密,因为选民使用全国性政党的标签来奖励和惩罚现任国家行政官员。由于这些选举外部性,各省的政治家在适当的条件下面临需考虑其政策所产生的外部性成本的动机。

本章的关键论点是,选举外部性可以帮助政治实业家重新谈判被普遍认为效率低下的政府间契约。如果改革要求省级官员放弃一些有选举价值的东西,那么改革者就必须创造这样一种局面:省级官员相信,他们将获得与集体福利改善相关的选举利益。在选举外部性很强的国家以及在中央和有关省份由同一政党控制的情况下,这项任务最容易完成。

本章的第一部分阐明了选举外部性与改革可能性之间的联系,其余部分则从实证角度探讨了选举外部性与案例研究之间的关系。第二部分通过比较澳大利亚和加拿大,得出了"最相似案例"的研究设计——这两个国家除选举外部性之外,在许多方面都非常相似。在澳大利亚,因为在影响广泛的联邦一级政治实业家中必定有一位与各州存在党派关系,各州愿意在政府间改革的谈判中作出让步。另外,在加拿大联邦,政府间改革屡屡受挫,因为省级领导人没有党派动机去关心整个联邦的集体产品。接下来,我们通过对德国和巴西的比较,回到"最不同的案例"的轨道。在德国,基本的政府间协议已多次成功地重新谈判,而在每一次谈判中,中央与各州之间的党派关系都发挥了关键作用。在巴西,缺乏选举外部性是过去改革要取得成功的障碍。事实上,巴西著名的四分五裂的政党制度,似乎让这件事变得毋庸置疑。然而,巴西最近的经验表明,即使在一个制度环境恶劣的国家,选举外部性也很重要。卡多索总统是一位政治实业家,他的选举成功是以宏观经济稳定的改革议程为基础的。他能够组成一个多党联盟,其成员——包括各州州长——相信他们自己的选举前景是与总统改革努力所取得的明显成功联系在一起的。因此,卡多索能够在政府间合同的重大重新谈判中从立法者和省长或州长那里获得让步。

1. 打破共同决策陷阱:选举外部性的作用

这一章的问题很简单:现有的政府间契约在集体层面上存在缺陷,这在绝大多数人看来是显而易见的。然而,改革难以协调,因为各省的代表——有时占人口的少数——有否决它的动机。在某些情况下,这种政府间冲突的场所是在上院。在另一些情况下,斗争发生在中央政府各部门群体之间,或第一部长会议甚至是特别宪法会议上;或者,中央政府必须与省级政府直接谈判,以实现改革。在上述任何一种情况下,一个基本的问题是,顽固不化的省级代表期望今后继续从现有安排中获得选举利益。他们的选举命运取决于他们为选民提供利益的能力,很难说服他们放弃这种稳定的利益流,以换取改革带来的长期集体利益,而这些利益不容易在省级选举中转化为选票。

如果所有省级首席执行官都同样不愿放弃某些自由裁量权(例如,在进入信贷市场方面),那么问题可能是"对称的"。例如,德国所有的地方长官都可能联合起来反对联邦政府对州政府借贷的限制。然而,在大多数情况下,问题是不对称的,因为改革要求一些省份牺牲的比其他省份多。州属国有银行或公共企业私有化的提议,对于那些拥有大型银行或企业的州领导人来说,是最痛苦的,因为他们要依赖这些国有银行或企业提供赞助和软信贷。更新政府间转移支付制度和废除过时的分配补助金标准的提案不可避免地会产生赢家和输家。或许最棘手的问题是,当需要获得绝对多数或全体一致同意时,又无法避免要获得潜在输家的同意。

让我们把重点放在改革上,希望这些改革能够提供足够的集体利益,使联邦行政部门的政治实业家感到有必要将其作为选举战略的突出特点。实现改革最明显的方式是通过科斯式(Coasian)讨价还价。如果改革创造了可观的集体盈余,那么联邦行政部门应该能够向潜在的输家给予补偿。在对称的情况下,一些州长可能会被说服放弃在举债方面的一些自由裁量权,以换取更慷慨的资金转移;或者在不对称的情况下,同意将大型国有银行私有化的州长可能会受到政府拨款或债务减免的诱惑。然而,这样的讨价还价只能到此为止。如果他们认为当前状态的利益价值极高,可能的输家就可以将改革盈余削减到几乎无法被认为有一种集体进步的程度,或者削减到作为"赢家"的各州代表无法再获得激励相容感觉的程度。此外,在存在时间不一致问题的情况下,科斯式讨价还价是出了名的困难。总体而言,有益的改革往往要求"输家"放弃未来的租金流,而中央政府也无法令人信服地承诺制订一个未来仍将继续的偿付计划。

关键问题是,省代表面临的选举激励措施仅仅是提供省内享有的赞助、"政治分肥"和公共产品,而在国家集体产品的提高中发挥作用却没有获得任何政治利益。然而,第 5 章认为选举外部性为解决这一问题提供了一条途径。如果许多选民利用联邦行政长官的党派关系,在参议院和州长选举中惩罚和奖励政客——就像在德国和澳大利亚那样——那么,为改善集体利益而赢得的选举荣誉,很可能不仅会归于国家行政部门,还会归于与之合作的参议员和州长。合作党派必须权衡支持国家集体产品可能带来的政治回报,以及它们必须放弃的寻租利益的政治价值。在一个选举外部性很强的国家,如果合作党派的省级领导人阻挠一项高支持率的改革计划,则该党的形象可能会受到严重损害。此外,在那些在任领导倾向于谋求中央政府职位的省或州,因为中央领导是把关人,这种行为有额外的成本。另外,对于属于联邦反对党的省级官员,成功的改革会产生负面的外部性,为他们提供阻碍改革的动力,即使他们的省份能够成为相对的赢家,也是为了避免帮助他们的竞争对手。

考虑到所有这些因素,当关键省份由合作党派共同代表时,中央行政机构将更有可能首先提出高支持率的改革方案,并将其选举前景押注于改革能否成功。如果能够在两党合作中获得必要的绝对多数,那么成本对称的改革就更有可能实现。当成本集中在一些需要批准的省份时,如果输家是合作伙伴,那么,成功的可能性就大得多。改革带来的选举利益不仅可能抵消输家失去私人利益的损失,而且绝大多数的合作党派都可以帮助行政机构制定一项协议,通过从其他省份拿走一些东西,减轻对输家的打击。此外,一个党派合作的中央政府更有可能承诺一份随着时间推移而展开的补偿计划。

这种逻辑导致一些简单的命题。在选举外部性较弱的国家,或者在选举外部性较强但对关键省份不利的时候,旨在长期集体改善的政府间重大改革将难以实现。那些可能失去未来选举收益流的省级领导人要么拒绝批准,要么讨价还价以获得丰厚的补偿。在选举外部性很强的国家,以及在关键的省级票决参与者和中央政府是合作党派的情况下,政府间改革最有可能也能够以较低的成本实现。

2. 案例研究

为了评估这些命题,我们回到前几章介绍的一些案例研究。我们了解到,在整个战后时期,澳大利亚和德国的选举外部性一直很强,尽管这些国家经常面临联邦执政党只控制少数州的情况。加拿大在 21 世纪初可能表现出强大的选举外部性,但自第二次世界大战以来,省级政党和联邦政党的政治世界渐趋分离。就像加拿大的省长一样,巴西的州长们也时不时会与合作党派的政府首脑各走各道。

这些联邦的特点是财政和决策过程相互交织,需要经常重新谈判复杂的政府间契约。正如下面的案例研究所阐述的,州一级政客的既得利益几乎总是让他们难以重新谈判,而这些制度很容易落入社会效率低下却难以破除的政治均衡局面。最重要的是,在每个国家,共同决策陷阱都使消除州际贸易壁垒和重新谈判隐晦的政府间财政契约的努力复杂化。在加拿大,几十年来,即使是最基本的宪法契约也被精英阶层认为是不可接受的,然而改革却是众所周知,难以实现的。

上面阐明的逻辑表明,案例研究检验的是这样一种情况:当联邦行政当局通过发起改革而有所收获时,一些省级代表会感到痛苦,而他们又必须同意进行改革。人们的预期是,改革最有可能发生在那些关键的省级政府是由中央行政长官的合作党派控制的时候,中央行政长官的选举命运在很大程度上是由国家层级党派的标签值所决定的。在很长一段时间内,这意味着政府间改革在巴西和加拿大是最困难和代价最高的,因为在这两个国家,省级官员没有关心国家集体产品的选举动机。在德国和澳大利亚,人们的预期是,行政长官会发现更容易从改革中有所损失的省份获得支持,但必须是在这些省份是党派合作的情况下。

由于这些联邦政府间体制的重大改革一般都需要绝对多数,因此,当省级行政首长绝大多数由中央行政首长所在的政党控制时,最有可能进行重大改革。因此,图 9.1 是对个案研究的一个很好的指南,它将图 5.1 和图 8.2 结合起来,绘制了各国党派合作省份在一段时间内所占的比例。这些个案研究表明,政府间改革集中于党派间合作达到高峰的时刻。要在一章中对 4 个国家的政府间关系作出令人满意的历史叙述是不可能的。相反,说明性案例研究侧重类似于上面讨论的场景:改革被视为一种集体利益,可以提高整体效率,为中央政府带来选举利益,但它需要州政府的同意,而州政府不愿放弃政府间契约的相对利益。

加拿大和澳大利亚的比较充分展示了比较调查中最相似案例方法的好处。虽然这些联邦制在许多方面非常相似,但第 5 章表明,至少自第二次世界大战以来,联邦和地方的政治竞争之间的联系在两国的演变过程中有很大的不同。德国联邦和州政府之间的政治联系与澳大利亚有很多相似之处,案例研究也讲述了类似的现象。然而,继续德国和巴西的故事,并对最不同的案例进行比较是有益的。巴西的案例表明,在没有德国式政党制度的情况下,改革的代价是昂贵的,但它表明,即使在一个政党软弱甚至有时混乱的总统体制中,一位颇受欢迎的行政长官,加上一项广为接受的改革议程,也可能能够精致地利用选举外部性,并能够创造激励使地方政府放弃私人利益。

加拿大

这本书并不是第一本指出加拿大省级政党和联邦政党政治之间的区别的

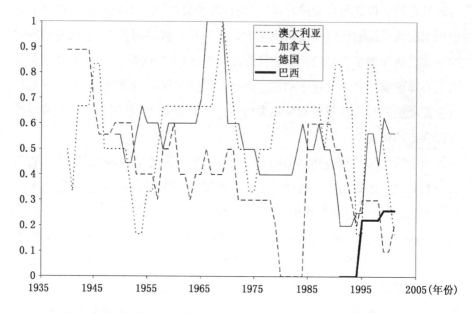

图 9.1 澳大利亚、加拿大、德国和巴西联邦政府政党控制的州的份额

书。在整个战后时期,省级党组织和联邦党组织几乎发展成完全不同的实体。[1] 他们很少协调自己的选举策略,各自筹集自己的资金,选择自己的候选人和领导人,政党的职业发展模式很少在联邦和省级之间变动。[2] 事实上,在加拿大省级竞选策略中,最受信任的策略之一就是严厉批评渥太华的政府,即使是由同一个政党执政。没有与联邦政党的选举联系,省级官员面临的激励措施只是推动地区私人产品的事项。尽管学者和权威人士甚至渥太华和大多数省级政府都声称,有必要建立一套新的多边合同,但政府间的妥协是非常困难的,因为省级政府没有放弃有价值的地区利益的动机。

几十年来,加拿大财政联邦制度所依据的基本契约一直没有改变——其中许多契约是在第二次世界大战之后制定的——尽管该制度面临的挑战发生了巨大变化,而且人们普遍认为"现有安排是不可持续的"(Simeon,1994:

---

① 例如,巴克斯(Bakvis,1994)和钱德勒(Chandler,1987)。

② 但新民主党更为一体化的结构是个例外。在(传统上)占主导地位的政党内部,各省之间也存在差异。例如,自由党和进步保守党的联邦和省级分支机构在沿海省份的整合程度远远高于其他地区,参见戴克(Dyck,1991)。

135）。首先，大多数观察家都认为，加拿大均等化计划背后过时的"五省标准"需要进行重组。其次，省级直接获取自然资源收入会给该体制带来低效率。最后，观察人士指出，主要的联邦—省级转移项目——特别是"既定计划融资"和"加拿大援助计划"——与20世纪70年代成立以来财政联邦制的基本原则相矛盾，各种不可预见的情况进一步削弱了它们随时间推移的有效性。[①] 简而言之，加拿大的财政联邦制是一种连锁的政府间契约，这些契约在谈判时所处的政治和经济条件已经过时。改革建议很多，所有人都同意，真正的进展需要渥太华和所有省份的合作。

然而，这种多边合作缺乏政治动机。牺牲区域利益换取国家利益的政府间合作不会产生选举上的回报。加拿大政府也无法谈判达成相关协议，让改革的相对受益者放弃部分利益，以确保相对输家达成一致。在缺乏选举外部性的情况下，有关改革加拿大财政联邦制的公开辩论以"决算表联邦制"为主导。在"决算表联邦制"中，各省政府向选民解释，为什么每项联邦提案都偏离了他们的利益。随着时间的推移，这些辩论的基调鼓励了一种明显的地区嫉妒情绪的蔓延。

加拿大的政治家和权威人士还指出，商品、服务、资本和个人在欧盟成员方之间的流动比在加拿大各省之间的流动更为自由。加拿大国内市场无疑是所有发达联邦国家中最分散的（Courchene，1996）。省级官员以各种方式回应当地有政治影响力的工人或生产商群体，并引入法规和其他政策，歧视来自其他省份的工人或生产商，从而分散内部市场，造成流动障碍。[②] 这些障碍使加拿大人无法充分利用跨省贸易的潜在收益。加拿大商会（Canadian Chamber of Commerce）最近的一项研究估计，加拿大国内贸易壁垒每年造成的成本为70亿美元，相当于国内生产总值（GDP）的1％。[③]

1982年和1994年的政府间谈判解决了加强国内市场的挑战，但在每一次谈判中，关键行为者最终都不愿意放弃与保护当地工人和生产者有关的私

---

① 库切（Courchene，1984）；鲍德威·弗拉泰斯（Boadway and Flatters，1994）。

② 菲利普·帕尔达（Filip Palda，ed.，1994）提供了几个详细的例子，如啤酒销售、金融市场、农业、商业运输和优惠雇佣措施。有关魁北克省和安大略省之间全面贸易战的报道，请参阅1993年9月28日的《环球邮报》：B1—B2。

③ 迪尔德丽·麦克默迪，"分隔的墙"，《麦克莱恩的109》（September 23，1996：39）。

人政治利益。1982 年的《宪法法案》及其所附的《加拿大权利和自由宪章》首次试图纳入一项有关个人流动的约束性条款。然而,在经过几轮谈判之后,为了获得各省对宪章的支持,联邦政府也认同了为国内经济联盟设置若干障碍。[①] 1994 年,各省政府签署了《内部贸易协定》,但收效甚微。[②] 为了达成省级协议,只能在协议中开一个口子,规定该协议不适用于"区域经济发展"计划的任何措施,这使得该协议实际上毫无用处(Courchene,1996:212)。

除财政契约和自由贸易协定之外,对最基本的政府间契约——宪法——的改革需要渥太华政府和所有省份的同意。加拿大的省级和联邦当选官员之间缺乏党派联系,这是加拿大宪法僵局的一个重要解释。例如,在参议院改革这样的问题上,每个地区都有自己的利益,没有一个省会为了联邦的整体利益而妥协或担负额外成本。如果一个在每个省份都拥有根基强大的纵向一体化的政党并承诺进行意义深远的宪法改革,那么宪法谈判(或有关自由贸易或财政联邦制的谈判)的结果可能会大不相同。目前,加拿大宪法契约的脆弱性并非其两大文化—语言群体之间产生裂痕的必然产物。沿海各省、安大略省,尤其是所有西部省份,也已成为具有独特要求的重要否决方。同时满足这些要求几无可能,在没有选举外部性的情况下,妥协是很困难的。事实上,加拿大政府间契约的最后彻底重新谈判发生在 1935 年和 1940 年之间,彼时的改革由联邦政府和受人尊敬的独立罗威尔—西罗瓦(Rowell-Sirois)委员会向公众推出,作为应对大萧条和第二次世界大战爆发的不二之选。其中一个关键的改革是失业保险的集中化。这一改革最初遭到魁北克省、安大略省和阿尔伯塔省的反对,这些省原本预计将成为净支付者(Beramendi,2004;Struthers,1983)。加拿大政党制度解体的情况尚未发生,政府间改革议程是麦肯齐·金(Mackenzie King)和自由党 1935 年在渥太华掌权的重要政纲内容。20 世纪30 年代后期,自由党在渥太华和魁北克也开始执政,除了一个省外,所有的省都被一个纵向一体化的政党控制,并被赋予改革的使命——这一壮举之后再也没有出现过(见图 9.1)。一旦发生这种情况,关键省份就不再反对,选举的

---

① 宪章规定各省有权在土地所有权和就业方面歧视其他省份的居民,《宪法法案》保护能源生产省份征收间接能源税的权利,参见库切(Courchene,1996:193)。

② 《经合组织经济调查评估》:加拿大(1998 年)。

外部性显然促进了改革。

然而,自麦肯齐·金(Mackenzie King)时代以来,联邦和省级政党之间的联系已经破裂,政府间全面改革的可能性也在加大。即便公众舆论支持改革,加拿大政府也很难说服各省在不抵消改革带来的选举益处的情况下,放弃与现有政府间契约相关的寻租利益。中央越来越不愿意通过拨款和其他形式的政治分肥来收买各省推进改革,因为所有的信誉都被省级官员收入囊中。此外,由于大多数改革将产生赢家和输家,联邦政府发现很难在输家省份之间促成双边支付,而作为多边改革协议的一部分又必定会有输家。联邦政府改革政府间契约的唯一希望是通过与各省签订昂贵的双边协议,这使得加拿大政府间的关系惊人地相似于独立国家之间的关系。

澳大利亚

与加拿大形成鲜明对比的是,澳大利亚的州和联邦政党在资助和开展各级竞选活动方面密切合作,州精英在支持竞选联邦公职的候选人方面发挥着重要作用,政党的职业生涯经常在各级政府之间来回转换。州选举往往"被视为联邦补选""被视为对总理和联邦反对党领袖以及对州政府领导人的评判"(Rydon,1988:168－169)。

一些同样的政府间契约问题——最明显的是自由贸易和竞争障碍——也困扰着澳大利亚联邦。然而,与加拿大不同的是,选举的外部性有助于促进改革。最戏剧性的事件发生在 1990 年至 1996 年之间。在 20 世纪 80 年代末,联邦政府和州政府都面临着越来越多的公众对经济危机的看法——最重要的是,全国性的有组织的商业团体和媒体都抱怨反竞争行为、国有企业垄断提供关键商品和服务,以及有许多不必要的过度管制的经济阻碍了州际贸易和竞争。霍克政府的回应是将微观经济和公共部门改革作为其政治议程的中心,并强调潜在的国民收入增长。虽然这一议程的某些部分可以由联邦政府单独执行——例如,浮动汇率、关税削减和解除管制——但其中许多议程需要各州积极参与。事实上,一些最重要的改革要求各州放弃使用监管工具和其他政策工具,这些工具使各州能够为选民提供有选举价值的私人利益。

战后最全面的政府间改革的时机与上述论点相当一致。回到图 9.1,注

211

意在谈判期间,联邦政府和 6 个州中的 5 个由工党控制。与成功实施改革所获得的政治信用收益相抵,各州愿意放弃关键的寻租利益。新南威尔士州是反对党自由党控制的唯一一个州,该党总理尼克·格里纳(Nick Greiner)上台时,其施政纲领支持微观经济和公共部门改革。

为了改善内部经济联盟和改革公共部门企业,各州不得不放弃重要的寻租利益。澳大利亚政府间谈判中所处理的一项主要申诉与上面加拿大的讨论产生了共鸣:各州能够以符合其本身区域利益但使内部经济联盟碎片化的方式规范商品和服务的销售以及职业登记。1990 年 10 月,澳大利亚各州政府首脑达成了一项雄心勃勃的计划,即相互承认与商品销售和职业登记有关的法规和标准。1991 年,各州还就统一的食品标准和对非银行金融机构的联合监管达成协议。在成功实施《相互认可协议》之后,澳大利亚国内的联盟现在可以媲美德国,成为所有联邦制度中一体化程度最高的国家。

关于国家竞争政策的政府间协定也许是 20 世纪 90 年代初澳大利亚微观经济改革中最全面和最重要的一项。抑制竞争和自由的州际市场的最重要因素之一是各州在建立和保护关键公用事业、交通基础设施和其他几个领域的公共部门垄断方面的作用。这些垄断对整个联邦造成的效率损失是众所周知的。然而,各州极不愿意放弃对这些公共企业的任何权力,特别是因为这些企业的垄断租金构成了自有资金来源的最大单笔款项(Craig,1997)。澳大利亚政府委员会 1995 年签署的《最终竞争原则协定》补偿了各州的部分收入损失,作为实施改革的回报,因此也是对财政契约的重大重新谈判。值得注意的是,各州愿意放弃与垄断企业相关的政治和经济租金。毫无疑问,这项协议不仅给各州带来了财政成本,也给它们带来了政治成本。这些州面临着来自当地利益集团的压力,如出租车司机,虽然它们的垄断已经开放竞争,但它们确信改革所释放的信贷,结合中央政府提供的新福利,将超过这些成本。该协议涵盖了天然气、电力、水、铁路、城市交通、港口、农业营销委员会和其他几个领域的所有公共垄断企业和国有企业。据经合组织称,该协议产生了迅速的效果。[1] 谈判还导致在联邦和州一级废除和改变了大量冗余或协调不良的监管

---

[1] 《经合组织经济调查评估》:澳大利亚(1997 年)。

政策。

德国

像澳大利亚的州选举一样,德国的地方选举被广泛视为联邦补充选举。它们往往相当于就总理及其政府的权限进行全民投票(Fabritius,1978;Lohmann,Brady,and Rivers,1997)。就像在澳大利亚,两院和地方党派相互协调他们的资金和竞选活动,州级领导人在联邦政党领导人的提名过程中扮演着重要的角色,其职业生涯经常在联邦和州政坛之间来回移动。战后,从以州为基础的政党到高度一体化的政党的演变,在很大程度上是由上议院的激励架构造就的。联邦参议院可能会在一开始就设置联合决策陷阱(直接将各州纳入联邦政策的否决权),但随着时间的推移,它也逐渐提供了突破这一陷阱的手段。反对党学会了利用联邦参议院的阻挠能力挫败执政联盟,有效地将地方选举转变为联邦立法选举,并最终产生强大的选举外部性(Abromeit,1982;Lehmbruch,1989)。简单审视德国正在进行的政府间财政谈判就会发现,政府间合同确实很难重新谈判——尤其是在政府分裂时期——但与澳大利亚一样,选举的外部效应偶尔也会让机会之窗开启。

德国联邦宪法包含了非常具体的规定,涉及联邦政府和地方政府之间的税收和支出权力的划分。这种具体的宪法契约只能在有限的时间内产生可接受的结果,最终必须重新谈判以适应不断变化的情况。鉴于各州负责执行大多数联邦立法,定期重新谈判尤其重要。《基本法》规定,全联邦的"生活条件"应该是"同等的"。宪法条款,尤其是涉及平等化和从富人向穷人的其他转移支付的法规,很难重新谈判。例如,出资方不容易相信它们的负担应该增加,而受援方则认为转移资助是宪法保障的权利。事实上,在德国大多数试图重新谈判财政合同的努力中,最基本的分歧是富裕州和贫穷州道不相谋。①

然而,德国联邦政府和地方政府已多次设法就基本财政契约进行重新谈判。第一次是在1955年。虽然联邦众议院和联邦参议院都由联邦政党控制,但波恩政府(尤其是基社盟的财政部部长)与基民盟领导的北莱茵—威斯特法

---

① 统一后,情况变得更加复杂,原有的贫困地区的利益有时与东部的新贫困地区的利益发生冲突。

伦和莱茵—法尔兹政府之间发生了重大冲突。然而,基民盟和基社盟竭尽全力进行了广泛的谈判,防止公众认为联合政府内部存在分裂。它们最终在党内达成妥协,做出完成改革所需的让步(Renzsch,1991:161)。

到 20 世纪 60 年代中期,政府间财政契约再次过时。媒体、公众和政界人士普遍认为,财政和监管任务的基本分派需要进行重大改革。此外,作为部门和区域发展计划的一部分,联邦和地方都实施了不协调的工业补贴计划。地方政府之间相互竞争有限的可调配投资资金,经常通过补贴项目以更高的价格竞争(Scharpf,Reissert,and Schnabel,1976:77—78)。

总的来说,"人们普遍认为,地方政府的行动空间和行动视角受到了过于狭窄的限制,无法有效地处理在 20 世纪 60 年代中期的'改革派'政治气氛中已成为主要政治问题的一些矛盾"(Scharpf,1988:244)。与 20 世纪 90 年代澳大利亚政府间体制的改革一样,20 世纪 60 年代在德国盛行的改革议案要求地方政府收敛手脚并放弃相当数量的政策和收入自主权,以支持更加多边的合作进程。一些地方,尤其是巴伐利亚州,不愿意放弃它们预算的自主权。① 改革之所以困难,不仅是因为它将减少各州相互对称的既得利益,还因为它具有明显的分配影响。就像 1955 年一样,最重要的冲突发生在富州和穷州之间。特别是,联邦政府提出的全面改革方案遭到了富州执政者的反对,他们预计将成为相对的输家。由于该提议需要联邦参议院 2/3 的多数支持,富裕州的否决票威胁可能是致命的。

改革议案最终得到了联邦各州绝大多数人的认可,因为选举外部性有助于克服联邦各州之间的分配冲突。20 世纪 60 年代中期,社民党利用政府间改革问题的蔓延,将其作为该党选举纲领的核心内容。两大政党最终都能使大联合政府的组建合法化,因为它们承诺将以此为契机,在两院获得重新协商宪法所需的 2/3 多数。在长期的对抗之后,社民党特别渴望向公众证明它有能力实施改革计划;而一些富裕的社民党州②,尽管它们对这一提议持有严重的保留意见,最终还是愿意妥协,以便让它们的政党能够宣称改革取得了成

① 这一段和下一段大量引用了伦茨施(Renzsch,1991:246—260)和伦茨施(Renzsch,1995:179—182)。

② 特别是不莱梅、汉堡、黑森和北莱茵·威斯特法伦。

功。如果他们坚持反对由他们在联邦议院的社民党同僚们协商和宣布的提案,他们可能会损害该党的信誉和自己的政治前途。党派关系也促成巴伐利亚州最终投票支持改革:联邦财政部部长兼基社盟主席弗朗茨—约瑟夫·斯特劳布(Franz-Josef Straub)的大力游说,助力说动了州政府(Renzsch,1991:259)。

对于大联盟以来的时期,图9.1为进一步的合同重新谈判提供了一个相当好的导引。从1969年到1982年,社会民主党和自由党组成的联合政府控制了联邦众议院,但联盟党在联邦参议院占多数。在此期间,消极的选举外部性阻碍了政府间财政合同的任何重新谈判,尽管它们已再次不合时宜。然而,在20世纪80年代中期,基民盟和自由党组成的联合政府在联邦层面上掌权,使两党暂时控制了两院。在此期间,联邦政府与基民盟(CDU)或基社盟(CSU)控制下的地方政府直接修改了财政合同(Renzsch,1995:176—179)。1969年至1982年,德国政府在分裂期间,为了解决联邦和各州之间的冲突,召集了一个会议委员会。联邦众议院(Bundestag)所通过的立法中有16%的部分都要在这个委员会重新加以讨论,但在1983年至1991年期间,只有2.5%的立法通过这种方式得以讨论。[①] 当参众两院都由同一党派控制时,联邦政府及其在各州的党派同僚面临着强大的选举动机,避免召集各种委员会会议或允许公开的政府间冲突,以免给公众留下党派内部四分五裂或无能的印象。对政府总理来说,与地方各州的党内同僚发展合作关系是有益的。此外,许多地方政客不愿因过度地谋取地方私利而出风头,因为他们在联邦政党政治中有更大的抱负。事实上,在政府间谈判中作出代价高昂的让步,是各州领导人向联邦政党领导人的一种表态,以显示他们对该党全面成功所做的贡献。

就在最近,德国统一后,其基本的财政契约再次受到抨击。1995年达成的将新联邦州纳入财政宪法的协议受到了广泛的尤其是富裕的联邦州的批评。随着对不莱梅和萨尔兰的救助以及第7章中所描述的次国家债务的不断增长,对该体系进行全面改革的呼声越来越高。然而,党派和财政利益不断演

---

① 联邦参议院调解委员会办公室(1997年)所收集的未公开数据。

变的分配状况使改革极其困难。主要的问题是,相对不均衡现象日益严重。问题的特点与其说是各省相称利益的降低,还不如说是改革更可能带来高度不相称的受益方。任何改善激励机制的有效改革都需要一些贫穷的州的同意,这将是非常难以实现的。社会民主党领导的中央政府几乎没有推行认真改革的动力,因为它的支持不成比例地来自贫困的地方政府,而从改革中获益最多的地方政府则是由反对党联盟控制的。其结果是,富裕的州越来越依赖法院作为它们申诉的场所。

在富裕的州向宪法法院提出几起申诉以及法院判决对均等制度进行修订之后,2001 年 6 月,联邦政府和各州达成了一项新的均等法案,该法案于 2005 年起生效。旧的三级税制的基本结构没有改变,但富裕的州赞同新的税制,因为它允许保留更大份额的税收。但该协议不会减少相对贫穷的州的收入。正如格哈德·施罗德(Gerhard Schroder)所说"没有赢家,也没有输家"[①]。这种明显的双赢局面是有可能实现的,因为中央政府同意通过向该体制追加数十亿欧元来弥补差额。换句话说,中央政府将用从联邦到各州的直接垂直再分配来取代部分横向再分配,而最贫困州中的转移依赖只会增加。考虑到党派分歧只会叠加而不是切割分配上的差异,中央政府只能通过支付巨额薪酬来安抚相对弱势或失利的群体,从而实现改革。

综上所述,德国联邦政府可以利用选举激励机制,以较低的成本,在关键州是合作党派的情况下,为改革争取选票。大部分的行动都在联邦参议院进行,当它被联邦多数党控制时,改革是最容易实现的。在这些短暂的机会窗口之外进行的唯一改革是由高等法院强制实施的,联邦政府被迫以高昂的成本收买那些顽固对抗的州。

巴西

在上述三个议会制联邦国家中,中央层面的政客偶尔会找到机会,带头就不受欢迎的政府间合同进行重新谈判,以提高自己的人气。战后,很难找到关键的多边谈判的例子是以高成本的省级利益损失为特征的,同时也很难找到

[①] 德国新闻社报道,2001 年 6 月 23 日。

证据表明,合作党派的省级政客在选举中有强烈的改革动机,然而,还需要对更广泛的案例进行更多的研究。也许上述讨论的国家有其特别之处,因为它们有相互融合的行政和立法机构,并在两个层面上都有很强的党纪。在总统制国家,重新谈判政府间合同的过程貌似迥异,这些国家的特点是,当行政部门并不依赖于立法机构的信任时,一定会有些政党实力相对弱小。在巴西,党的纪律不仅被两级总统/总督制削弱,而且被公开的比例代表制削弱。巴西缺乏选举外部性,值得与加拿大进行比较。可以肯定地说,大体上,在巴西,当选和连任当选到州一级职位的途径——甚至可能是国家立法席位和总统职位——与成为一个因其在全国取得的成就而受欢迎的政党的成员关系不大。总的来说,总统所属政党成员的身份并不妨碍州长们对联邦政府进行猛烈的批评和唾弃。

上述论点最简单的应用是指出了巴西总统在追求政府间改革的过程中,如果没有给予州长或参议员大量的补偿,就无法从他们那里获得让步。无疑这是事实状况。正如第 8 章所指出的那样,有相当多的证据表明,巴西总统必须通过分肥项目、贷款、债务减免等方式,为立法支持——甚至是来自合作者和联盟成员的支持——买单。卡多索政府具有里程碑意义的政府间改革也不例外。然而,仔细观察卡多索的改革战略,就可以发现选举的外部性有助于推动改革,即使在巴西这样的国家也是如此。

现在判断 20 世纪 90 年代政府间改革是否成功还为时过早,但卡多索政府确实成功地从各州获得了关键的让步。首先也是最重要的是,它们说服了关键州以私有化或其他方式改革其商业银行。这一改革的重要性怎么强调都不为过,因为州属银行是 20 世纪 90 年代过度借贷的主要渠道。其次,它们主持通过了《财政责任法》(Law of Fiscal Responsibility)——这是一套立法方案,如果得到实施,则将极大地改变巴西财政联邦制的基本激励结构。上面的第一件事是州与州之间的双边谈判,第二件事是由总统的立法联盟推动国会通过的。

卡多索在任期初期就控制了通货膨胀,从而建立了巨大的政治资本。他能够为一个明确的、非常有价值的、全国性的集体利益去要求给予信誉。在这个过程中,他建立了一个支持这些措施的立法联盟,并因此获得了一些改革的政治信誉。作为总统抗击通胀联盟成员的议员和州长,能够通过宣称宏观经济稳定而获得政治上的好处。换句话说,卡多索精心打造了一个多党联盟,在很短的时间内形成了自上而下的支持。然后,他利用它从关键盟友那里获取让步。

作为债务减免的一个条件,每个州都同意一揽子调整目标。1997 年,第 9496 号法令详细地说明了这些目标,包括债务/收入比率的预期下降、基本平衡的增加、人员支出的限制、自身来源收入的增长、投资的最高限额以及将要私有化的国有企业名单,对解决州人事支出刚性问题给予了特别关注。最重要的是,州和市的工资支出最高不得超过税收收入的 60%。此外,新的立法确立了一套措施,旨在提高各级政府控制这类开支的能力,包括禁止增加工资和聘用新雇员。最重要的是,经过几次长期的斗争,大多数国有银行——包括上文讨论的问题最严重的银行——最终都私有化了。

这些改革始于当政者与盟友控制的各州之间的双边谈判。总统努力将这些问题在呈报到参议院之前就解决掉,而参议院常常通过投票来解决这些问题。通过这种方式,总统推动了改革的短期普及,并利用它向试图获得让步的州政府施加公众压力。改革成本并未在各州之间对称分配。特别是,最大的债务州也是那些最习惯滥用州属银行的州:米纳斯·吉拉斯、圣保罗和里约热内卢。这些州中的每一个都在 1994 年的选举中选出了社民党人州长,他们的政治成功与卡多索改革议程的成功紧密相连。这些州确实索取了补偿,以换取银行私有化和其他改革——最重要的是免除债务和重新谈判——但与破坏卡多索稳定议程有关的潜在选举成本显然发挥了重要作用。

在 1997 年至 2000 年期间,立法机构还签署了一系列旨在限制各州未来借贷的新法规。参议院第 78 号决议(1998 年 9 月)决定进一步限制从州属银行借款,实施新的借款上限,限制新的债券发行,并禁止向承包商发行期票(世界银行,2001 年)。它还禁止那些在过去 12 个月里基本余额没有出现正数的辖区借款。此外,国家货币委员会通过第 2653 号决议授权中央银行控制国内银行向地方政府提供贷款。①

最重要的是,《财政责任法》(2000 年 5 月批准的第 101 号补充法)和《财政犯罪刑法》(2000 年 10 月批准的)可能是自 1988 年宪法以来巴西政府间制度最重要的变革。②该法案要求总统为各级公共部门设定年度债务限额,并规定违反的地方政府将被禁止进行所有内部和外部信贷业务,并列入违法者名单,还对任何试图向违规者提供贷款的金融机构进行处罚。各州和市政当局必须提交源自私有化、社会保障基金和不确定债务等途径的资源使用情况的多年计划和报告。该法案还包括一项黄金法则条款,即信贷业务不得超过资本支出。此外,它还澄清了联邦政府的法律权力,即对于那些未能向联邦财政部偿还债务的州,联邦政府有权中止宪法规定的转移支付。政府将被要求公布明确的收入目标与有关收入来源和税收减免的详细信息,以便对预期收入和实际收入进行双月比较,并在 30 天内对收入不足作出调整。

现在就推测这些法律是否会成功,司法部门是否有独立和执行这些法律的能力,还为时过早。显而易见的是,卡多索政府着手将世界上权力最分散的联邦之一转变为一个管理严密、等级森严的政权,这与许多单一制国家的情况类似。考虑到州长和州利益集团在立法机构中的传统影响力,这些改革相当引人注目。总统能够通过说服公众相信州和市的财政挥霍是造成通货膨胀和宏观经济不稳定的一个重要原因来引导这项立法。用第 5 章的说法,选民们终于清楚地认识到,一州政府的财政不守纪律并不是要从他人那里获得短期的再分配纾困资金的问题,而是要付出长期的集体成本。这改变了总统的政治盟友的动机,尤其是在重要的大州,创造了新的政治动机来服从国家的集体产品议程。他建立了一个多党改革联盟,在立法机构中表现出前所未有的凝聚力;在取得成功并为联合政府建立了积极的选举外部性之后,他开始索取异乎寻常的让步。

但是,应该指出的是,作为总统改革联盟的一员而获得的选举信誉本身并

---

① 对公共部门(包括公共企业)的未偿贷款上限为私人银行股本的 45%。如果强制执行,则各州的借贷将变得极其困难。作为各州长期信贷的重要剩余来源,国家储蓄银行(national savings bank)已经接近这一上限。

② 只有在这里,才能对一项极其详细和影响深远的立法一揽子计划做一个概括性的概述。有关《财政责任法》的详细信息,请参见纳西门托和德布斯(Nascimento and Debus,2001)。

不足以确保他们的合作。联盟成员还获得了补助、贷款和在分配紧急援助时的优惠待遇。[①] 虽然在卡多索政府期间,国家一级的赤字和人事开支有所减少,但补助和总支出有所增加,中央政府的债务负担——很大程度上是由于对各州的援助——大大增加。

总而言之,选举外部性的逻辑似乎有助于解释,在卡多索担任总统期间,即使在一个州选举传统上不被视为对首席执行官所在政党的全民公决的国家,州长和立法者是如何可能做出如此惊人的让步的。一些关键的让步是从那些坚持从成功的改革中谋得选举利益的人那里获得的。然而,尽管政党间的勾连在建立改革联盟中提供了一个有用的焦点,但选举的外部性却不足以消除向其成员提供附带报酬的必要性。

3. 结 论

总之,这些案例研究表明,选举外部性如何有助于促进改革并降低其成本。当现有的政府间合同非常不受欢迎时,国家一级的执政者将通过提出新合同并获得必要的省级代表的协议而获益匪浅。当相关的省级代表是能够享受成功改革的一些选举利益的合作党派时,这可以以最低的成本完成。在本章所讨论的每一个联邦中,当关键省份都是中央政府的合作者时,就出现了要求各省作出艰难牺牲的意义深远的改革时刻。

但本章必须以一个重要的警告结束:这些讨论和案例研究并不意味着新合同在长期福利方面就是最佳的,即使将补偿性支付和政治分肥保持在最低水平。本章的内容具有积极的意义,但并不是规范性的。它审查了人们普遍认为现有合同存在不足的情况,并在表面上接受拟议的解决办法。在某些情况下,结果明显提高了总效率,例如,巴西州属银行的私有化或澳大利亚贸易壁垒的减少。然而,回过头来看,有些改革得到了负面的评价,并且这一章完全也不是意在指出,在某种总体意义上,具有强大选举外部性的联邦制就比加拿大这样的联邦制效率更高。

---

① 除第 8 章外,可参见阿雷奇和罗登(Arretche and Rodden,2004)。

　　例如,1969 年的德国改革现在受到广泛的批评,认为它使德国的政策进程更加复杂、更加唯诺不决、更不民主,因为以前掌握在各个州手中的决定都转移到各跨部委机构(Scharpf et al.,1976)。事实上,当时人们认为德国联邦体制存在的"问题"之一是,各州在移动资本方面相互竞争。如果一个人被第 2 章——特别是哈耶克关于强势的权力下放通过强化信息和竞争来提高效率的观点——中提到的联邦制的愿景所吸引,那么上述一些改革交易是朝着错误的方向发展的,因为它们要么是集中的权力,要么是混淆了责任分工。下一章将更仔细地讨论这些可能性。

第 10 章 地方主权的起源

 这本书在很大程度上区分了联邦中各组成单位的财政自主权和半自主权。到 20 世纪中叶,在美国、加拿大和瑞士,选民和债权人已经把州、省和行政区视为主权债务人。另外,对 20 世纪 80 年代和 90 年代德国和巴西的详细案例研究分析了地方实体为半主权的联邦可能出现的问题:尽管财政和政治机构向选民和债权人发出强烈信号,表明中央政府最终可以为他们的债务负责,但他们仍可以自由借贷。然而,还有一些更基本的问题尚未得到解决:为什么支持地方财政主权的机构——首先是有限的中央政府和广泛的地方税务机关——往往会逐渐消失? 从长远来看,为什么有些联邦制国家在组成单位之间保持着不同的财政主权范围,而另一些却没有呢?

 所有现代国家都是经过一个相当长的时期,将仅有的——政治或金融——主权扩展到小的群体组织后,用野蛮的武力与讨价还价相结合,人为构建起来的机构。在 20 世纪初,各州和省级政府与阿根廷、澳大利亚、巴西、加拿大、德国、墨西哥、瑞士和美国等联邦制国家的财政主权类似,在许多单一制国家的地方政府也是如此。尤其是在联邦制国家中,中央政府的财政权力在 1900 年极为有限。在许多情况下,中央几乎没有直接的税务权限,必须依靠各省捐资。然而,到 21 世纪末,在阿根廷、德国和墨西哥,自治的次国家税收实际上已经消失;在澳大利亚和巴西,这种税收已经大大减少;而在瑞士和美国,它仍然很强势。第二次世界大战期间,加拿大的税收经历了一段中央集权时期,但各省很快就恢复了税收自主权。

 产生这些不同轨迹的原因是什么? 本章不是试图基于演绎推理为这个问

题提供令人满意的答案，而是通过两个步骤从案例研究中归纳出来。首先，它重温了德国和巴西的历史，以帮助解释前面章节中描述的半主权均衡的根源。正如第 3 章对美国 19 世纪 40 年代债务危机的讨论和第 9 章对改革的讨论一样，第一节特别关注"关键时刻"——当机构处于变动状态时，关键选择似乎会创生持久的影响（Lipset and Rokkan，1967）。在第 9 章的进一步观察中，它展示了政治实业家如何创造机会——特别是在与债务、大萧条和第二次世界大战有关的危机期间——通过讨价还价和蛮力的结合来组建联盟，聚敛收入。

然而，在这些集权时刻过去后，各州和各省不可避免地重新主张自己的权利——尤其是在从威权主义向民主过渡的过程中。随着选举的民主合法性，州政府往往重新获得独立借款的权利。但是，一旦魔鬼被释放出来——也就是说，中央政府承担了国家债务，并开始主导税收——就很难再把它收回去。第一节的结论是，有证据表明，半主权省份也以类似的方式出现在其他联邦中。

然而，最好是超越此类偶然事件，对长期的跨国差异作出更令人满意的解释。毕竟，有些国家经历了债务危机、战争和经济萧条，却没有屈服于中央集权。也许有更深层次的先决条件决定了一个国家在面临危机时是否会抵制中央集权。危机会产生对中央集权的要求，并为中央集权的企业家打开一扇窗。本章的第二部分将讨论这个问题。它的目标是通过从案例研究中引出假设来激发进一步的研究。一些有希望进一步研究"内生财政主权"的途径包括长期的区域分裂、政党的组织以及区域间和人际收入不平等等模式。

1. 为什么主权会悄然消失？

乍一看，人们可能会错误地得出这样的结论：加拿大的省、瑞士的州和美国的州与巴西、德国、阿根廷或墨西哥的州不同，因为它们独立的历史如此之长，有些甚至比联邦本身还要早。然而，直到第一次世界大战，征税权几乎完全掌握在德国的各州和普鲁士的各省手中。在 3 个大型的拉丁美洲联邦中，中央政府也是在经过了几十年的地区主权之间的斗争和讨价还价才最终拥有了征税权。除下面巴西案例中描述的斗争之外，现今的阿根廷，在 19 世纪 60

年代巴托洛姆·米特雷（Bartolome Mitre）领导下建立了一个由布宜诺斯艾利斯主导的现代中央国家之前，财政主权完全掌握在各省手中。在墨西哥，各州直到20世纪40年代才将广泛的税收权力割让给中央政府。因此，在历史的某些时刻，这些国家中的次国家地方实体都能够以美国和加拿大为特征的市场规范出现。它们自筹资金，中央政府也不会为其偿还债务。事实上，下面提供的证据表明，德国和巴西各州在世纪之交是主权借款人。为了向内生性次国家主权理论迈进，有必要解释1900年至上述案例研究所涵盖的时期内这两个国家发生的情况，解释次国家主权有可能是在何时以及如何消失的。

德国

在《联邦党人文集》第18—20页中，麦迪逊和汉密尔顿对从古希腊罗马时期到18世纪的联邦进行了一次批判性的考察，以说明"联邦机构倾向于成员之间的无政府状态，而不是寡头暴政"（Federalist, 18: 112）。他们把最尖锐的批评留给了德意志联邦，称其为"一部皇帝与诸侯、诸侯国之间的战争史……强者的淫乱，弱者的被压迫……草菅人命和对金钱的嗜求……普遍的愚蠢、困惑和痛苦（Federalist, 19: 115）"。即使在19世纪的统一和帝国内部军事冲突的结束之后，德意志帝国公共财政的分散化仍然是局势紧张和不稳定的一大根源。与18世纪的美国一样，普鲁士政府和其他联邦州政府都害怕让中央政府以牺牲自己的利益为代价获得自治和权力，并阻止帝国征收直接税。1871年统一后，德意志帝国在资金上高度依赖各州，自1879年以来，甚至被迫将超过一定数额的关税收入重新分配给各州（von Kruedener, 1987）。由于缺乏税收自主权，又面临着与军事承诺相关的日益增长的支出义务，德意志帝国只能求助于国际借款。德意志帝国和各州都大量举债。事实上，它们在国际信贷市场上相互竞争资金，推高了所有德国债券的利率溢价（Hefeker, 2001）——这正是汉密尔顿所担心的分散化借贷情景。由于缺乏可靠的税基，中央政府最终不得不几乎完全依靠债务为第一次世界大战融资。

毫无疑问，德国各州是19世纪的主权债务人。德国各州和城市自中世纪以来一直独立借贷，直到19世纪70年代末帝国开启贷款之前，没有单一的"德国"债务。从1815年开始，德国各州和普鲁士各省定期发行债券。荷马和西拉(Homer and Sylla,1996)汇集了整个 19 世纪期间德国政府的利率,这表明各实体支付的利率有很大的差异。例如,1820 年西里西亚省为 4 年期债券支付了 3.83％的利息,普鲁士支付了 5.72％的利息。统一后,利率水平呈更加紧密聚集的态势。到 1875 年,从支付 4.09％的普鲁士到支付 4.26％的巴伐利亚。这些利率似乎很可能与市场对信用的评估有关。

与美国各州类似,德国各州在 19 世纪初也出现了发展市场纪律的现实机会。然而,这种机会在第一次世界大战后开始消解。就像汉密尔顿主张在独立战争中为了应对各种诉求的失败需要建立一个更强大的中央政府一样,中央集权的拥护者在《魏玛宪法》中也为建立一个更强大的中央政府而奋争,主张中央拥有更广泛的税收自主权。然而,各州和自治地区在两次世界大战之间的那段时期继续发挥重要作用,中央政府无法控制它们的开支和债务,而这些开支和债务在那段时间内大幅度增加。当国际市场上的资金枯竭时,德国地方政府从本地银行大量借贷。与许多其他联邦政府一样,大萧条给地方政府造成了严重的财政危机。最终,几个州的大幅违约和破产——最引人注目的是普鲁士——被中央集权者推到了一边和玩弄于股掌,进而被纳粹分子利用,以图诋毁和接管各地方和社区政府(James,1986)。20 世纪 20 年代末,中央政府通过立法和紧急法令,开始剥夺各州和市政府的权力,迫使它们减税,并大幅削减转移支付。1933 年,纳粹的接管是中央政府与各州和市之间长期斗争的高潮,也结束了德国联邦制的双重主权时代。

在纳粹独裁统治和破坏性战争的剧变之后,各州成为新宪法谈判的关键参与者。它们恢复了在支出和借贷方面的中心地位,恢复了与州立银行的联系。它们在借贷和支出方面的自主权受到它们在联邦政策过程中关键否决权角色的保护。然而,它们几乎没有重新获得以前的税收自主权。在促成新联邦契约的谈判中,除了来自巴伐利亚的代表外,大多数代表都反对各州在税收领域享有哪怕是最轻微的法律独立,理由是 1871 年至第一次世界大战期间对中央政府税务机关的灾难性掣肘、魏玛时期的混乱,以及所谓的“现代”经济的需要(Kilper and Lhotta,1996;Merkl,1963)。事实上,即使最终授予各州的有限税务自主权也被归因于盟军的干预(Renzsch,1991:54)。

总之,在魏玛的统治下,各州的财政主权受到了攻击,在纳粹的统治下被彻底摧毁。当民主和联邦主义回归时,其恢复所需的地方税收自治权并未得到认真考虑。一次又一次,即使在前一章讨论的战后时期,中央集权的改革者也利用过去的危机和他们所认为的低效率作为改革的理由,削弱了各州的财政主权。政策精英和公众——至少在巴伐利亚和其他几个富裕州之外——似乎接受了汉密尔顿最初对地方财政主权的负面评估,而这一概念似乎已经失去了在德国获得广泛合法性的资格。

巴西

最近,巴西各州也经历了独裁统治时期,这种情况使得地方主权变得困难重重。然而,巴西的军事独裁统治并不是那么集中,各州从未完全失去对税收的控制。然而,考虑到 20 世纪 80 年代末政府在借贷方面的作用,州政府官员、选民和债权人对不救助的坚定期望在当时的体制下很难建立起来。再进一步回顾巴西的历史,早在 20 世纪初,有关巴西联邦制结构的一些基本事实似乎就阻碍了市场纪律。

20 世纪 90 年代,人们普遍认为,联邦政府为所有州的借贷提供担保,这种看法有着悠久的历史渊源。然而,中央政府在政治上无力控制各州的财政活动也是由来已久。正如美国在 18 世纪后期制定新的联邦宪法时一样,1988 年巴西新宪法所考虑的首批政策之一是联邦承担州债务。在美国,当年举债是为了实现后来被视为国家集体利益的目标——击败英国——而为了在公平的基础上启动新的联邦财政体系,联邦政府的债务承担得以呈现为一种道德上的必然。20 世纪 80 年代末,巴西的新宪法也遵循了类似的逻辑。在前军政府的命令下,州政府在国外市场上借款。中央政府已经正式担保了债务,并且在试图为新的、公正的联邦契约制定框架时,有一种强有力的道德和政治逻辑支持联邦承担州债务。

在这两种情况下,联邦政府的债务承担挑战了各州作为主权借款人的地位,并产生了不良的激励机制。然而,在美国,在债务危机和承担运动发生之前的 50 多年里,中央政府一直相对不参与各州的借贷和支出活动。相比之下,在巴西,1989 年中央政府债务承担之后的下一次债务危机仅在 3 年时间内就再次出现,涉及欠中央政府中介机构的债务。在新宪法颁布之前,联邦拨款、贷款甚至救助都是区域分配政治游戏的一部分。中央政府甚至从未致力于与州政府财政保持必要的距离,从而可以令人信服地撇清自己的责任,而让那些州作为独立主权的借款人。它尤其不愿意允许州拖欠外债,因为它自己的信誉无疑也会受损。

与第二次世界大战后的德国类似,巴西在威权专制时期之后表现出民主联邦制的新特征,但威权专制严重削弱了各州的主权,使得人们很难突然改变先前的预期。在巴西,军队侵蚀了各州的税收权力,但与 20 世纪 40 年代德国完全控制各州相比,巴西各州在军事统治期间保持了一定的支出。事实上,军方试图利用各州和州长帮助他们的统治合法化(Medeiros,1986;Souza,1997)。埃姆斯(Ames,1987)就提及在军事统治期间有州长卷入的地区的分肥政治状况。在东北部贫穷的农村各州,对该政权的支持尤其强烈;归咎于立法机关的架构,军事政权创建了支持最强的新州,同时将支持最弱的州联合起来。它利用补助和贷款向政治盟友输送资源。军事政权还参与直接资助州属商业银行,这些银行又向政权支持者提供资源(Souza,1997)。早在地区精英聚集在制宪国民大会(Constitutional National Assembly)讨论新宪法之前,州长们就把州债视为从财力雄厚的中央榨取资源的一种方式。苏扎(Souza,1997)认为,在 1982 年的州长选举中,在政府的庇护下,州长们已然严重依赖州属商业银行向他们的支持者输送资源。

为了进一步理解为什么巴西各州在 20 世纪末没有发展出任何接近财政主权的东西,我们有必要进一步追溯——直至 19 世纪末 20 世纪初的第一共和国。这一时期的特点是强势的地区精英控制着州级政治,中央政府主要是区域精英之间完成讨价还价的舞台。从一开始,它就是那种会招致亚历山大·汉密尔顿愤怒的联邦。州政府试图避免直接征税,宁愿通过对与外国人之间的贸易征税来为支出提供资金,也愿意通过向外国借款来为铁路和其他国内改善项目提供资金。20 世纪初,激烈的州际贸易战在全国各地爆发。中央政府的政治是一种复杂的讨价还价关系,米纳斯·吉拉斯州,特别是负责提供大部分联邦预算的圣保罗,有组织的咖啡生产商试图从中央政府那里获得优惠利率和稳定咖啡价格的政策。他们通过控制总统提名过程,在立法机关通过贿赂收买选票(Love,1980),以及通过政府间转移收买其他州的支持。

投资者被巴西的潜力所吸引,尤其是它在咖啡生产领域的主导地位。许多州在几乎没有联邦监管的情况下从国际信贷市场借款。这些贷款用于铁路建设、内部改善和迁移移民。然而,到目前为止,最大的外国贷款是用于圣保罗的咖啡价格稳定项目。通过联邦贷款和联邦政府担保的州贷款的混合融资,咖啡在产量高的时候被储存起来,在产量低的时候被投放到世界市场(Love,1980)。1888 年至 1930 年间,圣保罗签订了 25 笔巨额外国贷款合同(Levine,1978)。

在世纪之交,某种形式的市场纪律可能仍然存在。19 世纪末,国际债权人显然区分了各州的义务和联邦政府的义务。南方富裕的大州比相对贫穷的北方州更容易进入信贷市场,支付的利率也更低。例如,莱文(Levine,1978)指出,伯南布哥州的大部分外国贷款利率为 7%,而在世纪之交,南方各州的利率为 4% 至 5%。沃思(Wirth,1977)认为,对国际信用评级的高度关注影响了米纳斯·吉拉斯州政府的财政决策,洛夫(Love,1980)对圣保罗也得出了同样的考察结果。

然而,任何关于州主权的新认识很快就消失了。根据莱文(Levine,1978)的研究,在整个旧共和国中,许多州几乎濒临违约状态。1898 年,巴西总统曼努埃尔·费拉兹·德坎波斯(Manuel Ferraz de Campos)前往伦敦为巴西的外债进行再融资时,报告称,罗斯柴尔德银行(House of Rothschild)董事威胁,任何违约都可能"严重影响国家主权本身,引发可能以外国干预结束的主张"(Campos Sales,1908)。[①] 这是一个可信的威胁——事实上,4 年后,英国、德国和意大利为了讨债而封锁了委内瑞拉。1901 年,圣埃斯皮里托州(Espirito Santo)拖欠一笔贷款,迫于法国政府的外交压力,巴西中央政府承担了这笔债务,接下来,对米纳斯·吉拉斯州一个由德国投资者资助的破产铁路项目进行了救助。

但是,最戏剧性的事件发生在 20 世纪 30 年代。1929 年,咖啡价格暴跌,失败的咖啡价格稳定计划让圣保罗背负着巨额债务,其他州也处于违约的边缘。1930 年,当格图里奥·瓦尔加斯(Getulio Vargas)通过武装叛乱上台时,

---

① 洛夫(Love,1980:208)。

他的第一步是从亚历山大·汉密尔顿那里借鉴了一种策略。他试图通过承担各州的债务来一劳永逸地维护联邦政府的主权。与汉密尔顿不同,他算得上已经成功了。各州——尤其是圣保罗——以放弃主权来换取减免债务。瓦尔加斯于 1937 年创立了"新国家模式(Novo)",通过关闭州立法机构、用任命的"干预者"取代民选州长、大幅削减各州的征税权力以及维护联邦对州际贸易的霸权,完成了他的汉密尔顿计划。他还对借款实行了严格的限制:未能保持预算平衡的州将被改为托管地区。尽管各州在 1946 年回归民主后重新获得了对自身事务的控制权,并迅速恢复了在一场复杂的联邦预算区域谈判游戏中的关键角色,但 1930 年的瓦尔加斯救助是对州财政主权概念的长期严重打击。1964 年的中央集权和民主的中止只不过是再一次的重复。

值得注意的是,第一共和国的债务救助改革模式与最近的危机有相似之处。在这两个时代,不均衡的经济发展和地区分配政治交织在一起的问题都很突出。在这两种情况下,各州都在联邦政府的担保下进行了不可持续的借贷。脆弱的州财政被经济衰退推到了崩溃的边缘,各州纷纷向中央政府施压,要求政府提供救助。在这两种情况下,最大和最富有的州——最引人注目的是圣保罗——借债最多,接受的救助也最多。对圣保罗来说,在联邦政府的担保下大举借债似乎是分配政治游戏中的一种策略。从咖啡经济时代开始,圣保罗州的领导人就知道,他们的经济规模太大,不能倒闭,这让他们能够有策略地利用债务。

经验教训

中央政府不提供救助的承诺是巴西财政体系固有的缺陷,其根源可以追溯到联邦讨价还价的政治状态。与德国一样,拥有独立合法性和权威来源的强大地区的政治精英,早在建立一个拥有征税和印钞权力的现代中央国家的进程之前就已存在。事实上,即使是那些显赫一时的中央集权人物——俾斯麦和瓦尔加斯——也不完全依靠武力。他们不得不像他们的继任者一样,精心策划微妙的州际联盟。这种联邦历史一旦形成,就很难压制。无论是德国的纳粹独裁统治,还是巴西的军事统治,都没有终结州作为消费者和选票玩家的传统。在这两个地方,回归民主似乎都需要回归联邦制,与各州联系紧密的精英们通过谈判制定了保护他们利益的新宪法。这些政治交易为各州提供了可观的共享税收、补助和贷款收入,甚至让各州得以进入债券市场,并从联邦政府担保的银行借款。

但这些中央集权和债务承担事件对市场认知和预期的持久影响是难以避免的。从世纪之交到 20 世纪 30 年代,巴西各州都在国际市场上借款,而联邦政府在债务担保中扮演的角色相当不明确。然而,当瓦尔加斯承担起各州的债务时,不确定性得到了解决,博弈的性质也得到了澄清。从那时起,联邦政府或明或暗地支持各州的债务。

在阿根廷,一个现代中央集权国家的构建也始于 1862 年联邦政府承担省级债务。与汉密尔顿和瓦尔加斯一样,米特雷也将地方债务的承担视为建立中央政府独立主权的重要途径。在 19 世纪 80 年代,不出所料,大量的半主权借贷很快就出现了,当时省级银行发行纸币,通常是迫于投机者的要求,并在海外借入黄金(Rock,1985:157-158)。这导致 1890 年的宏观经济危机,当时中央政府再次承担了不可持续的省级债务。就像 20 世纪 30 年代巴西瓦尔加斯(Vargas)的中央集权一样,各省放弃了相当大的税收自主权,以换取联邦政府的救助。在整个 20 世纪,税收领域的各省自治权随着半民主和军事独裁主义的终结和开始而进一步削弱或被侵蚀,因为联邦政府和各省达成了交易,导致今天仍然存在的著名且复杂的政府间"迷宫"(Iaryczower,Saiegh,and Tommasi,2001)。

在每一个例子中,半自治的历史根源似乎都在于一个中央集权的过程,其特征就是卡雷亚加和温加斯特(Careaga and Weingast,2000)所描述的一个财政"魔鬼契约"。无论是为了应对军事威胁、财政危机和对混乱的跨省竞争的理解,还是纯粹的权力渴望,汉密尔顿的集权主义者都说服省级精英放弃税收自主权,以换取一个有保障的联邦转移支付体系(Diaz-Cayeros,2004)。他们采取了胡萝卜加大棒的措施,比如在联邦政府任职或增加转移支付,辅以加大军事打击威胁、联邦干预和双重征税。根据卡雷亚加和温加斯特(Careaga and Weingast,2000)的研究,墨西哥直到 20 世纪 40 年代才签订了这样的条约。债务承担通常是这些协议中的一个重要诱因。省级官员乐于卸下债务负担,中央集权者也理解汉密尔顿的逻辑:"如果所有的公共债权人都从一个来源以平等的方式分配他们的债务,那么他们的利益将是相同的。"而且,出于同样的利益,他们将联合起来支持政府的财政安排(Miller,1959:235)。

因此,这些中央集权项目的后遗症就是:一个在税收领域占据主导地位的中央政府以及对州债务的隐性责任。然而,后者在短期内不是问题,因为中央集权者往往似乎抹杀了各州的自主权,并排除了与之讨价还价的必要性。希特勒完全彻底臣服了各州。瓦尔加斯在 20 世纪 30 年代任命了联邦"干预者",后来的军事政权任命了州长。在整个 20 世纪,阿根廷和尼日利亚的各种专制政府随意任命省长并干预各省和州的事务。在 20 世纪后期的大部分时间里,墨西哥是一个占主导地位的政党干涉国家政治。印度的国大党也是如此,特别是在英迪拉·甘地的领导下。

但一旦它生根,联邦制——如第 2 章所定义的那样——就具有令人难以置信的弹性。首先,在等级制度的表象之外,军事政权通常依赖省级政府帮助获取收入、提供服务,并增强其合法性。尽管是军事政府,政治生存也可能需要政府间的讨价还价。即使在国大党领导下的印度或革命制度党领导下的墨西哥等执政党联盟,党内也经常发生激烈的地区间谈判。其次,向民主过渡或向占主导地位的政党发起挑战,往往始于各省的抗议和组织,这些省份举行初始的民主选举,然后在协商新宪法时在谈判桌上获得一个席位。无论如何,在具有联邦制传统的国家中提倡民主化的人往往认为,回归联邦制是回归民主的必要组成部分。最后,当威权国家通过谈判找到回归民主的道路时,它们可能会将联邦制视为一种便捷的方式,以牺牲城市工人为代价,增强保守农村群体的权力,并限制未来的再分配。[1] 在所有这些情形中,民主的回归涉及州际讨价还价的回归甚至进一步扩大化。

当一种更为强大的联邦制在集中独裁或一党专政之后回归时,"与魔鬼的契约"就很难撤销了。一旦自治税收被转换为收入分享、补助和贷款的混合物,回归到广泛的省级税收自治就相当罕见。然而,各省很快就恢复了支出自主权,并重新获得了对省级银行和公共企业的控制权——有时甚至获得了进入国际资本市场的机会。因此,当各国从威权独裁时期走出来重新开始进行

---

① 赛格和托马西(Saiegh and Tommasi,1999)认为,这解释了阿根廷军政府于 1972 年颁布的选举和金融改革,后者担心庇隆主义者会在 1973 年的大选中获胜。

联邦讨价还价时,危险的半主权均衡就会自然而然地产生。达成新的联邦协议的时期往往以对减贫、改善政府服务和减少区域间不平等的非常高的期望为标志。结果往往是一个政治上支离破碎,但在财政上占主导地位,在债务承诺上问题重重的中央政府。

2. 走向双重财政主权的比较理论

这种关于半主权借贷起源的讨论,也提供了一个关于双重主权的三个最清晰案例的新视角。除第二次世界大战期间的加拿大外,这些联邦的组成单位均未签订中央集权协议。在 20 世纪的大部分时间里,尽管有战争、财政危机和经济萧条,加拿大的省、瑞士的州和美国的州仍然控制着它们自己的税收、预算和债务。这让我们回到了关于联邦制的政治科学文献中一个占主导地位但仍未得到解答的问题的更精确版本:为什么有些联邦制会中央集权,而有些则不会?虽然在这里不能对联邦制的不同命运给出一个令人信服的解释,但有一些可能性是显而易见的。尽管发生了血腥的国际战争和内战,但是这些联邦制国家从未屈服于专制集权或一党专政的长期统治。如上所述,在阿根廷、巴西和德国,税收中央集权的一些关键时刻出现在独裁统治时期。然而,像第二次世界大战期间的魏玛德国、加拿大和澳大利亚那样,民主国家也发生了显著的中央集权。

另一种可能性是,在关键时刻,由于奴隶制度、语言、种族或国家认同等问题引发的激烈冲突,与"魔鬼的协议"可能过于困难而无法达成。瑞士和美国在 19 世纪曾发生过内战,魁北克直到 20 世纪 90 年代还在考虑脱离联邦。美国联邦制的分权本质在很大程度上是由其在奴隶制问题上的分歧决定的。加拿大和瑞士的联邦历史是由种族和语言群体之间的分歧形成的。因此,一个合理的主张是,当一个国家拥有以区域为基础,相互质疑的群体阻碍中央集权的协议或削弱集权政客的努力时,长期税收分权就会稳定下来。这种类型的论证与一种古老的政治科学文献相吻合——该文献断言,强大的、分散的联邦制最有可能在拥有联邦"社会"或"政治文化"的国家中继续存在(Elazar,1987)。此外,尽管 20 世纪从中央到分散征税的转变相当罕见,但它们似乎在地区种族分化非常严重的国家走得最远:西班牙和比利时。然而,这种分裂几乎肯定不是分权的充分条件;在阿根廷、墨西哥和尼日利亚,流血、内战和地区对抗的长期传统并没有维护地方财政主权。

政党重读

威廉·里克(William Riker)在关于分权的政党在维护权力分散的联邦制方面的重要性有过很多经典论述,其中的某些观点提供了另一种可能的解释。的确,从前面的一些章节中可以看出,在联邦和省级党派制度的相互交织、税收的相对集中以及地方主权的模糊存在之间,有着一种相对清晰的关联。第二次世界大战以来,德国和澳大利亚的联邦和州党派制度以及联邦和州的财政制度日益交织在一起。此外,上一章讨论的两个具有开创性的政府间改革事件——20 世纪 90 年代的澳大利亚和 20 世纪 60 年代的德国——涉及政府间决策领域的重要转变。在每种情况下,以前掌握在各州手中的政策和收入都转移到政府间谈判平台,如澳大利亚政府委员会或各种特定部门的政府间机构。在这两个国家的关键时刻,州级领导人意识到他们的选举命运在一定程度上不由他们控制,这就强化了他们把激进的区域议程放在一边的动机,并把财政收入和政策决定的单边权力交给多边机构,以换取选举信用,支持顺应民心的改革。在巴西,在卡多索联盟的改革尘埃落定后,各州似乎已将相当大的公共财政自主权让予行政部门、中央银行和司法机构。随着时间的推移,德国各级政府之间的联系日益紧密,债权人得到了更明确的信号,即州政府不应被视为财政主权单位。通过减少它们的借款自主权,并试图通过一系列密集的新规则和要求,让它们受制于中央政府,卡多索政府的改革进一步降低了人们将巴西各州视为财政主权国家的可能性。

然而,鉴于加拿大联邦在一定程度上已分崩离析,信贷市场已收到明确的信号,即各省的债务应被视为主权债务。省级政府有强烈的动机保卫自己的司法和财政领域。人们普遍认为,联邦与省政府的关系类似于国际外交,渥太华的唯一选择往往是与各省单独谈判双边协议(Simeon,1972)。在澳大利亚和德国,政府间协定和监督机构的作用是协调共同参与同一政策领域的活动,与此相反,加拿大两级政府的行动往往就像对方不存在一样。肯尼思·麦克罗伯茨(Kenneth McRoberts,1985)将其称为"双重单边主义"。在没有选举外部性的情况下,每个政府只关心为其本身的活动获得信誉(或避免指责)。上一章指出,这种政府间关系模式破坏了改革。此外,加拿大联邦制的批评者认为它是效率低下的根源,例如,内部市场分散,联邦和省政府在类似的支出项目中重叠但不协调的参与(Haddow,1995;Migue,1997)和相同的税基(Dahlby,1994;Dahlby and Wilson,1996)等。

然而,如果有人对竞争性财政纪律的概念感兴趣,那么加拿大四分五裂的政党如果破坏了削弱地方主权的多边改革协议的类型,或许是有好处的。加拿大选举外部性的下降可能有助于解释为什么各省重新发挥其在税收方面的突出作用。20 世纪 40 年代,加拿大似乎已经非常接近完全舍弃省级财政主权。阿尔伯塔省和萨斯喀彻温省在 20 世纪 30 年代得到了救助,当纽芬兰加入联邦政府时,联邦自治领政府承担了纽芬兰的债务。1938 年的罗威尔—西罗瓦委员会建议,作为大规模联邦制重组的一部分,联邦政府在税收中占据主导地位,承担所有省份的债务,然后支持和管理未来的省级借贷(Perry,1955)。如上一章所述,第二次世界大战的爆发是一个相对一体化的国家政党控制绝大多数省份的最后时刻。这促成了一项协议,即中央政府在战争期间暂时"租用"了省级收入和公司税的权力。

20 世纪 50 年代,双方重新谈判了租税协议,但政府间的谈判越来越有争议,渥太华发现不可能同时满足各省的要求——尤其是魁北克省。在此期间的大部分时间里,渥太华的执政党控制了不到一半的省份,联邦和省级组织之间的党派内紧张关系加剧。魁北克省的自由党正在输给国民联盟(Union Nationale),后者将自由党描绘成一个集权的政党。作为部分回应,省级自由党断绝了与联邦党的联系。在整个 20 世纪 50 年代,各地区的社会信用党和平民合作联盟(CCF)基于与东部对抗的情绪,在西部省份取得了收获,这迫使两大政党的省级分支机构也与渥太华保持距离。

在魁北克省的领导下,几个省开始重新主张各自独立征收企业和收入所得税的权利。党内和解是不可能的,中央政府也不再清楚征收那些本会被各省的反对党派花掉的税有什么好处。到了 20 世纪 60 年代,各省已经重新获得了企业和所得税的自主权,中央政府相应地减少了自己的税收。在此关键时期,如果没有魁北克的顽强坚持税收自主权与削弱联邦和省级政党之间的联系,加拿大的经历可能会像澳大利亚那样,直接税领域的战时控制从未消失,中央政府完全接管了各州的借贷。

简而言之,在民主国家,当察觉到的危机催生了进行中央集权改革的要求时,如果存在一体化的联邦和省级政党,中央集权协议看起来则更容易达成。然而,正如威廉·里克(William Riker)最初的论点一样,很难证明政党组织导致长期的税收集中化水平。实际上,希伯和科尔曼(Chhibber and Kollman,2004)使用了几个案例研究来断言相反的因果关系正在发挥作用:财政集中化的程度决定了政党制度的相对集中化。例如,宪法契约的改革有可能首先降低各省的自治权,而选民最终会将目光转向中央行政机构,将其视为信任和指责的中心,最终会增强选举的外部性。

选举外部性的强度、税收的相对集中程度以及最终中央政府的无救助承诺的力度也很可能由社会的其他一些基本方面共同决定。例如,在加拿大,如果没有魁北克的"无声革命",没有政治实业家赖以发家的西方社会的疏离,就很难解释联邦政党和省级政党之间的关系为何会出现裂痕。

迪亚兹·卡耶罗斯(Diaz-Cayeros,2004)探讨了另一种可能性,他认为在墨西哥,一个占统治地位的中央集权的政党——革命制度党——作为一种巩固中央集权协约的方式走到了一起。中央集权的政治实业家发现很难保证不剥夺农村精英赖以生存的资源和赞助。霸权的革命制度党作为一种承诺手段出现,承诺农村精英在未来可获得有保障的资源流动。在这个故事中,无论是税收集中化还是政党集中化,都不是导致对立的原因,但它们都是自私的精英阶层之间协议的一部分。

不平等与经济地理学

另一种假设是,在区域间收入明显不平等的情况下,特别是如果国家财富的很大一部分是在一个占支配地位的辖区产生的情况下,分散征税很难长期维持下去。事实上,这种模式在经济发展的早期阶段就很自然地出现了,当时的集聚效应导致工业化中心和贫穷的主要是农业外围地区之间的收入差距显著。其结果是,在多数分权的财政体系中,中位数辖区比平均值辖区的水平要差得多。由于中央政府实力薄弱的分权税制使得只有富裕地区能提供基础设施投资和教育等公共产品,并在边缘地区进一步落后的情况下取得更大进展,因此理解为什么边缘地区的政治实业家会推动税收中央集权目标并不困难,因为他们的目的就是要攫取一些核心辖区创造的财富。相反,在区域间收入分配相对均匀和流动性较大的情况下,分散征税可能是最可持续的,因为这种分配限制了集权式区域间税收转移机制的需求。①

在这个故事中加入地区内部的不平等和阶级冲突也可能是有益的。如果城市核心区的资本家们担心城市穷人会在权力下放的情况下以更高的税率向他们征税,那么他们实际上可能更喜欢与农村精英们签订集中化的财政协议。这种逻辑可以为拉丁美洲的集权财政协议提供有趣的解释:城市资本家与农村精英结盟,后者在立法机构中蓄意得到了更多的席位。城市工业剩余的一部分——其中一部分将用于赞助——被用来换取农村的支持,以维持从富人到穷人的较低的再分配水平。

此外,正如巴西和阿根廷有圣保罗和布宜诺斯艾利斯这样的富裕巨头的故事以及德国早期与普鲁士的经历所证明的那样,一两个富裕的主导行政区的存在可能造成一个太大而不能倒闭的不断变化的状态,其特点是存在地方债务危机,而这种状态最终就被中央集权利用来玩弄各种手段。

一旦实现了税收集中,中央和各省的财政事务相互交织,区域间的收入不平等就有助于解释为什么中央集权往往如此稳定。想想德国、意大利和英国等国对分散税收要求的抵制吧。当意大利北部和巴伐利亚等富裕的德国各州要求实行税收分权时,受益于现行税收转移制度的行政辖区——也是多数人口的家园——显然比它们更多。然而,即使更偏好分散征税的富裕地区数量上处于劣势,如果它们能够产生可信的分离威胁,那么它们也可以对集中化有所限制,比如比利时和西班牙——这两个欧洲国家最近都是大胆地增加地方税收自主权。与依赖于政党的争论一样,我们很难忽视种族、宗教和语言分裂的作用,这种分裂往往是联邦谈判的首要逻辑。

---

① 有关基于中位数选民逻辑的密切相关模型,请参阅博尔顿和罗兰(Bolton and Roland,1997)。

3. 结　论

无论是野蛮的专制者、狡诈的民主党人，还是两者的某种结合，中央集权的政治实业家往往试图抓住联邦政府中人们察觉到的危机。在这些时刻，政治辞令呼应了汉密尔顿的怀疑论，与权力分散的联邦制相关的分裂和竞争——尤其是在税收领域——很容易被描绘成一个需要通过中央集权来解决的问题。[①] 最令人印象深刻的几次财政集权似乎是与战争、萧条和次国家债务危机同时发生的，其中许多都涉及一段时期的威权主义。然而，前一章还讨论了一种微妙的联邦和省级财政主权的交织，以应对人们眼中民主联邦的低效。一旦中央集权的实业家成功地承担了次国家债务，并用补助和贷款取代了次国家税收，这种趋势就很难逆转。但一些国家避免了这种趋势。为了进一步推动研究，本章对原因进行了推测。一些相互关联的可能性包括：相互怀疑的、以区域为基础的团体、分散的政党以及地理结构和收入不平等。许多重要的问题仍然没有得到解决，可以进行研究，但因果关系的确定将不是件容易的事。

通过仔细研究一些对跨国差异的可能解释，以及在前几章中强调的一些基本财政和政治制度的历时性变化，本章及前一章巩固了本书的观点，即这些制度并非偶然现象。财政联邦制的博弈能够而且确实发生了变化，经济、民族、地理等先行因素可能有助于构建财政结构和党派组织模式稳定的条件。然而，我们已经看到，一旦这些机构形成，它们可以相当稳定地长期运行——有时如此令人沮丧——对中央政府不救助承诺的可信度产生可预期的影响。

在下一章讨论政策影响之前，这些章节也提供了一个有用的现实检验。当面对导致不良结果的机构时，自然的反应是提倡机构改革。然而，我们已经看到，在文献中经常理想化的竞争性，基于市场的财政纪律所需的制度可能不容易建立，而且半主权省政府可以很自然地出现，特别是在向民主过渡期间。这些考察结果提醒我们，在制定政策建议时最好谨言慎行。

---

① 有时人们认为的危机与联邦制无关。看看最近俄罗斯民选州长被精心挑选的总统弗拉基米尔·普京（Vladimir Putin）的盟友所取代，据称这是对俄罗斯恐怖主义的回应。

第11章 结 论

最后一章总结了本书的主要结论,将它们放在更大的背景下,并评估政策影响。本章先重新审视激发这本书的基本悖论:两种看似不可调和的联邦制观点。然后,它总结了所采用的论据和证据,表明不同国家之间——乃至不同省份之间——存在差异巨大的激励机制,可以帮助理清一些愿景,尤其是近几十年来财政联邦制的风险。这些发现为我们提供了一些相当可靠的结论,说明了财政联邦制在何种条件下风险最大,并将其转化为一些有用的当代政策含义——尤其是对新近实施权力分散的国家。最后,本章以对未来研究的讨论结束,这些讨论可能会涉及本书中提出但没有回答的一些问题。

1. 汉密尔顿悖论回顾

这本书从亚历山大·汉密尔顿在财政联邦制领域的著作和行为的悖论开始。他认为,联邦制——如果它意味着主权的分割——至好也不可避免地会导致效率低下,至坏就会"使帝国变成一个软弱无力的机构"(《联邦党人文集》第19章)。然而,作为中央集权战略的一部分,他被迫向来自弗吉尼亚州的对手扔出一些骨头。他参与撰写了一些文章,看起来比之前或之后的任何文献都更雄辩地捍卫了分散主权的原则,但同时也指出了其危险所在。

显然,汉密尔顿在临死前不久说得很对:"凡是有机会玩弄伎俩的事情上,我们的对手十有八九都胜过我们。"《联邦党人文集》中的两面三刀做派的精髓已经完全被他们的对手所剽取。① 根据文森特·奥斯特罗姆（Vincent Ostrom）的说法,"有限的宪法不能依赖于对任何特定政府机构赋予'最终权威'或'最后发言权'的权宜之计。因此,有限宪法的设计需要参考政治组织理论,这与无限制主权理论形成鲜明对比"（1987:67）。奥斯特罗姆认为,这种"复合共和国"的连贯理论在革命时期凝结,并在《联邦党人文集》中得到了阐述。联邦制是保护自由和财产权利不受利维坦侵犯的一种方式,特别是在资本和劳动力流动的情况下,这一概念使许多学者受益匪浅。从弗里德里希·哈耶克（Friedrich Hayek）到詹姆斯·布坎南（James Buchanan）和巴里·温加斯特（Barry Weingast）,他们认为联邦制应该产生更小、更高效的政府,甚至可能是更快的经济发展。将这一逻辑与查尔斯·蒂布特（Charles Tiebout）著名的分类机制以及公共经济学的观点——权力分散有助于改善信息披露和问责制——结合起来。再来看看一个世纪以来美国、加拿大和瑞士相对较小的公共部门的稳定和经济增长,不难理解知识分子和政策制定者对权力分散的热情,尤其是对再分配和福利国家持怀疑态度的保守派。

　　然而,在 21 世纪初,鉴于阿根廷和巴西的宏观经济危机以及从尼日利亚到德国等国的次贷问题,汉密尔顿对他所认为的不合理的"对自由的狂热"持怀疑态度,并且,这比起《联邦党人文集》中对分散主权概念所给予的虚伪的推崇,更有先见之明。这本书集中讨论了地方政府的财政决策,以及它们为联邦政府带来的外部效应。也有人问,为什么一些国家的次国家政府表现出严格的财政纪律,而另一些国家的次国家政府却过度捕捞共同收入池,破坏宏观经济稳定？ 这些答案有助于揭示主权分裂的前景和危险等更大的问题。

2. 主要论点和调查结果

　　中心论点从一个基本的动态承诺问题开始,这个问题在所有分权的政府体制中都有涉及。就像社会主义经济中的政府和国有企业一样,当中央控制着征税权,并承担着为地方政府提供资金的沉重义务时,它就无法令人信服地

---

① 　由米勒（1959:567）提供。

承诺,在发生地方财政危机时不提供救助。认识到这一点,地方政府官员在财政纪律方面事先面临着激励措施不足的问题。选民和信贷市场认为,中央政府最终不会容忍违约,因此在惩罚地方政府官员造成不可持续的赤字方面将行动迟缓。第4章表明,信用评级机构认为,在世界上绝大多数分散的体制下,甚至在大多数正式的联邦体制中,次国家债务都有隐性的联邦担保。真正的财政主权分化是极为少见的。

案例研究表明,政府间融资安排的具体情况非常重要。根据具体情况,对救助计划的预期是由以下因素决定的:补助是一般用途的还是具体用途的、基于规则的还是自由支配的、基于人口的还是收入的再分配的、分配给地方政府的税基的灵活性以及联邦支出授权的性质等。尽管这是一个相对生硬的指标,但地方对政府间转移的总体依赖程度似乎很好地反映了中央政府的承诺问题。因此,权力分散的财政对联邦政府和单一制政府都是一个道德风险问题,在这些国家,地方政府的资金主要是通过收入分享和补助提供的。鉴于债权人和选民对地方政府的约束动机相对较弱,中央政府对地方政府的借款设置严格限制符合中央政府的利益。事实上,第4章以大量的国家为样本,论证了转移依赖与中央允许的正式借款自主权之间的负相关关系。

这就是政治联邦制——被定义为联邦政府和各省之间不完整的宪法契约的一种特殊类型——变得重要的地方。汉密尔顿所指的联邦的中央政府往往"没有能力管理自己的成员"并非谬论。第4章表明,联邦制中央政府比单一体制的中央政府更倾向于允许地方政府进入信贷市场,即使在转移依赖程度高、道德风险问题突出的情况下也是如此。正如案例研究所阐明的那样,这往往是因为各州在立法机构中具有如此强大的代表性,更重要的是,因为博弈的基本规则是由各州谈判达成的,需要它们同意进行改革。因此,一旦中央政府承担起沉重的财政共担义务(通常是中央集权运动的一部分,以应对所谓的一些国家危机),联邦就有可能陷入一种糟糕的平衡,其中,中央缺乏承诺是令人痛苦的,但基本契约又使得很难强制执行一种分层级的解决方案。在这种均衡状态下,市场规则和层级制度都无法正常发挥作用,债务水平就有可能飙升。

关于社会主义经济中软预算约束的文献也提出了类似的问题:如果软预

算约束问题削弱了中央对企业管理者所选择项目质量进行监管的能力,简单地给予企业管理者更多的自主权而不削减其对政府的依赖,只会加剧该问题(Kornai et al. ,2003;Wang,1991)。在这篇文献中,解决软预算约束问题最可靠的方法是通过分散的、有竞争力的银行体制而不是单一的政府为项目融资(Dewatripont and Maskin,1995)。在本书中,地方政府的类似解决方案是高度分散的税收体系。[①]

20 世纪,真正的财政危机不是汉密尔顿所担心的主权分散,而是一种不透明的半主权,在一个政治上受到约束的中央主宰税收而不是消费和借贷时就会出现这种情况。从某种意义上说,当汉密尔顿式的中央集权者只取得部分成功,坚持中央政府在税收方面的长期主导地位,而不是举债时,财政联邦制的危险就会最为严重。加拿大、瑞士和美国在世界联邦制国家中非常醒目,因为债权人明确将其所有组成单位视为有本质上的主权。虽然它们之间存在着重要的差别,但这些联邦已经达到了一种相对稳定的平衡,其中各省和州——甚至是最贫穷的州——主要由基础广泛的税收提供资金,这些税收使它们具有相当大的自治权。在省一级,它们遵守汉密尔顿的格言,即债务的产生应始终伴随着有"消灭的手段"。在大多数其他联邦中,已经出现了一种稳定的制度,在这种制度下,组成单位的资金大部分是通过收入分享和补助获得的,甚至分配给它们的税收也受到高度管制和缺乏灵活性。在这些联邦中,组成单位的部分或全部债务的"消灭手段"掌握在中央政府手中,导致选民和债权人认为次国家债务最终带有隐性的联邦担保。

但在这些"半主权"案例中,各国内部和各国之间都存在相当大的差异。特别是在发展中联邦国家,最富裕辖区和最贫穷辖区所面临的财政激励措施往往存在显著差异。例如,在阿根廷、巴西和西班牙,政府间转移只占布宜诺斯艾利斯、圣保罗和纳瓦雷预算的极小部分,但在最贫穷的州,实际上就是全

---

① 关于公司的经典文献提出了一个相应的观点。在高度集权的单一组织中,创新的激励措施减少了,但最恶劣形式的机会主义的机会也减少了。在奥利弗·威廉姆森(Oliver Williamson,1985)推崇的高度分散、多部门的组织结构中,部门是自治的、自我融资的利益中心,利用市场规律,同时加强对创新的激励。最令人困扰的组织形式,据说通用汽车公司在 20 世纪 30 年代(Chandler,1966)就是例证,它是一个控股公司,其中,其中央机构比一个马匹交易场所好不了多少,每个部门经理与其他经理交换选票以获得优惠项目,进而就引入了交叉补贴和共同资源问题。

部预算。因此,相对富裕、自给自足的州,在没有联邦担保的情况下,或许是值得信赖的,而且人们可能预期,即使对最贫穷的农村州来说不太可能,市场纪律至少可以约束富裕的工业化州的财政行为。然而,通常存在一种与之相反的逻辑。富裕国家可能明白,它们太大而不能倒,因为它们为国家经济和信用声誉带来了外部性。他们可能会利用更大的信贷市场准入,比其他州更积极地借款。如果他们认为中央政府的可信度较低,那么对富裕州来说,借款和救助要求的循环可能是一场更大范围的分配政治博弈中的理性策略,尤其是如果贫困州通常能够在立法机构中占据主导地位,并从中榨取资源的话。自 19世纪以来,这种源于管辖区大小和影响力不对称的分配之争断断续续地破坏了阿根廷和巴西的财政纪律。

管辖区大小不对称的问题与另一个关键问题有关:分配政治和立法代表。在实践中,由于联邦制的立法过程是由区域间谈判驱动的,联邦拨款和贷款的分配往往遵循一种政治逻辑,而不是遵循福利经济学的规则。巴西等国的总统以及德国和印度等议会联盟中的多数党领导人必须建立并维持跨地区的立法联盟。因此,省级官员可能期望,如果他们在立法机构中的代表处于强有力的谈判地位,他们就能从中央政府获得好处。当地方政府认为,由于某些政治特征,它们在未来的救助中处于有利地位时,它们将在当前预算期间表现出较少的财政纪律。例如,巴西和德国的案例研究表明,人均拥有更多立法投票权的小州不仅获得了比其他州更多的拨款和支出,而且它们的赤字也更大。虽然调查结果不太可靠,但同样的结论也适用于行政机关由联邦执政党或联盟控制的州。

关于陷入困境的半主权联邦国家,一个关键问题是,为什么像巴西这样的一些国家会在财政纪律方面产生广泛的问题,波及广泛的州,而在德国等联邦国家,这些问题相对较小,而且仅限于少数几个州。可能很多的回答都是要取决于具体环境,但这本书特别关注了政党的作用。规模很大的,特别是富裕的德国各州,投机取巧地企图过度借贷并引发纾困,将损害州政府官员的职业生涯和政党的声誉。与澳大利亚的官员一样,德国的州政府官员也被嵌入一个高度整合的全国性政党体系,这个体系决定了他们的职业前景。在巴西,保护一个全国性政党标签的价值,通常不是州级官员的优先事项,因为几乎没有提供什么选举激励措施来避免债务和救助要求。

德国的政党关系也限制了地方政府在立法领域积极地谋求私利。即使在德国联邦参议院,党的纪律也相当严格,许多政府间争端都是在政党内部解决的,而这些政党的领导人希望避免公开争端。另外,在巴西,尽管卡多索能够建立一个稳定的立法联盟,但党的纪律总体上相对较弱,立法过程涉及各州代表之间的大量投票交易,尤其是在参议院,就转化为给许多州提供救助预期(以及实际救助)。

第 5 章以 20 世纪 70 年代的联邦国家为例,表明联邦执政者与各州之间"党派和谐"程度越高,整体公共部门赤字就越低。但第 7 章和第 8 章的研究结果表明,如果这是真的,至少在两个案例中,这显然不是因为中央政府的盟友总是比反对派表现出更多的财政克制。事实上,在某些情况下,中央行政部门的合作党派可能希望通过"再分配"救助,从联邦政府那里榨取额外的资源。但是,如果省级政客的选举成功是由他们的全国性政党标签的价值所驱动的,这就给他们"把负担推给邻居"所能获得的利益设置了一个上限,汉密尔顿如是说。因此,选举的外部性可能会限制某些动机,尤其是对大州而言,如果它们迫使联邦政府拿出纾困资金,而这将给联邦带来集体成本。选举外部性也可能限制中央政府通过诸如非注资授权和大幅削减转移支付等行动将其负担转移到各州的动机。

最后,选举外部性在重新谈判政府间合同中发挥着重要作用,这些合同构成了联邦政府的博弈规则。省级政府过度捕捞公共收入池的这种社会效率低下的均衡,可能会对改革努力产生相当大的阻力,尽管改革的成本是众所周知的。然而,从现有合同中获益的省级政客,如果能够通过这样做获得足够的选举加分,就更愿意放弃对改革的反对。当选举的外部效应很强时,很可能就会出现这种情况。第 9 章讨论了四个联邦制国家的政府间改革经验,并指出虽然这不是一个充分条件,但在选举外部性强的国家以及在关键的州是由与联邦政府相同的党派控制的情况下,大众的改革努力更有可能取得成功。

3. 政策含义①

这些论点和研究结果直接导致对一些新的权力分散国家的政策影响。最重要的教训是,在那些以前是中央集权而新近成为民主化的国家,政策制定者和机制设计者应该对地方政府间市场纪律快速发展的前景深表怀疑,因为在那些国家,支出的权限正在向省和地方政府转移。在这种情况下,中央政府的承诺往往因其参与省级和地方政府财政以及立法者的政治利益而受到严重破坏。信用评级机构、债券持有人、地方银行和选民很容易就会意识到中央缺乏承诺,因此,对轻率的财政行为也就没有提供足够的惩罚。

快速阅读一下从《联邦党人文集》中衍生而来的有关财政联邦制的主流文献,可能会导致一个错误的概念,即财政分权——特别是当联邦契约和强大的议会上院立法机构限制中央政府的自由裁量权的时候——将导致政府在效率、责任和节俭等方面有显著的改善。这些概念隐含着美国式的地方税收自治和主权分割。在大多数地方分权国家,这些短期选择根本不现实,因为地方税收管理能力要么早就被摧毁,要么根本就没有建立起来。此外,政治联邦制会使分层次的解决方案变得困难并破坏改革,从而使情况变得更糟。

在以区域间严重不平等为特征的国家,有效市场纪律的前景更加渺茫。发展中联邦国家的一个共同特点——几乎所有这些联邦国家都是在殖民主义时代出现的——是一种极不平衡的经济发展模式,导致一个或两个工业化的城市巨人和一个广袤、贫困、往往人口稀少的内陆腹地。这些联邦国家的历史甚至可以追溯到建立有效的中央权力机构之前,其特点往往就是各管辖区之间的争斗——只不过现在这种争斗是在立法机构而不是战场上进行的。如果少数地方政府的预算主要由它们自己的税收提供资金,而绝大多数地方的预算高度依赖于转移支付,在这种情况下,很难引入市场纪律。即使中央政府能够做出承诺,大多数依赖转移支付的省份也不会批准一个纯粹的市场体系,因

---

① 有关基于更广泛的案例研究(包括单一制国家)的更详细和技术性的政策建议,请参阅罗登、利特瓦克和埃斯克兰(Rodden, Eskeland and Litvack, 2003)。关于欧洲货币联盟的讨论,请参见罗登(Rodden, 2005)。

为没有哪个理性的债权人会在没有联邦担保的情况下向他们放贷。此外，正如我们所看到的那样，即使是大型的、具有潜在信誉的辖区也可能试图通过过度借贷和要求联邦援助来收回政府间转移所损失的一些资源。

基于这些案例得出的最悲观的归纳结论将是，有效的市场纪律需要省级独立、相对均衡的经济发展以及一个多世纪的民主和税收自治的历史背景。然而，这本书几乎没有提供这种说法的根基。毕竟，美国联邦经受过汉密尔顿债务承担的洗礼。此外，就在 20 世纪 50 年代，加拿大各省的财政主权还很问题。一个更合理的结论是，市场纪律和次国家主权固化相当缓慢；当中央政府——即使是在协商了新宪法之后——突然做出避免救助的承诺时，它们也不会突然出现。中央政府不仅要允许地方政府有显著的税收自主权，而且要将其账目与地方政府的账目分开，还必须通过代价高昂的行动证明，即便在困难时期，也不会承担地方政府的债务。

或许可信的中央脱离地方财政也是有可能的。正如前一章所述，它发生在 20 世纪 60 年代的加拿大，但其中央政府在税收方面的主导地位是脆弱和短暂的。澳大利亚中央政府最近放弃了在组织和担保国家借贷方面的角色，这是一项明确的尝试，旨在从等级制度向市场规则过渡。澳大利亚似乎是一个很好的市场纪律候选人，因为它的州确实有一些税收自主权，而且宪法为进一步自治开辟了道路。然而，第 6 章表明，信贷市场仍然认为中央政府在隐性的为塔斯马尼亚等贫穷州的债务提供担保。堪培拉对下一次州级财政危机的回应对未来的博弈迭代至关重要。在未来的几十年里，这将是一个值得关注的有趣案例。

更广泛地说，希望获得通常与支出和借贷权力下放相关的一些效率和责任方面收益的改革者和机制设计者，应该集中精力找到方法，提高地方政府自我依赖筹集税收的能力。在贫困、资本流动和制度薄弱的情况下发展地方税收和使用费的挑战令人生畏，但可能值得付出努力。

然而，应当强调的是，大多数分权国家正在朝着一个迥然不同的方向发展。在州和地方一级广泛的税收自治是相当罕见的，除了少数例外，世界各地的权力下放是由增加的政府间转移而不是新的税收资助的。在这些国家，有效的市场纪律在短期内不是一个现实的选择。我们能做些什么？意识到道德风险问题的潜在可能性,许多权力下放的单一制国家的中央政府已开始实施新的法规,限制市和地方政府的借款自主权。[1]

不过,或许最大的挑战在于联邦国家层面,因为各省有能力阻碍这些法规的实施,或破坏它们的执行。在权力下放的联邦,地方政府的税收能力薄弱且不均衡,在债务和救助的恶性循环出现之前,可能有必要对地方政府的借款实施限制——即使这违背了那些对汉密尔顿思想持乐观奉行的人的意愿。然而,一个显而易见的问题——以巴西参议院为例——是,如果中央政府不能承诺不提供救助,或许它也不能承诺有效监管地方债务。因此,改革者应该设法找到监管政府间财政的方法,以减少中央政府,尤其是立法机构的自由裁量权。例如,与其依赖中央来监管州政府与它们所拥有或控制的商业银行之间的联系,改革的重点应该是将这些机构私有化。这是巴西和澳大利亚最近改革的一个关键方面,但在阿根廷、尼日利亚甚至德国仍是一个问题。授权给一个拥有强大执行权力的合法、独立的司法机构也是一个有吸引力的策略。尽管德国联邦政府的不救助承诺显然受到了基本联邦契约及高等法院的专门解释的破坏,但在某种程度上,救助的分配负担是由法院而非政治协议决定的,这是有益的。巴西未来的一个重要问题是,司法机构是否有合法性、实力和独立性来执行其激进的新规定。

本书的研究结果可能为围绕欧洲货币联盟(European Monetary Union)未来以及欧盟是否有必要对成员国赤字施加数额限制的辩论提供素材。至少就目前而言,欧盟中央机构的独立税收能力是极其有限的,而欧盟成员国比20世纪的瑞士各州、加拿大各省或美国各州更依赖于直接的自有资源税收。尽管并非不可能,但选民和债权人是否能察觉到欧盟的任何隐性担保,似乎值得怀疑。尽管欧盟中央机构一直在稳步提升其财政角色,但它没有担负起责任去明显弱化不再担负成员国未来财政危机责任的承诺。

鉴于其他联邦的经验,本书鼓励人们对救助问题持怀疑态度,认为这是《稳定与增长公约》的核心理由。该公约将货币政策强加给"过度赤字"的国家。欧盟的激励机制与巴西或德国联邦的机制大不相同,而且与双重主权的

---

① 例如,可参见韦斯特兰·帕普(Wetzeland Papp,2003)关于匈牙利的研究。

情况更为相似。在过去的 50 年里,由于没有联邦政府的借贷限制,无论是美国、瑞士还是加拿大的中央银行都没有被迫将其联邦组成单位的赤字货币化。尽管可能还有其他理由——一个欧盟成员国(尤其是一个大国)的债务积累可能会对整个欧盟的利率构成压力——但纾困问题可能会转移人们的注意力。[①]

另外,自 1997 年通过《稳定与增长公约》以来,一些脆弱的中央政府已通过立法,旨在增强中央政府控制地方政府借款的能力。在这方面,欧洲货币联盟可能有一个适时的有益影响,特别是在比利时、意大利和西班牙等国,其中,20 世纪 90 年代后期的政治权力下放随着地方支出和借贷权力的扩大而向前发展,彼时的背景则是税收仍然高度集中,公民期望有国家标准。事实上,除德国以外的两个欧洲国家在第 4 章的实证分析中表现出高度的转移依赖,加之广泛的地方借款自主权,也表明欧洲 20 世纪 90 年代有一些最大的地方赤字,即意大利和西班牙。这两个国家最近都对地方借款采取了新的限制,奥地利、比利时和其他国家也是如此(Balassone,Franco,and Zotteri,2002)。

这些努力是相当多样化的,也应该遏制那种仅仅基于几年经验作出全面判断的诱惑。大多数针对欧洲货币联盟而采取的新"国家稳定协议"依赖于合作机制,而非正式规则,只有时间才能证明,如果没有更强有力的执行机制,这些协议能否经受住压力测试。[②] 但无论如何,对于大多数欧洲国家来说——尤其是那些没有强大的联邦制传统、地方税收自治相对较少的国家——趋势是加强对地方预算的中央监督和监管。

最后,也可以从本书中关于政党的论述中得出一些探索性的、间接的政策含义。当不可能实现双重主权时,设计鼓励纵向一体化政党制度的机制可能是更有利的。正如第 9 章所讨论的那样,纵向党派纽带可以帮助各国摆脱无效的非合作陷阱,不仅在政府间财政关系领域,而且在其他领域,如省际贸易等都是如此。当必须重新谈判基本宪法契约时,党派纽带可能就特别有用了。

---

①　另见艾肯格林和范哈根(Eichengreen and von Hagen,1996)以及艾肯格林和维普洛斯(Eichengreen and Wyplosz,1998)。

②　事实上,《欧洲货币联盟稳定与增长公约》本身已被证明是不可信的,因为德国和法国能够在超过赤字目标的同时也不会遭到罚款。

这一观察结果可能在有关机制设计的辩论中有用——特别是在有关高级立法机构的性质和权力的辩论中——在加拿大、印度和欧洲联盟等各种不同的背景下。菲利波夫等人(Filippov et al.，2004)提出了一个相关的观点，他们认为联邦和省级政党之间的紧密联系可以帮助缓和联邦内部的离心倾向，尤其是那些明显存在种族或语言分裂的联邦。

然而，也应该指出，党派外部性可能是一把"双刃剑"。当市场纪律明显失灵时(就像在德国那样)，它们可能有助于降低联邦制的风险，但它们也可能对市场纪律蓬勃发展的环境造成破坏。威廉·里克(William Riker)正确地指出，纵向一体化的政党可能是希望粉碎各省主权的汉密尔顿中央集权者手中的有用武器。或者不像德国和澳大利亚那样引人注目，它们可能会促成模糊主权的多边协议。如果一个人偏爱于省级主权，并且被竞争性的财政纪律的概念所驱使，那么第二次世界大战后加拿大政党制度的瓦解是一件好事，正如第 10 章所假设的那样，它们是各省重新在所得税中占据中心地位的部分原因。然而，关于垂直一体化政党的一套更明确的政策影响，需要对党派纽带和次国家主权的共同演变进行更仔细的历史分析。

4. 未来研究方向

财政纪律只是现代联邦国家和政府面临的众多问题之一。尽管这本书阐明了集体与私人产品、合作与稳定等更大的问题，但却对各种重要的规范问题似乎视而不见，因此，它甚至没有对联邦制的前景和危险做出全面的说明。例如，在美国、加拿大和瑞士的联邦政府中，严格的市场纪律似乎起到了作用——虽然对害怕大政府的财政保守派颇具吸引力——但可能会固化和加剧收入不平等。这三个联邦是工业化国家中州级福利最少、收入不平等程度最高的，这可能不是巧合。建立市场纪律的努力可能对已经高度不平等的权力分散国家的减贫产生令人不安的影响。关于权力下放和联邦制的各种因素与收入不平等、再分配和福利国家相关问题的关系，存在许多悬而未决的问题。本书的一个贡献是澄清和量化了分权机制，特别是联邦国家之间的一些区别。

最重要的是，很明显，试图理解制度对公共支出、再分配、收入不平等和经济增长等方面影响的学者,不太可能从联邦体制和单一体制之间的二元差别,甚至支出分权措施中获得太多支持。未来的工作可能会使用本书中提出的一些概念和类别来处理实证研究迄今未能找到明确答案的突出问题。一种可能性是,本书提出了一些新的方法来处理这个持久的争论,即在适当的条件下,联邦制保护了财产权,并促进了经济增长。

这些问题的进展要求学者们开始把本书中描述的联邦制和分权的各种形式看作是内生的。在确定制度会影响财政纪律、不平等或经济增长等结果之前,有必要了解制度选择背后的地理、社会和政治因素。具体地说,比较联邦制的学者必须更加努力地理解世界各地各种垂直的财政和政治结构是在什么条件下出现并变得稳定的。正如第 10 章所示,今天的制度往往反映了昨日的争斗和讨价还价的结果。也许比较联邦制研究的下一个任务是推进理论和实证研究,回顾过去,在一个共同的框架内分析这些斗争和讨价还价。本书中的历史叙述仅仅触及了表层。

对联邦制进行好的历史研究,可以让我们对全球治理的未来有更多的了解。随着权力继续从中央政府转移到省级和地方政府,并上升到更高一级的实体,如欧盟,亚历山大·汉密尔顿、詹姆斯·麦迪逊和约翰·杰伊提出的问题比以往任何时候都更有趣,也更关键。

参考文献

Abromeit, Heidrun. 1982. "Die Funktion des Bundesrates und der Streit um seine Politisierung." *Zeitschrift für Parlamentsfragen* 13: 467–71.

Abrucio, Fernando, and Valeriano Costa. 1998. *Reforma do Estado e o Contexto Federativo Brasileiro.* São Paulo: Fundação Konrad Adenauer Stiftung.

Ades, Alberto, and Edward Glaeser. 1995. "Trade and Circuses: Explaining Urban Giants." *Quarterly Journal of Economics* 110(1): 195–227.

Aghion, Philippe, and Jean Tirole. 1997. "Formal and Real Authority in Organizations" *Journal of Political Economy* 105(1): 1–29.

Aghion, Philippe, and Patrick Bolton. 1990. "Government Domestic Debt and the Risk of Default: A Political-Economic Model of the Strategic Role of Debt." *University of Western Ontario Papers in Political Economy* 9.

Ahmad, Junaid. 2003. "Creating Incentives for Fiscal Discipline in the New South Africa." In *Fiscal Decentralization and the Challenge of Hard Budget Constraints*, ed. by Jonathan Rodden, Gunnar Eskeland, and Jennie Litvack. Cambridge, MA: MIT Press, pp. 325–52.

Alesina, Alberto, and Allan Drazen. 1991. "Why Are Stabilizations Delayed?" *American Economic Review* 81(5): 1170–88.

Alesina, Alberto, and Nouriel Roubini. 1997. *Political Cycles and the Macroeconomy.* Cambrdige, MA: MIT Press.

Afonso, José Roberto, and Luiz de Mello. 2000. "Brazil: An Evolving Federation." Paper presented at the IMF /FAD Seminar on Decentralization, November 20–21, Washington, DC.

Alt, James, and Robert Lowry. 1994. "Divided Government, Fiscal Institutions, and Budget Deficits: Evidence from the States." *American Political Science Review* 88(4): 811–28.

Alter, Alison. 2002. "Minimizing the Risks of Delegation: Multiple Referral in the German Bundesrat." *American Journal of Political Science* 46(2): 299–316.

Ames, Barry. 1987. *Political Survival: Politicians and Public Policy in Latin America.* Berkeley: University of California Press.

Ames, Barry. 1995. "Electoral Rules, Constituency Pressures, and Pork Barrel: Bases of Voting in the Brazilian Congress." *Journal of Politics* 57(2): 324–43.

Ames, Barry. 2001. *The Deadlock of Democracy in Brazil*. Ann Arbor: University of Michigan Press.

Ansolabehere, Stephen, Alan Gerber, and James Snyder. 2002. "Equal Votes, Equal Money: Court-Ordered Redistricting and the Distribution of Public Expenditures in the American States." *American Political Science Review* 96(4): 767–77.

Arellano, Manuel, and Stephen Bond. 1991. "Some Tests of Specification for Panel Data: Monte Carlo Evidence and an Application to Employment Equations." *Review of Economic Studies* 58(2): 277–97.

Aristotle. 1981. *The Politics*. Transl. by T. A. Sinclair. London: Penguin Classics.

Arretche, Marta, and Jonathan Rodden. 2004. "Legislative Bargaining and Distributive Politics in Brazil: An Empirical Approach." Unpublished paper, MIT. http:// web.mit.edu/jrodden/www/materials/rodden.arretche.aug.041.pdf.

Bakvis, Herman. 1994. "Political Parties, Party Government, and Intrastate Federalism in Canada." In *Parties and Federalism in Australia and Canada*, ed. by Campbell Sharman. Canberra: Australian National University Press, pp. 1–22.

Balassone, Fabrizio, Daniele Franco, and Stefania Zotteri. 2002. "Fiscal Rules for Sub-National Governments: What Lessons from EMU Countries?" Paper presented at the World Bank/IMF conference "Rules-Based Macroeconomic Policies in Emerging Market Economies," Oaxaca, Mexico, February 14–16, 2002.

Banco Central do Brasil. 2001. *Boletim das Finanças Estaduais e Municipais*. September.

Baron, David, and John Ferejohn. 1987. "Bargaining and Agenda Formation in Legislatures." *American Economic Review* 77(2): 303–9.

Barro, Robert. 1979. "On the Determination of the Public Debt." *Journal of Political Economy* 87(5, pt. 1): 940–71.

Bayoumi, Tamim, and Barry Eichengreen. 1994. "Restraining Yourself: Fiscal Rules and Stabilization." *IMF Research Department Working Paper* 94/82.

Bayoumi, Tamim, Morris Goldstein, and Geoffrey Woglom. 1995. "Do Credit Markets Discipline Sovereign Borrowers? Evidence from U.S. States." *Journal of Money, Credit, and Banking* 27(4): 1046–59.

Bednar, Jenna. 2001. "Shirking and Stability in Federal Systems." Unpublished paper, University of Michigan.

Beramendi, Pablo. 2004. "Decentralization and Redistribution: North American Responses to the Great Depression." Paper presented at the Annual Meeting of the American Political Science Association, September 2–5, Chicago, IL.

Besley, Timothy, and Ann Case. 1995. "Incumbent Behavior: Vote Seeking, Tax Setting, and Yardstick Competition." *American Economic Review* 85(1): 25–45.

Besley, Timothy, and Stephen Coate. 2003. "Centralized Versus Decentralized Provision of Local Public Goods: A Political Economy Approach." *Journal of Public Economics* 87(12): 2611–37.

Bevilaqua, Afonso. 2002. "State Government Bailouts in Brazil." *Inter-American Development Bank, Research Network Working Paper* R-441.

Bird, Richard. 1986. *Federal Finance in Comparative Perspective*. Toronto: Canadian Tax Foundation.

Bird, Richard, and Almos Tassonyi. 2003. "Constraining Subnational Fiscal Behavior in Canada: Different Approaches, Similar Results?" In *Fiscal Decentralization and the Challenge of Hard Budget Constraints*, ed. by Jonathan Rodden, Gunnar Eskeland, and Jennie Litvack. Cambridge, MA: MIT Press, pp. 85–132.

Blaas, Hans, and Petr Dostál. 1989. "The Netherlands: Changing Administrative Structures." In *Territory and Administration in Europe*, ed. by Robert Bennett. London and New York: Printer, pp. 230–42.

Black, E. R. 1979. "Federal Strains within a Canadian Party." In *Party Politics in Canada*, ed. by Hugh Thorburn. Scarborough: Prentice Hall Canada.

Boadway, Robin, and Frank Flatters. 1994. "Fiscal Federalism: Is the System in Crisis?" In *The Future of Fiscal Federalism*, ed. by Keith Banting, Douglas Brown, and Thomas Courchene. Kingston, ON, Canada: School of Policy Studies, Queen's University, pp. 25–74.

Bohn, Henning, and Robert Inman. 1996. "Balanced-Budget Rules and Public Deficits: Evidence from the U.S. States." *Carnegie-Rochester Conference Series on Public Policy* 45: 13–76.

Bolton, Patrick, and Gerard Roland. 1997. "The Breakup of Nations: A Political Economy Analysis." *Quarterly Journal of Economics* 112(4): 1057–90.

Bomfim, Antulio, and Anwar Shah. 1994. "Macroeconomic Management and the Division of Powers in Brazil: Perspectives for the 1990s." *World Development* 22(4): 535–42.

Boothe, Paul. 1995. *The Growth of Government Spending in Alberta*. Toronto: Canadian Tax Foundation.

Brennan, Geoffrey, and James Buchanan. 1980. *The Power to Tax: Analytical Foundations of a Fiscal Constitution*. New York: Cambridge University Press.

Breton, Albert. 1991. "The Existence and Stability of Interjurisdictional Competition." In *Competition among States and Local Governments: Efficiency and Equity in American Federalism*, ed. by Daphne Kenyon and John Kincaid. Washington, DC: Urban Institute Press, pp. 37–57.

Breton, Albert. 1996. *Competitive Governments: An Economic Theory of Politics and Public Finance*. Cambridge: Cambridge University Press.

Breton, Albert, and Anthony Scott. 1978. *The Economic Constitution of Federal States*. Toronto: University of Toronto Press.

Bruce, Neil, and Michael Waldman. 1991. "Transfers in Kind: Why They Can Be Efficient and Nonpaternalistic." *American Economic Review* 81(5): 1345–51.

Buchanan, James. 1975. *The Limits of Liberty: Between Anarchy and Leviathan*. Chicago: University of Chicago Press.

Buchanan, James, ed. 1990. *Europe's Constitutional Future*. London: Institute of Economic Affairs.

Buchanan, James. 1995. "Federalism as an Ideal Political Order and an Objective for Constitutional Reform." *Publius* 25(2): 19–28.

Buchanan, James, and Richard Wagner. 1977. *Democracy in Deficit: The Political Legacy of Lord Keynes*. New York: Academic Press.

Buck, A. E. 1949. *Financing Canadian Government*. Chicago: Illinois Public Administration Service.

Bulow, Jeremey, and Kenneth Rogoff. 1989. "Sovereign Debt: Is to Forgive to Forget? *American Economic Review* 79(1): 43–50.

Bury, Piotr, and Carl-Johan Skovsgaard. 1988. "Local Government Finance." In *Decentralization and Local Government: A Danish-Polish Comparative Study in Political Systems*, ed. by Jerzy Regulski, Susanne Georgi, Henrik Toft Jensen, and Barrie Needham. New Brunswick, NJ: Transaction Press, pp. 101–14.

Careaga, Maite, and Barry Weingast. 2000. "The Fiscal Pact with the Devil: A Positive Approach to Fiscal Federalism, Revenue Sharing, and Good Governance." Unpublished paper, Stanford University.

Chandler, Alfred. 1962. *Strategy and Structure*. Cambridge, MA: MIT Press.

Chandler, William. 1987. "Federalism and Political Parties." In *Federalism and the Role of the State*, ed. by Herman Bakvis and William Chandler. Toronto: University of Toronto Press, pp. 149–70.

Cheung, Stella. 1996. "Provincial Credit Rating in Canada: An Ordered Probit Analysis." *Bank of Canada Working Paper* 96–6.

Chhibber, Pradeep, and Ken Kollman. 2004. *The Formation of National Party Systems: Federalism and Party Competition in Canada, Great Britain, India, and the United States*. Princeton, NJ: Princeton University Press.

Cielecka, Anna, and John Gibson. 1995. "Local Government in Poland." In *Local Government in Eastern Europe: Establishing Democracy at the Grassroots*, ed. by Andrew Coulson. Aldershot, England: Edward Elgar, pp. 23–41.

Coate, Stephen. 1995. "Altruism, the Samaritan's Dilemma, and Government Transfer Policy." *American Economic Review* 85(1): 46–57.

Courchene, Thomas. 1984. *Equalization Payments: Past, Present, and Future*. Toronto: Ontario Economic Council.

Courchene, Thomas. 1994. *Social Canada in the Millennium: Reform Imperatives and Restructuring Principles*. Toronto: C. D. Howe Institute.

Courchene, Thomas. 1996. "Preserving and Promoting the Internal Economic Union: Australia and Canada." In *Reforming Fiscal Federalism for Global Competition: A Canada-Australia Comparison*, ed. by Paul Boothe. Edmonton: University of Alberta Press, pp. 185–221.

Craig, Jon. 1997. "Australia." In *Fiscal Federalism in Theory and Practice*, ed. by Teresa Ter-Minassian. Washington, DC: International Monetary Fund, pp. 175–200.

Crémer, Jacques, and Thomas Palfrey. 1999. "Political Confederation." *American Political Science Review* 93(1): 69–83.

Cukierman, Alex. 1992. *Central Bank Strategy, Credibility, and Independence: Theory and Evidence*. Cambridge, MA: MIT Press.

Dahlby, Bev. 1994. "The Distortionary Effect of Rising Taxes." In *Deficit Reduction: What Pain; What Gain?*, ed. by William B. P. Robson and William Scarth. Toronto: C. D. Howe Institute, pp. 44–72.

Dahlby, Bev, and Sam Wilson. 1996. "Tax Assignment and Fiscal Externalities in a Federal State." In *Reforming Fiscal Federalism for Global Competition: A Canada-Australia Comparison*, ed. by Paul Boothe. Edmonton: University of Alberta Press, pp. 87–101.

De Figueiredo, Rui J. P., Jr., and Barry Weingast. 2005. "Self-Enforcing Federalism." *Journal of Law, Economics, and Organization* 21(1): 103–35.

Deutsche Bundesbank. 1997. "Die Entwicklung der Staatsverschuldung seit der Deutschen Vereinigung." *Monthly Report* 3 (March). Frankfurt: Deutsche Bundesbank.

Dewatripont, Mathias, and Eric Maskin. 1995. "Credit and Efficiency in Centralized and Decentralized Economies." *Review of Economic Studies* 62(4): 541–55.

Diaz-Cayeros, Alberto. Forthcoming. *Overawing the States: Federalism, Fiscal Authority and Centralization in Latin America*. New York: Cambridge University Press.

Dillinger, William. 1997. *Brazil's State Debt Crisis: Lessons Learned*. Washington, DC: World Bank.

Dillinger, William, and Steven Webb. 1999. "Fiscal Management in Federal Democracies: Argentina and Brazil." *World Bank Policy Research Working Paper* 2121.

Dixit, Avinash. 1996. *The Making of Economic Policy: A Transaction-Cost Politics Perspective*. Cambridge, MA: MIT Press.

Dixit, Avinash, and John Londregan. 1998. "Fiscal Federalism and Redistributive Politics." *Journal of Public Economics* 68(2): 153–80.

Dougherty, Keith. 1999. "Public Goods and Private Interests: An Explanation for State Compliance with Federal Requisitions, 1775–1789." In *Public Choice Interpretations of American Economic History*, ed. by Jac Heckelman, John Moorhouse, and Robert Whaples. Dordrecht, The Netherlands: Kluwer Academic Publishing, pp. 11–32.

Dyck, Rand. 1991. "Links between Federal and Provincial Parties and Party Systems." In *Representation, Integration, and Political Parties in Canada*, ed. by Herman Bakvis. Oxford and Toronto: Dundurn, pp. 129–78.

Dye, Thomas. 1990. *American Federalism: Competition among Governments*. Lexington, MA: Lexington Books.

Eaton, Jonathan, and Mark Gersovitz. 1981. "Debt with Potential Repudiation: Theoretical and Empirical Analysis." *Review of Economic Studies* 48(2): 289–309.

Eichengreen, Barry, and Jürgen von Hagen. 1996. "Fiscal Restrictions and Monetary Union: Rationales, Repercussions, Reforms." *Empirica* 23(1): 3–23.

Eichengreen, Barry, and Charles Wyplosz. 1998. "The Stability Pact: More than a Minor Nuisance?" *Economic Policy: A European Forum* 26 (April): 65–104.

Elazar, Daniel J. 1987. *Exploring Federalism*. Tuscaloosa: University of Alabama Press.

Elazar, Daniel J. 1995. "From Statism to Federalism: A Paradigm Shift." *Publius* 25(2): 5–18.

Ellis, Joseph. 2001. "The Big Man: History vs. Alexander Hamilton." *New Yorker* October 29: 76.

Emerson, Ralph Waldo. 1835. "Historical Discourse at Concord, MA." Speech, September 18, 1835, on the occasion of the second centennial anniversary of the town of Concord. Miscellanies 1883, reprinted 1903.

Endersby, James, and Michael Towle. 1997. "Effects of Constitutional and Political Controls on State Expenditures," *Publius: The Journal of Federalism* 27(1): 83–99.

English, William. 1996. "Understanding the Costs of Sovereign Default: American State Debts in the 1840s." *American Economic Review* 86(1): 259–75.

Fabritius, Georg. 1978. *Wechselwirkungen zwischen Landtagswahlen und Bundespolitik.* Meisenheim am Glan: Verlag Anton Hain.

Feigert, Frank. 1989. *Canada Votes*, 1935–1988. Durham, NC: Duke University Press.

Feld, Lars, and John Matsusaka. 2003. "Budget Referendums and Government Spending: Evidence from Swiss Cantons." *Journal of Public Economics* 87(12): 2703–24.

Figueiredo, Argelina Cheibub, and Fernando Limongi. 2000. "Presidential Power, Legislative Organization, and Party Behavior in Brazil." *Comparative Politics* 32(2): 151–70.

Filippov, Mikhail, Peter Ordeshook, and Olga Shvetsova. 2003. *Designing Federalism: A Theory of Self-Sustainable Federal Institutions.* Cambridge: Cambridge University Press.

Fitch IBCA. 1998. "Subnational Rating Methodology." Accessed from http://www.fitchibca.com in January 2000.

Fitch IBCA. 2000. "Spanish Regions: An Analytical Review." Accessed from http://www.fitchratings.com in November 2001.

Fitch IBCA. 2001a. "International Public Finance Special Report: Examining Canadian Provinces." Accessed from http://www.fitchratings.com in November 2001.

Fitch IBCA 2001b. "Swiss Cantons: Autonomy, Solidity, Disparity." Accessed from http://www.fitchratings.com in November 2001.

Fornisari, Francesca, Steven Webb, and Heng-fu Zou. 1998. *Decentralized Spending and Central Government Deficits: International Evidence.* Washington, DC: World Bank.

Friedrich, Carl. 1968. *Constitutional Government and Democracy: Theory and Practice in Europe and America*, 4th ed. Waltham, MA: Blaisdell.

Frisch, Morton J., ed. 1985. *Selected Writings and Speeches of Alexander Hamilton.* Washington, DC: American Enterprise Institute for Public Policy Research.

Garman, Christopher, Stephan Haggard, and Eliza Willis. 2001. "Fiscal Decentralization: A Political Theory with Latin American Cases." *World Politics* 53(2): 205–36.

Gibson, Edward, Ernesto Calvo, and Tulia Falleti. 2004. "Reallocative Federalism: Territorial Overrepresentation and Public Spending in the Western Hemisphere." In *Federalism: Latin America in Comparative Perspective*, ed. by Edward Gibson. Baltimore: Johns Hopkins University Press, pp. 173–96.

Gilbert, Guy, and Alain Guengant. 1989. "France: Shifts in Local Authority Finance." In *Territory and Administration in Europe*, ed. by Robert Bennett. London and New York: Printer, pp. 242–55.

Gomez, Eduardo. 2000. "The Origins of Brazil's Macroeconomic Crisis: State Debt, Careerism and Delayed Economic Reform." Unpublished paper, University of Chicago.

Gramlich, Edward. 1991. "The 1991 State and Local Fiscal Crisis." *Brookings Papers on Economic Activity* 10(2): 249–87.

Grewal, Bhajan. 2000. "Australian Loan Council: Arrangements and Experience with Bailouts." *Inter-American Development Bank, Research Network Working Paper* R-397.

Grodzins, Morton. 1966. *The American System: A New View of Government in the United States.* Chicago: Rand McNally.

Haddow, Rodney. 1995. "Federalism and Training Policy in Canada: Institutional Barriers to Economic Adjustment." In *New Trends in Canadian Federalism,* ed. by François Rocher and Miriam Smith. Peterborough, ON, Canada: Broadview.

Hamilton, Alexander, John Jay, and James Madison. 1961. [1787–88]. *The Federalist: A Commentary on the Constitution of the United States.* New York: Random House.

Harloff, Eileen Martin. 1987. *The Structure of Local Government in Europe: Surveys of 29 Countries.* The Hague: International Union of Local Authorities.

Harsanyi, John. 1967–68. "Games with Incomplete Information Played by Bayesian Players, I. The Basic Model." *Management Science* 14(3): 159–82.

Hart, Oliver. 1995. *Firms, Contracts, and Financial Structure.* New York: Oxford University Press.

Hayek, Friedrich von. 1939. "The Economic Conditions of Interstate Federalism." *New Commonwealth Quarterly* 5(2): 131–49. Reprinted in Friedrich von Hayek. 1948. *Individualism and Economic Order.* Chicago: University of Chicago Press, pp. 255–72.

Hecht, Arye. 1988. "The Financing of Local Authorities." In *Local Government in Israel,* ed. by Daniel Elazar and Chaim Kalchheim. Lanham, MD: University Press of America.

Hefeker, Carsten. 2001. "The Agony of Central Power: Fiscal Federalism in the German Reich." *European Review of Economic History* 5: 119–42.

Heins, A. James. 1963. *Constitutional Restrictions Against State Debt.* Madison: University of Wisconsin Press.

Helmsing, A. H. J. 1991. "Rural Local Government Finance: Past Trends and Future Options." In *Limits to Decentralization in Zimbabwe: Essays on the Decentralization of Government and Planning in the 1980s,* ed. by A. H. J. Helmsing, N. D. Matizwa-Mangiza, D. R. Gasper, C. M. Brand, and K. H. Wekwete. The Hague: Institute of Social Studies Press, pp. 97–154.

Henderson, Vernon. 2000. "The Effects of Urban Concentration on Economic Growth." *NBER Working Paper* 7503.

Henderson, Vernon. Dataset accessed from http://econ.pstc.brown.edu/faculty/henderson in June 2000.

Hibbs, Douglas. 1987. *The Political Economy of Industrial Democracies.* Cambridge, MA: Harvard University Press.

Hines, James, and Richard Thaler. 1995. "The Flypaper Effect." *Journal of Economic Perspectives* 9(4): 217–26.

Holtz-Eakin, Douglas, and Harvey Rosen. 1993. "Municipal Construction Spending: An Empirical Examination." *Economics and Politics* 5(1): 61–84.

Holtz-Eakin, Douglas, Harvey Rosen, and Schuyler Tilly. 1994. "Intertemporal Analysis of State and Local Government Spending: Theory and Tests." *Journal of Urban Economics* 35: 159–74.

Homer, Sidney, and Richard Sylla. 1996. *A History of Interest Rates*. New Brunswick, NJ: Rutgers University Press.

Huber, John, and Ronald Inglehart. 1995. "Expert Interpretations of Party Space and Party Locations in 42 Societies." *Party Politics* 1(1): 73–111.

Iaryczower, Matías, Sabastián Saiegh, and Mariano Tommasi. 2001. "Coming Together: The Industrial Organization of Federalism." Unpublished paper, Universidad de San Andrés, Buenos Aires. http://www.isnie.org/ISNIE99/Papers/iaryczower.pdf.

Inman, Robert. 1988. "Federal Assistance and Local Services in the United States: The Evolution of a New Federalist Fiscal Order." In *Fiscal Federalism: Quantitative Studies*, ed. by Harvey Rosen. Chicago: University of Chicago Press, pp. 33–78.

Inman, Robert. 1997. *Do Balanced Budget Rules Work? The U.S. Experience and Possible Lessons for the EMU. NBER Reprint* 2173.

Inman, Robert. 2003. "Local Fiscal Discipline in U.S. Federalism." In *Decentralization and the Challenge of Hard Budget Constraints*, ed. by Jonathan Rodden, Gunnar Eskeland, and Jennie Litvack. Cambridge, MA: MIT Press, pp. 35–84.

Inman, Robert, and Daniel Rubinfeld. 1997. "The Political Economy of Federalism." In *Perspectives on Public Choice: A Handbook*, ed. by Dennis Mueller. Cambridge: Cambridge University Press, pp. 73–105.

Instituto Brasileiro de Geografia e Estatistica (IBGE). Various years. Diretoria de Pesquisas. Departamento de Contas Nacionais, Contas Regionais do Brasil, microdados.

Inter-American Development Bank. 1997. "Fiscal Decision Making in Decentralized Democracies," In *Latin America after a Decade of Reforms: Economic and Social Progress in Latin America Report*. Washington, DC: Johns Hopkins University Press, pp. 151–214.

James, Harold. 1986. *The German Slump*: Politics and Economics, 1924–1936. Oxford: Oxford University Press.

Jefferson, Thomas. 1999. *Notes on the State of Virginia*. Ed. with an introduction and notes by Frank Shuffelton. New York: Penguin.

Jones, Mark, Pablo Sanguinetti, and Mariano Tommasi. 2000. "Politics, Institutions, and Fiscal Performance in a Federal System: An Analysis of the Argentine Provinces." *Journal of Development Economics* 61(2): 305–33.

Katzenstein, Peter. 1987. *Policy and Politics in West Germany: The Growth of a Semi-Sovereign State*. Philadelphia: Temple University Press.

Khemani, Stuti. 2003. "Partisan Politics and Intergovernmental Transfers in India." *World Bank, Policy Research Working Paper* 3016.

Kiewiet, D. Roderick, and Kristin Szakaly. 1996. "Constitutional Limitations on Borrowing: An Analysis of State Bonded Indebtedness." *Journal of Law, Economics, and Organization* 12(1): 62–97.

Kilper, Heiderose, and Roland Lhotta. 1996. *Föderalismus in der Bundesrepublik Deutschland*. Opladen, Germany: Leske und Budrich.

King, Preston. 1982. *Federalism and Federation*. London: Croom Helm; Baltimore: Johns Hopkins University Press.

Kitchen, Harry, and Melville McMillan. 1985. "Local Government and Canadian Federalism." In *Intergovernmental Relations*, ed. by Richard Simeon. Toronto: University of Toronto Press, pp. 215–61.

Kneebone, Ronald. 1994. "Deficits and Debt in Canada: Some Lessons from Recent History." *Canadian Public Policy* 20(2): 152–64.

Kneebone, Ronald, and Kenneth McKenzie. 1999. *Past (In)Discretions: Canadian Federal and Provincial Fiscal Policy*. Toronto: University of Toronto Press.

Kopits, George, Juan Pable Jiménez, and Alvaro Manoel. 2000. "Responsabilidad Fiscal a Nivel Subnacional: Argentina y Brasil." Unpublished paper, International Monetary Fund.

Kornai, János. 1980. *Economics of Shortage*. Amsterdam: North-Holland.

Kornai, János, Eric Maskin, and Gérard Roland. 2003. "Understanding the Soft Budget Constraint." *Journal of Economic Literature* 41(4): 1095–136.

Laufer, Heinz. 1994. "The Principles and Organizational Structures of a Federative Constitution." In *The Example of Federalism in the Federal Republic of Germany: A Reader*. Sankt Augustin: Konrad-Adenauer-Stiftung, pp. 24–48.

Lee, Frances. 2000. "Senate Representation and Coalition Building in Distributive Politics." *American Political Science Review* 91(4): 59–72.

Lehmbruch, Gerhard. 1989. "Institutional Linkages and Policy Networks in the Federal System of West Germany." *Publius* 19: 221–35.

Levine, Robert. 1978. *Pernambuco in the Brazilian Federation, 1889–1937*. Stanford, CA: Stanford University Press.

Lipset, Seymour Martin, and Stein Rokkan. 1967. *Party Systems and Voter Alignments: Cross-National Perspectives*. New York: Free Press.

Lockwood, Ben. 2002. "Distributive Politics and the Benefits of Decentralization." *Review of Economic Studies* 69(2): 313–38.

Lohmann, Susanne. 1998. "Federalism and Central Bank Independence." *World Politics* 50(3): 401–46.

Lohmann, Susanne, David Brady, and Douglas Rivers. 1997. "Party Identification, Retrospective Voting, and Moderating Elections in a Federal System: West Germany, 1961–1989." *Comparative Political Studies* 30(4): 420–49.

Love, Joseph. 1980. *São Paulo in the Brazilian Federation: 1889–1937*. Stanford, CA: Stanford University Press.

Lowry, Robert, James Alt, and Karen Ferree. 1998. "Fiscal Policy Outcomes and Electoral Accountability in American States." *American Political Science Review* 92(4): 759–74.

Lucas, Robert, and Nancy Stokey. 1983. "Optimal Fiscal and Monetary Policy in an Economy Without Capital." *Journal of Monetary Economics* 12(1): 55–93.

Madison, James. 1961 [I787]. "Federalist 10." In *The Federalist: A Commentary on the Constitution of the United States*, by Alexander Hamilton, John Jay, and James Madison. New York: Random House, pp. 53–61.

Mainwaring, Scott. 1991. "Politicians, Parties and Electoral Systems: Brazil in Comparative Perspective." *Comparative Politics* 24(1): 21–43.

Mainwaring, Scott. 1992. "Brazilian Party Underdevelopment in Comparative Perspective." *Political Science Quarterly* 107(4): 677–707.

Mainwaring, Scott, and David Samuels. 2004. "Federalism, Constraints on the Central Government, and Economic Reform in Democratic Brazil." In *Federalism and Democracy in Latin America*, ed. by Edward Gibson. Baltimore: Johns Hopkins University Press, pp. 48–70.

Matsusaka, John. 1995. "Fiscal Effects of the Voter Initiative: Evidence from the Last 30 Years." *Journal of Political Economy* 103(3): 587–623.

McCarten, William. 2003. "The Challenge of Fiscal Discipline in the Indian States." In *Fiscal Decentralization and the Challenge of Hard Budget Constraints*, ed. by Jonathan Rodden, Gunnar Eskeland, and Jennie Litvack. Cambridge, MA: MIT Press, 249–86.

McGrane, Reginald. 1935. *Foreign Bondholders and American State Debts*. New York: Macmillan.

McKinnon, Ronald. 1997. "Monetary Regimes, Government Borrowing Constraints, and Market-Preserving Federalism: Implications for EMU." In *The Nation State in a Global/Information Era: Policy Challenges*, ed. by Thomas Courchene. Kingston, ON, Canada: John Deutsch Institute, pp. 101–42.

McRoberts, Kenneth. 1985. "Unilateralism, Bilateralism, and Multilateralism: Approaches to Canadian Federalism." In *Intergovernmental Relations*, ed. by Richard Simeon. Toronto: University of Toronto, pp. 86–87.

Medeiros, Antônio C. de. 1986. *Politics and Intergovernmental Relations in Brazil, 1964–1982*. New York: Garland.

Merkl, Peter. 1963. *The Origin of the West German Republic*. New York: Oxford University Press.

Migué, Jean-Luc. 1997. "Public Choice in a Federal System." *Public Choice* 90(1): 235–54.

Millar, Jonathan. 1997. "The Effects of Budget Rules on Fiscal Performance and Macroeconomic Stabilization." *Bank of Canada, Working Paper* 97–15.

Miller, John. 1959. *Alexander Hamilton: Portrait in Paradox*. New York: Harper and Row.

Ministèrio da Fazenda, Secretaria do Tesouro Nacional, Coordinação-Geral das Relações e Análise Financeira de Estados e Municipios. Various years. Unpublished data on budgets of Brazilian states.

Moesen, Wim, and Philippe Van Cauwenberge. 2000. "The Status of the Budget Constraint, Federalism and the Relative Size of Government: A Bureaucracy Approach." *Public Choice* 104(3–4): 207–24.

Montinola, Gabriella, Yingyi Qian, and Barry Weingast. 1994. "Federalism, Chinese Style: The Political Basis for Economic Success in China." *World Politics* 48(1): 50–81.

Moody's Investors Service. 2001. "Credit Ratings and Their Value for UK Local Authorities." Accessed from http://www.moodys.com in November 2001.

Mora, Monica, and Ricardo Varsano. 2000. "Fiscal Decentralization and Subnational Fiscal Autonomy in Brazil: Some Facts in the Nineties." Unpublished paper, IPES, Rio de Janeiro.

Morrow, James. 1994. *Game Theory for Political Scientists*. Princeton, NJ: Princeton University Press.

Musgrave, Richard. 1959. *The Theory of Public Finance: A Study in Public Economy*. New York: McGraw-Hill.

Nascimento, Edson, and Ilvo Debus. 2001. "Entendendo a Lei de Responsabilidade Fiscal." Accessed from http://federativo.bndes.gov.br in March 2003.

Newton, Michael, with Peter Donaghy. 1997. *Institutions of Modern Spain: A Political and Economic Guide*. New York: Cambridge University Press.

Nordhaus, William. 1975. "The Political Business Cycle." *Review of Economic Studies* 42(2): 169–90.

North, Douglas. 1990. *Institutions, Institutional Change, and Economic Performance*. Cambridge: Cambridge University Press.

Nurminen, Eero. 1989. "Finland: Present and Futures in Local Government." In *Territory and Administration in Europe*, ed. by Robert Bennett. London: Francis Pinter Publishers.

Oates, Wallace. 1972. *Fiscal Federalism*. New York: Harcourt Brace Jovanovich.

Oates, Wallace. 1991. "On the Nature and Measurement of Fiscal Illusion: A Survey." In *Studies in Fiscal Federalism*, ed. by Wallace Oates. Brookfield, VT: Edward Elgar, pp. 431–48.

Oates, Wallace. 1999. "An Essay on Fiscal Federalism." *Journal of Economic Literature* 37(3): 1120–49.

Oates, Wallace, and R. Schwab. 1991. "Economic Competition Among Jurisdictions: Efficiency Enhancing or Distortion Inducing?" In *Studies in Fiscal Federalism*, ed. by Wallace Oates. Brookfield, VT: Edward Elgar, pp. 325–46.

Oliveira, Joao do Carmo. 1998. "Financial Crises of Subnational Governments in Brazil." Unpublished paper, World Bank.

Ordeshook, Peter. 1996. "Russia's Party System: Is Russian Federalism Viable?" *California Institute of Technology, Social Science Working Paper* 962.

Ordeshook, Peter, and Olga Shvetsova. 1997. "Federalism and Constitutional Design." *Journal of Democracy* 8(1): 27–42.

Organisation for Economic Co-operation and Development. 1997. *OECD Economic Surveys: Australia*. Paris: OECD.

Organisation for Economic Co-operation and Development. 1998. *OECD Economic Surveys: Canada*. Paris: OECD.

Organisation for Economic Co-operation and Development. 1998. *OECD Economic Surveys: Germany*. Paris: OECD.

Organisation for Economic Co-operation and Development. 1999. *Taxing Powers of State and Local Governments. OECD Tax Policy Studies* No. 1. Paris: OECD.

Ostrom, Vincent. 1987. *The Political Theory of a Compound Republic*. Lincoln: University of Nebraska Press.

Padilla, Perfecto. 1993. "Increasing the Financial Capacity of Local Governments." In *Strengthening Local Government Administration and Accelerating Local Development*, ed. by Perfecto Padilla. Manilla: University of the Philippines, pp. 64–88.

Palda, Filip, ed. 1994. *Provincial Trade Wars: Why the Blockade Must End*. Vancouver: Fraser Institute.

Panizza, Ugo. 1999. "On the Determinants of Fiscal Centralization: Theory and Evidence." *Journal of Public Economics* 74(1): 97–139.

Parikh, Sunita, and Barry Weingast. 1997. "A Comparative Theory of Federalism: The Case of India." *Virginia Law Review* 83(7): 1593–615.

Peltzman, Sam. 1992. "Voters as Fiscal Conservatives." *Quarterly Journal of Economics* 107(2): 327–62.

Perry, David. 1997. *Financing the Canadian Federation, 1867–1995.* Toronto: Canadian Tax Foundation.

Perry, Harvey. 1955. *Taxes, Tariffs, and Subsidies: A History of Canadian Fiscal Development.* Toronto: University of Toronto Press.

Persson, Torsten, and Guido Tabellini. 1996a. "Federal Fiscal Constitutions: Risk Sharing and Redistribution." *Journal of Political Economy* 104(5): 979–1009.

Persson, Torsten, and Guido Tabellini. 1996b. "Federal Fiscal Constitutions: Risk Sharing and Moral Hazard." *Econometrica* 64(3): 623–46.

Persson, Torsten, and Guido Tabellini. 1998. "The Size and Scope of Government: Comparative Politics with Rational Politicans." NBER Working Paper 68–8.

Persson, Torsten, and Guido Tabellini. 2000. *Political Economics: Explaining Economic Policy.* Cambridge, MA: MIT Press.

Pommerehne, Werner. 1978. "Institutional Approaches to Public Expenditure: Empirical Evidence from Swiss Municipalities." *Journal of Public Economics* 9(2): 255–80.

Pommerehne, Werner. 1990. "The Empirical Relevance of Comparative Institutional Analysis." *European Economic Review* 34(2–3): 458–69.

Pommerehne, Werner, and Hannelore Weck-Hannemann. 1996. "Tax Rates, Tax Administration and Income Tax Evasion in Switzerland." *Public Choice* 88(1–2): 161–70.

Poterba, James. 1994. "State Responses to Fiscal Crises: The Effects of Budgetary Institutions and Politics." *Journal of Political Economy* 102(4): 799–821.

Poterba, James. 1996. "Budget Institutions and Fiscal Policy in the U.S. States." *American Economic Review* 86(2): 395–400.

Poterba, James, and Kim Rueben. 1999. "State Fiscal Institutions and the U.S. Municipal Bond Market." In *Fiscal Institutions and Fiscal Performance*, ed. by James Poterba and Jürgen von Hagen. Chicago: University of Chicago Press, pp. 181–207.

Przeworski, Adam, and Henry Teune. 1970. *The Logic of Comparative Social Inquiry.* New York: Wiley-Interscience.

Qian, Yingyi, and Gerald Roland. 1998. "Federalism and the Soft Budget Constraint." *American Economic Review* 88(5): 1143–62.

Qian, Yingyi, and Barry Weingast. 1997. "Federalism as a Commitment to Preserving Market Incentives." *Journal of Economic Perspectives* 11(4): 83–92.

Ratchford, Benjamin. 1941. *American State Debts.* Durham, NC: Duke University Press.

Rattsø, Jørn. 2002. "Spending Growth with Vertical Fiscal Imbalance: Decentralized Government Spending in Norway: 1880–1990." *Economics and Politics* 14(3): 351–73.

Rattsø, Jørn. 2004. "Fiscal Adjustment under Centralized Federalism: Empirical Evaluation of the Response to Budgetary Shocks." *FinanzArchiv* 60(2): 240–61.

Renzsch, Wolfgang. 1991. *Finanzverfassung und Finanzausgleich*. Bonn: Dietz.

Renzsch, Wolfgang. 1995. "Konfliktlösung im Parlamentarischen Bundesstaat," In *Der Kooperative Staat: Krisenbewältigung durch Verhandlung?* ed. by Rüdiger Voigt. Baden-Baden: Nomos, pp. 167ff.

Rigolon, F., and F. Giambiagi. 1998. "Renegociação das Dívidas Estaduais: Um Novo Regime Fiscal ou a Repetição de uma Antiga História? Accessed from http://federativo.bndes.gov.br in June 2003.

Riker, William. 1964. *Federalism: Origin, Operation, Significance*. Boston: Little, Brown.

Riker, William, and Ronald Schaps. 1957. "Disharmony in Federal Government." *Behavioral Science* 2: 276–90.

Rock, David. 1985. *Argentina, 1516–1982: From Spanish Colonization to the Falklands War*. Berkeley: University of California.

Rodden, Jonathan. 2003a. "Reviving Leviathan: Fiscal Federalism and the Growth of Government." *International Organization* 57(Fall): 695–729.

Rodden, Jonathan. 2003b. "Breaking the Golden Rule: Fiscal Behavior with Rational Bailout Expectations in the German States." Unpublished paper, MIT.

Rodden, Jonathan. 2004. "Comparative Federalism and Decentralization: On Meaning and Measurement." *Comparative Politics* 36(4): 481–500.

Rodden, Jonathan. Forthcoming. "The Political Economy of Federalism." In *The Oxford Handbook of Political Economy*, ed. by Barry Weingast and Donald Wittman. Oxford: Oxford University Press.

Rodden, Jonathan, and Erik Wibbels. 2002. "Beyond the Fiction of Federalism: Macroeconomic Management in Multi-tiered Systems." *World Politics* 55(4): 494–531.

Rodden, Jonathan, Gunnar Eskeland, and Jennie Litvack, eds. 2003. *Decentralization and the Challenge of Hard Budget Constraints*. Cambridge, MA: MIT Press.

Rodden, Jonathan, and Susan Rose-Ackerman. 1997. "Does Federalism Preserve Markets?" *Virginia Law Review* 83(7): 1521–72.

Rogoff, Kenneth. 1990. "Equilibrium Political Budget Cycles." *American Economic Review* 80(1): 21–36.

Rogoff, Kenneth, and Anne Sibert. 1988. "Elections and Macroeconomic Policy Cycles." *Review of Economic Studies* 55(1): 1–16.

Roubini, Nouriel, and Jeffrey Sachs. 1989. "Political and Economic Determinants of Budget Deficits in the Industrial Democracies." *European Economic Review* 33(5): 903–38.

Rousseau, Jean-Jacques. 1985. *The Government of Poland*. Transl. by Willmoore Kendall. Indianapolis: Hackett.

Rydon, Joan. 1988. "The Federal Structure of Australian Political Parties." *Publius* 18(1): 159–71.

Saiegh, Sabastián, and Mariano Tommasi. 1999. "Why Is Argentina's Fiscal Federalism So Inefficient? Entering the Labyrinth." *Journal of Applied Economics* 2(1): 169–209.

Samuels, David. 1999. "Incentives to Cultivate a Party Vote in Candidate-Centric Electoral Systems: Evidence from Brazil." *Comparative Political Studies* 32(4): 487–518.

Samuels, David. 2000. "The Gubernatorial Coattails Effect: Federalism and Congressional Elections in Brazil." *Journal of Politics* 62(1): 240–53.

Samuels, David, and Richard Snyder. 2001. "The Value of a Vote: Malapportionment in Comparative Perspective," *British Journal of Political Science* 31: 651–71.

Sbragia, Alberta. 1996. *Debt Wish Entrepreneurial Cities, U.S. Federalism, and Economic Development*. Pittsburgh: University of Pittsburgh Press.

Scharpf, Fritz. 1988. "The Joint-Decision Trap: Lessons from German Federalism and European Integration." *Public Administration* 66(3): 239–78.

Scharpf, Fritz, Bernd Reissert, and Fritz Schnabel. 1976. *Politikverflechtung: Theorie und Empirie des Kooperativen Föderalismus in der Bundesrepublik*. Kronberg: Scriptor.

Schmidt, Manfred. 1992. *Regieren in der Bundesrepublik Deutschland*. Opladen: Leske und Budrich.

Segodi, R. 1991. "Financing District Developmenmt in Botswana," In *Subnational Planning and Eastern Africa: Approaches, Finances, and Education*, ed. by in A. H. J. Helmsing and K. H. Wekwete. Aldershot, England: Gower Publishing, pp. 239–45.

Seitz, Helmut. 1998. "Subnational Government Bailouts in Germany." Unpublished paper, Center for European Integration Studies, Bonn, Germany.

Seitz, Helmut. 2000. "Fiscal Policy, Deficits and Politics of Subnational Governments: The Case of the German Laender." *Public Choice* 102(3–4): 183–218.

Shah, Anwar. 1991. "The New Fiscal Federalism in Brazil." *World Bank, PRE Working Paper* 557.

Shankar, Raja, and Anwar Shah. 2001. "Bridging the Economic Divide within Nations: A Scorecard on the Performance of Regional Development Policies in Reducing Income Disparites." *World Bank, Policy Research Working Paper* 2717.

Sharman, Campbell. 1994. "Discipline and Disharmony: Party and the Operation of the Australian Federal System." In *Parties and Federalism in Australia and Canada*, ed. by Campbell Sharman. Canberra: ANU Press, pp. 23–44.

Sharman, Campbell, and Anthony Sayers. 1998. "Swings and Roundabouts? Patterns of Voting for the Australian Labor Party at State and Commonwealth Lower House Elections, 1901–96." *Journal of Political Science* 33(3): 329–44.

Simeon, Richard. 1994. "The Political Context for Renegotiating Fiscal Federalism." In *The Future of Fiscal Federalism*, ed. by Keith Banting, Douglas Brown, and Thomas Courchene. Kingston, ON, Canada: School of Policy Studies, Queen's University, pp. 135–48.

Sokoloff, Kenneth, and Eric Zolt. 2004. "Taxation and Inequality: Some Evidence from the Americas." Unpublished paper, University of California, Los Angeles.

Souza, Celina. 1996. "Redemocratization and Decentralization in Brazil: The Strength of the Member States," *Development and Change* 27(3): 529–55.

Souza, Celina. 1997. *Constitutional Engineering in Brazil: The Politics of Federalism and Decentralization*. New York: St. Martins Press.

Spahn, Paul Bernd. 1997. "Switzerland." In *Fiscal Federalism in Theory and Practice*, ed. by Teresa Ter-Minassian. Washington, DC: International Monetary Fund.

Spahn, Paul Bernd, and Wolfgang Föttinger. 1997. "Germany." In *Fiscal Federalism in Theory and Practice*, ed. by Teresa Ter-Minassian. Washington, DC: International Monetary Fund.

Standard & Poor's. 2000. "Local Government Ratings Worldwide." Accessed from http://www.standardpoors.com in March 2000.

Standard & Poor's. 2002. *Local and Regional Governments 2000*. New York: McGraw-Hill.

Statistisches Bundesamt Deutschland. Land-level fiscal data accessed from http://www.statistik-bund.de in 1999.

Statistisches Bundesamt Deutschland. 2002. *Statistisches Jahrbuch für die Bundesrepublik Deutschland*. Wiesbaden: Statistisches Bundesamt Deutschland.

Stein, Ernesto. 1998. "Fiscal Decentralization and Government Size in Latin America." In *Democracy, Decentralization and Deficits in Latin America*, ed. by Kiichiro Fukasaku and Ricardo Hausmann. Washington, DC: Inter-American Development Bank and OECD.

Stepan, Alfred. 1999. "Federalism and Democracy: Beyond the U.S. Model," *Journal of Democracy* 10(4): 19–34.

Struthers, J. 1983. *No Fault of Their Own: Unemployment and the Canadian Welfare State 1914–1941*. Toronto: University of Toronto Press.

Sylla, Richard, Arthur Grinath III, and John Wallis. 2004. "Sovereign Debt and Repudiation: The Emerging-Market Debt Crisis in the U.S. States, 1839–1843." Unpublished paper, University of Maryland.

Syrett, Harold, ed. 1962. *The Papers of Alexander Hamilton*. New York: Columbia University Press.

Ter-Minassian, Teresa, ed., 1997b. *Fiscal Federalism in Theory and Practice*. Washington, DC: International Monetary Fund.

Ter-Minassian, Teresa. 1997a. "Brazil." In *Fiscal Federalism in Theory and Practice*, ed. by Teresa Ter-Minassian. Washington, DC: International Monetary Fund.

Ter-Minassian, Teresa, and Jon Craig. 1997. "Control of Subnational Borrowing." In *Fiscal Federalism in Theory and Practice*, ed. by Teresa Ter-Minassian. Washington, DC: International Monetary Fund.

Tiebout, Charles. 1956. "A Pure Theory of Local Expenditures." *Journal of Political Economy* 64(5): 416–24.

Tocqueville, Alexis de. 1966. *Democracy in America*. Transl. by George Lawrence, ed. by J. P. Mayer. New York: Harper and Row.

Tommasi, Mariano, and Sabastin Saiegh. 2000. "An Incomplete-Contracts Approach to Intergovernmental Transfer Systems in Latin America." In *Decentralization and Accountability of the Public Sector*, ed. by Javed Burki and Guillermo Perry. Washington, DC: World Bank.

Triesman, Daniel. 1999a. *After the Deluge: Regional Crises and Political Consolidation in Russia*. Ann Arbor: University of Michigan Press.

Triesman, Daniel. 1999b. "Political Decentralization and Economic Reform: A Game-Theoretic Analysis." *American Journal of Political Science* 43(4): 488–517.

Triesman, Daniel. 2000a. "Decentralization and Inflation: Commitment, Collective Action, or Continuity?" *American Political Science Review* 94(4): 837–58.

Triesman, Daniel. 2000b. "The Causes of Corruption: A Cross-National Study." *Journal of Public Economics* 76(3): 399–457.

Tsebelis, George. 1995. "Decision Making in Political Systems: Veto Players in Presidentialism, Parliamentarism, Multicameralism and Multipartism." *British Journal of Political Science* 25(3): 289–325.

Tufte, Edward. 1978. *Political Control of the Economy*. Princeton: Princeton University Press.

Tullock, Gordon. 1994. *The New Federalist*. Vancouver: Fraser Institute.

Velasco, Andres. 1999. "A Model of Endogenous Fiscal Deficits and Delayed Fiscal Reforms." In *Fiscal Institutions and Fiscal Performance*, ed. by James Poterba and Jürgen von Hagen. Chicago: University of Chicago Press.

Velasco, Andres. 2000. "Debts and Deficits with Fragmented Fiscal Policymaking." *Journal of Public Economics* 76(1): 105–25.

von Hagen, Jürgen, and Barry Eichengreen. 1996. "Federalism, Fiscal Restraints, and European Monetary Union." *American Economic Review* 86(2): 134–38.

Von Kruedener. 1987. The Franckenstein Paradox in the Intergovernmental Fiscal Relations of Imperial Germany. In *Wealth and Taxation in Central Europe: The History and Sociology of Public Finance*, ed. by P. C. Witt. Leamington Spa, England: Berg, pp. 111–24.

Wagschal, Uwe. 1996. "Der Einfluss von Parteien und Wahlen auf die Staatsverschuldung." *Swiss Political Science Review* 2(4): 305–28.

Wallis, John. 2004. "Constitutions, Corporations, and Corruption: American States and Constitutional Change, 1842–1852." Paper presented at the Eighth Annual Conference of the International Society for New Institutional Economics, Tucson, AZ, September 30–October 3, 2004.

Watts, Ronald. 1999. *Comparing Federal Systems in the 1990s*, 2nd ed. Kingston: McGill-Queen's University Press.

Weingast, Barry. 1995. "The Economic Role of Political Institutions: Market-Preserving Federalism and Economic Development." *Journal of Law, Economics, and Organization* 11(1): 1–32.

Weingast, Barry, Kenneth Shepsle, and Christopher Johnsen. 1981. "The Political Economy of Benefits and Costs: A Neoclassical Approach to Distributive Politics." *Journal of Political Economy* 89(4): 642–64.

Werlong, Sérgio Ribeiro da Costa, and Armínio Fraga Neto. 1992. "Os Bancos Estaduais eo Descontrole Fiscal: Alguns Aspectos." *Working Paper* 203, Graduate School of Economics, Getúlio Vargas Foundation.

Wetzel, Deborah, and Anita Papp. 2003. "Strengthening Hard Budget Constraints in Hungary." In *Fiscal Decentralization and the Challenge of Hard Budget Constraints*, ed. by Jonathan Rodden, Gunnar Eskeland, and Jennie Litvack. Cambridge, MA: MIT Press, pp. 393–428.

Wibbels, Erik. 2000. "Federalism and the Politics of Macroeconomic Policy and Performance." *American Journal of Political Science* 44(4): 687–702.

Wibbels, Erik. 2003. "Bailouts, Budget Constraints, and Leviathans: Comparative Federalism and Lessons from the Early U.S." *Comparative Political Studies* 36(5): 475–508.

Wibbels, Erik. 2005. *Federalism and the Market: Intergovernmental Conflict and Economic Reform in the Developing World*. Cambridge: Cambridge University Press.

Wildasin, David. 1997. "Externalities and Bailouts: Hard and Soft Budget Constraints in Intergovernmental Fiscal Relations." *World Bank, Policy Research Working Paper* 1843.

Williamson, Oliver. 1996. *The Mechanisms of Governance*. New York: Oxford University Press.

Williamson, Oliver. 1985. *The Economic Institutions of Capitalism*. New York: Free Press.

Winer, Stanley. 1980. "Some Evidence on the Effect of the Separation of Spending and Taxing Decisions." *Journal of Political Economy* 91(1): 126–40.

Wirth, John. 1977. *Minas Gerais in the Brazilian Federation: 1889–1937*. Stanford, CA: Stanford University Press.

World Bank. 1995. "Brazil: State Debt: Crisis and Reform." *World Bank Report* 14842-BR.

World Bank. 2002a. "Brazil: Issues in Fiscal Federalism." *World Bank Report* 22523-BR.

World Bank. 2002b. "State and Local Governance in Nigeria." *World Bank Report* 24477-UNI.

译丛主编后记

  财政活动兼有经济和政治二重属性，因而从现代财政学诞生起，"财政学是介于经济学与政治学之间的学科"这样的说法就不绝于耳。正因如此，财政研究至少有两种范式：一种是经济学研究范式，在这种范式下财政学向公共经济学发展；另一种是政治学研究范式，从政治学视角探讨国家与社会间的财政行为。这两种研究范式各有侧重，互为补充。但是检索国内相关文献可以发现，我国财政学者遵循政治学范式的研究并不多见，绝大多数财政研究仍自觉地或不自觉地将自己界定在经济学学科内，而政治学者大多也不把研究财政现象视为分内行为。究其原因，可能主要源于在当前行政主导下的学科分界中，财政学被分到了应用经济学之下。本丛书的两位主编，之所以不揣浅陋地提出"财政政治学"这一名称并将其作为译丛名，是想尝试着对当前学科体系进行纠偏，将财政学的经济学研究范式和政治学研究范式结合起来，从而以"财政政治学"为名，倡导研究财政活动的政治属性。编者认为，这样做有以下几个方面的积极意义。

  1. 寻求当前财政研究的理论基础。在我国的学科体系中，财政学被归入应用经济学之下，学术上就自然产生了要以经济理论为财政研究基础的要求。不过，由于当前经济学越来越把自己固化为形式特征明显的数学，以经济理论为基础就导致财政学忽视了那些难以数学化的政治视角研究，这样就让目前大量的财政研究失去了理论基础。在现实中已经出现并将更多出现的现象是，探讨财政行为的理论、制度与历史的论著，不断被人质疑是否属于经济学，一篇研究预算制度及其现实运行的博士论文，经常被答辩委员怀疑是否可授予经济学学位。因此，要解释当前的财政现象、推动财政研究，就不能不去寻找财政的政治理论基础。

2. 培养治国者。财政因国家治理需要而不断变革,国家因财政治理而得以成长。中共十八届三中全会指出:"财政是国家治理的基础和重要支柱,科学的财税体制是优化资源配置、维护市场统一、促进社会公平、实现国家长治久安的制度保障。"财政在国家治理中的作用,被提到空前的高度。因此,财政专业培养的学生,不仅要学会财政领域中的经济知识,而且应该学到相应的政治知识。财政活动是一项极其重要的国务活动,涉及治国方略;从事财政活动的人至关重要,应该得到综合的培养。这一理由,也是当前众多财经类大学财政专业不能被合并到经济学院的原因之所在。

3. 促进政治发展。在18—19世纪,在普鲁士国家兴起及德国统一过程中,活跃的财政学派与良好的财政当局曾经发挥了巨大的历史作用。而在当今中国,在大的制度构架稳定的前提下,通过财政改革推动政治发展,也一再为学者们所重视。财政专业的学者,自然也应该参与到这样的理论研究和实践活动中去。事实上也已有不少学者参与到诸如提高财政透明、促进财税法制改革等活动中去,并成为推动中国政治发展进程的力量。

因此,"财政政治学"作为学科提出,可以纠正当前财政研究局限于经济学路径造成的偏颇。包含"财政政治学"在内的财政学,将不仅是一门运用经济学方法理解现实财政活动的学科,而且是一门经邦济世的政策科学,更是推动财政学发展、为财政活动提供指引,并推动中国政治发展的重要学科。

"财政政治学"虽然尚不是我国学术界的正式名称,但在西方国家教学和研究中却有广泛相似的内容。在这些国家中,有不少政治学者研究财政问题,同样有许多财政学者从政治视角分析财政现象,进而形成了内容非常丰富的文献。当然,由于这些国家并没有像中国这样行政主导下的严格学科分界,因而不需要有相对独立的"财政政治学"的提法。相关的研究,略显随意地分布在以"税收政治学""预算政治学""财政社会学"为名称的教材或论著中,本译丛提倡的"财政政治学"(fiscal politics)的说法也不少见。

中国近现代学术进步历程表明,译介图书是广开风气、发展学术的不二良方。因此,要在中国构建财政政治学学科,就要在坚持以"我"为主研究中国财政政治问题的同时,大量地翻译国外学者在此领域的相关论著,以便为国内学者从政治维度研究财政问题提供借鉴。本译丛主编选择了这一领域内的多部英文著作,计划分多辑陆续予以翻译和出版。在文本的选择上,大致分为理论基础、现实制度与历史研究等几个方面。首先推出的有《财政理论史上的经典文献》《税收公正与民间正义》《战争、收入和国家构建》《发展中国家的税收与国家构建》《为自由国家而纳税:19世纪欧洲公共财政的兴起》《信任利维坦:不列颠的税收政治学(1799—1914)》《欧洲财政国家的兴起》等著作。

本译丛的译者,主要为上海财经大学公共经济与管理学院的教师以及已毕业并在高校从事教学的财政学博士,另外还邀请了部分教师参与。在翻译稿酬低廉、译作科研分值低下的今天,我们这样一批人只是凭借着对学术的热爱和纠偏财政研究取向的希望,投身到这一译丛中来。希望我们的微薄努力,能够成为促进财政学和政治学学科发展、推动中国政治进步的涓涓细流。

刘守刚　上海财经大学公共经济与管理学院
魏　陆　上海交通大学国际与公共事务学院
2015 年 5 月

"财政政治学译丛"书目

24.《福利国家的兴衰》

阿斯乔恩·瓦尔 著　唐瑶 译　童光辉 校译

25.《战争、葡萄酒与关税：1689—1900 年间英法贸易的政治经济学》

约翰 V.C.奈 著　邱琳 译

26.《汉密尔顿悖论》

乔纳森·A.罗登 著　何华武 译

27.《西方社会中的公共财政(第三卷)——政治经济学的新思维》

理查德·A.马斯格雷夫 编　王晓丹,王瑞民,刘雪梅 译　刘守刚 统校

28.《财政学手册》

于尔根·G.巴克豪斯,理查德·E.瓦格纳 编　何华武,刘志广 译

29.《来自地狱的债主——菲利普二世的债务、税收和财政赤字》

莫里西奥·德里奇曼,汉斯乔亚吉姆·沃斯 著　施诚 译

30.《金钱、政党与竞选财务改革》

雷蒙德·J.拉贾 著　李艳鹤 译

31.《公共经济学历史研究》

吉尔伯特·法卡雷罗,理查德·斯特恩 编　沈国华 译

32.《牛津福利国家手册》

弗兰西斯·G.卡斯尔斯,斯蒂芬·莱伯弗里德,简·刘易斯,赫伯特·奥宾格,克里斯多弗·皮尔森 编
杨翠迎 译

33.《西方世界的税收与支出史》

卡洛琳·韦伯,阿伦·威尔达夫斯基 著　朱积慧,苟燕楠,任晓辉 译

34.《经由税收的代议制》

史科特·格尔巴赫 著　杨海燕 译

35.《政治、税收和法治》

唐纳德·P.雷切特,理查德·E.瓦格纳 著　王逸帅 译

36.《18 世纪西班牙建立财政军事国家》

拉斐尔·托雷斯·桑切斯 著　施诚 译

37.《美国现代财政国家的形成和发展——法律、政治和累进税的兴起，1877—1929》

阿贾耶·梅罗特 著　倪霓,童光辉 译

38.《另类公共经济学手册》

弗朗西斯科·福特,拉姆·穆达姆比,彼得洛·玛丽亚·纳瓦拉 编　解洪涛 译

39.《财政理论发展的民族要素》

奥汉·卡亚普 著　杨晓慧 译

40.《联邦税史》

埃利奥特·布朗利 著　彭骥鸣,彭浪川 译

41.《旧制度法国绝对主义的限制》

理查德·邦尼 著　熊芳芳 译

42.《债务与赤字：历史视角》

约翰·马洛尼 编　郭长林 译

43.《布坎南与自由主义政治经济学：理性重构》

理查德·E.瓦格纳 著　马珺 译

44.《财政政治学》

维特·加斯帕,桑吉·古普塔,卡洛斯·穆拉斯格拉纳多斯 编　程红梅,王雪蕊,叶行昆 译

45.《英国财政革命——公共信用发展研究，1688—1756》

P.G.M.迪克森 著　张珉璐 译

46.《财产税与税收抗争》

亚瑟·奥沙利文,特里 A.塞克斯顿,史蒂文·M.谢福林 著　杨海燕 译

47.《社会科学的比较历史分析》

詹姆斯·马奥尼,迪特里希·鲁施迈耶 编　秦传安 译

48.《税收逃逸的伦理学——理论与实践观点》

罗伯特·W.麦基 编　陈国文 译

49.《税收幻觉——税收、民主与嵌入政治理论》

菲利普·汉森 著　倪霓,金赣婷 译